Geomarketing

Strategisches Marketingmanagement

Herausgegeben von Roland Mattmüller

Band 7

PETER LANG

Frankfurt am Main · Berlin · Bern · Bruxelles · New York · Oxford · Wien

Benjamin Trespe

Geomarketing

Eine Analyse der Erfolgspotenziale aus Sicht der deutschen Automobilhersteller

PETER LANG
Internationaler Verlag der Wissenschaften

Bibliografische Information der Deutschen Nationalbibliothek
Die Deutsche Nationalbibliothek verzeichnet diese Publikation in der Deutschen Nationalbibliografie; detaillierte bibliografische Daten sind im Internet über <http://www.d-nb.de> abrufbar.

Gedruckt mit Unterstützung
der sabris ag.

ISSN 1860-062X
ISBN 978-3-631-55676-4

www.peterlang.de

VORWORT DER HERAUSGEBERREIHE

Der dem Angelsächsischen entlehnte Begriff des Marketing steht in Theorie und Praxis synonym für die systematische und zielgerichtete Gestaltung von Transaktionsprozessen. Aus diesem Grund ist letzterer als zentraler Untersuchungsgegenstand der Marketingwissenschaft und Ziel ihrer praktischen Ausgestaltung zu bezeichnen.

Die Transaktion bzw. die Transaktionsprozesse können von verschiedenen Blickrichtungen und theoretischen Bezugsrahmen ausgehend analysiert werden. Einen Ansatzpunkt hierfür bietet die Neue Institutionenökonomik, die das Denken der Wirtschaftswissenschaftler in letzter Zeit auf vielen Feldern geprägt und verändert hat. So eignen sich beispielsweise das Verständnis von Verfügungsrechten (Property Rights) als eigentliche Tauschobjekte, die Annahme unvollkommener Information oder opportunistischen Handelns dazu, Anbieter-/Nachfragerbeziehungen auf der Grundlage eines theoretischen Fundaments praxisnah abzubilden. Maßgeblich begründet jedoch die Transaktionskostentheorie mit ihrer Zerlegung einer Transaktion in ihre einzelnen Phasen und mit der Zuordnung entsprechender Kosten und Erträge die konstitutiven Phasen eines Tauschprozesses. Darüber hinaus ergeben sich hier weitere Möglichkeiten zur Einbindung verschiedener theoretischer Ansätze, wie etwa der Verhaltenswissenschaften, Economic Behavior und anderer. Unter Berücksichtigung weiterer Bezugsgruppen einer Einzelwirtschaft (wie etwa der Wettbewerber, Mitarbeiter, Anteilseigner, etc.) ist damit ein wesentliches Fundament des Marketingverständnisses am Lehrstuhl für Strategisches Marketing an der EUROPEAN BUSINESS SCHOOL, International University Schloß Reichartshausen in Oestrich-Winkel gelegt – der Integrativ-Prozessuale Marketingansatz (IPM).

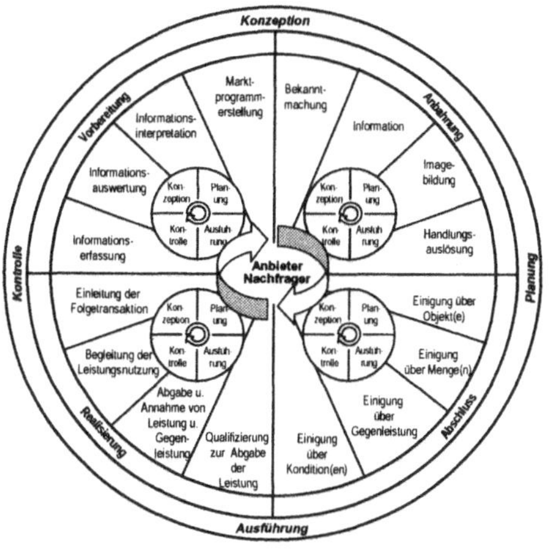

Darüber hinaus forciert der Prozessgedanke die konsequente Ausrichtung der betroffenen unternehmerischen Aktivitäten an einem durchgängigen Marketingprozess, um somit Schnittstellen, wie sie in der Praxis beispielsweise oftmals zwischen Marketing und Vertrieb bestehen, weitgehend zu vermeiden. In der Umsetzung führt dies auch zu einer Entscheidungsorientierung, die sich in einer Zerlegung der Marketingaufgaben in Konzeption, Planung, Ausführung und Kontrolle niederschlägt.

Aufgrund der weitreichenden und langfristigen Implikationen stellt insbesondere die Formulierung von Marketingstrategien eine wichtige und überaus anspruchsvolle Aufgabe für Entscheidungsträger in Unternehmen, also für das Management von Marketingprozessen, dar. Die vorliegende Herausgeberreihe „Strategisches Marketingmanagement" trägt daher praxisorientierte Arbeiten zusammen, die sich dieser Herausforderung stellen und somit einen wissenschaftlichen Beitrag zu einer entscheidungs- und marktorientierten Unternehmensführung leisten wollen. So sind als Zielgruppe dieser Herausgeberreihe gleichermaßen Wissenschaftler als auch Entscheidungsträger verschiedenster Marketingsysteme zu bezeichnen. Letztere erstrecken sich dabei von tradierten Systemen wie dem Hersteller-, dem Handels- oder dem Dienstleistungsmarketing bis hin zu neu aufstrebenden Marketingdisziplinen wie beispielsweise dem Marketing von Politikern und Parteien.

Mein Dank geht an dieser Stelle vor allem auch an den Peter Lang Verlag GmbH, Europäischer Verlag der Wirtschaftswissenschaften, insbesondere an Frau Melanie Sauer für die Betreuung dieser Herausgeberreihe.

Univ.-Prof. Dr. Roland Mattmüller

Geleitwort

Die Kundensegmentierung stellt einen zentralen Pfeiler im Gerüst des strategischen Marketing dar. In diesem Zusammenhang zeigt sich in unterschiedlichen Branchen und aufgrund verschiedenster Einflüsse die Tendenz zu einer immer differenzierteren Aufteilung von Marktsegmenten (Individualisierung und Fragmentierung der Nachfrage, Segment-of-One-Ansatz, Customer Relationship Management auf Einzelebene, Entwicklung leistungsstarker IT-Strukturen zur Bewältigung der hierbei anfallenden Datenflut etc.). In diesem Zusammenhang spielt die Integration raumbezogener Strukturen und deren Informationswerte bei der Kundensegmentierung und anderer Marketingentscheidungsbereiche eine zunehmende Rolle.

Vor diesem Hintergrund beschäftigt sich Benjamin Trespe in seiner vorliegenden Arbeit mit dem Geomarketing und seinen einzelnen Anwendungsbereichen. Grundlage des Geomarketing ist dabei die mikrogeographische Feinsegmentierung: ihr Kenzeichen ist das Nachbarschaftsprinzip, dessen Grundidee davon ausgeht, dass Personen gleicher mikrogeographischer Gebietstypen auch gleiche Konsummuster aufweisen und deshalb aufgrund der Zugehörigkeit zu einem gewissen Gebietstyp auch auf das Konsumverhalten der Personen geschlossen werden kann.

Trespe unterzieht das Instrument bzw. den Ansatz des Geomarketing einer kritischen, an den Erfolgspotenzialen orientierten Analyse, wobei er als realen Bezugsrahmen die deutsche Automobilindustrie anlegt. Konkret gibt seine Arbeit Antwort auf die Fragen, inwiefern das Instrument Geomarketing einen Erfolgsfaktor für die deutschen Automobilhersteller darstellt, wo die konkreten Anwendungsbereiche von Geomarketing in der Automobilindustrie liegen, welche Determinanten den Erfolg von Geomarketing aus Sicht der Praxis bestimmen und welche Hindernisse der Realisierung von Erfolgspotenzialen entgegenstehen.

Trespe zeigt eingangs die wesentlichen Nutzungsmöglichkeiten von Geomarketing in der Automobilindustrie im Einzelnen auf und schafft damit die Basis für seine spätere Bewertung der Eignung von Geomarketing zur Lösung der jeweiligen Problemstellungen. Im wesentlichen sind dies die verschiedenen Aufgaben im Bereich der Zielgruppenanalyse (insbesondere auf Basis der Einzugsgebietsbetrachtung), der Mediaselektion, der Vertriebsplanung sowie der Standortplanung und Händlernetzoptimierung. Er geht hier in den einzelnen Punkten jeweils kurz auf die allgemeinen Anforderungen der Anwendungsbereiche ein, zeigt die Beiträge von Geomarketing zur weiterführenden Lösung bzw. Abarbeitung der sich stellenden Aufgaben auf und verknüpft dies mit anschaulichen Beispielen aus der Automobilindustrie.

Ausgehend von der Themenstellung der Arbeit, die Erfolgspoteztiale von Geomarketing zu analysieren, zieht Trespe drei grundlegende Potenzialbereiche heran: qualitätsbezogene, kostenbezogene und zeitbezogene Erfolgspotenziale, die jeweils durch mehrere Indikatoren operationalisiert werden. Als Basis dieser Konstruktion dient ihm dabei die empirisch orientierte Erfolgsfaktorenforschung. Entsprechend werden neben den theoretisch-deduktiven Ausführungen insbesondere auch die Ergebnisse von Experteninterviews zur Beurteilung der jetzigen Anwendungsbreite und -tiefe von Geomarketing und zur Ableitung von Handlungsempfehlungen zur effizienteren Gestaltung dieses Instrumentariums verwendet.

Die in diesem Zusammenhang durchgeführte empirische Untersuchung in der Automobilindustrie untermauert die Aktualität von Geomarketing und die überwiegend positive Einschätzung der Leistungsfähigkeit dieses Instrumentarium aus Sicht der befragten Experten. Trespe zeigt hierzu die aus empirischer Sicht relevanten Anwendungsbereiche, die aktuelle Nutzungsintensität und die nach Expertenmeinung erzielten Optimierungen auf. Mit der Befragung von Entscheidungsträgern aus herstellenden Unternehmen wie auch von themenrelevanten Dienstleistern deckt er eine ausreichende Bandbreite ab, um zu entsprechenden Aussagen zu gelangen.
Zur Strukturierung greift Trespe auf die drei obigen Erfolgspotenziale zurück. Deutlich werden dabei auch Hemmnisse, die der weiteren Verbreitung bzw. Nutzung von Geomarketing in der unternehmerischen Praxis entgegenstehen.

Allgemein zeigt sich, dass die Verbesserungen der qualitativen Dimension und die Nutzung dieser Teilpotenziale in der Praxis deutlich im Vordergrund der Aktivitäten stehen und die Erzielung von Kosten- und Zeiteinsparungen einen positiven Nebeneffekt darstellen. Gleichzeitig ist die Durchdringung der Automobilbranche mit dem Instrument Geomarketing und seiner durchaus in der Realität erkannten Vorteile noch suboptimal. Auch bei den Dienstleistern der Branche zeigt sich diesbezüglich noch Handlungsbedarf.

Im Ergebnis beschäftigt sich Trespe daher also mit einem hochaktuellen und zukunftsorientierten Thema, das in vielen Branchen seine erfolgswirksamen Potenziale bei weitem noch nicht ausgeschöpft hat und gleichzeitig bisher noch keiner ausreichenden wissenschaftlichen Aufarbeitung – insbesondere mit Blick auf die Erfolgsbeurteilung - unterzogen wurde. Trespe legt mit seiner Arbeit eine grundlegende Bestandsaufnahme von Geomarketing, seiner Verbreitung, seinen in der unternehmerischen Realität wahrgenommenen Vorteilen und entgegenstehenden Hemmnisse vor. Es gelingt ihm somit, die Bedeutung von Geomarketing als erfolgswirksamer Faktor theoretisch-deduktiv herzuleiten und gleichzeitig den in der Praxis – hier aus

Sicht der Automobilhersteller – gegebenen Anwendungsstatus sowie die resultierenden Optimierungspotenziale empirisch anhand der Expertengespräche eindrucksvoll zu belegen.

Damit ist die Arbeit – neben dem wissenschaftlich interessierten Leser – im besonderen Maße auch empfehlenswert für Entscheidungsträger aus der Automobilindustrie, aber auch aus vielen anderen Branchen, in denen die Potenziale einer systematischen Anwendung von Geomarketing noch ungenutzt liegen.

Schloss Reichartshausen, Mai 2007 Univ.-Prof. Dr. Roland Mattmüller

VORWORT DES AUTORS

Die vorliegende Arbeit entstand während meiner Tätigkeit als wissenschaftlicher Mitarbeiter am Lehrstuhl für Strategisches Marketing an der European Business School, International University Schloß Reichartshausen sowie meiner begleitenden Tätigkeit als Analyst bei der Deutschen Bank AG, Frankfurt am Main. Sie wurde im Mai 2006 vom Promotionsausschuss als Dissertationsschrift angenommen.

Bedingt durch das in den Medien viel diskutierte Karriereende meines sportlichen Idols Michael Schumacher komme ich nicht umher, gewisse Parallelen zwischen einem erfolgreichen Rennfahrer und einer erfolgreichen Promotion zu ziehen. Ähnlich wie ein Rennfahrer gilt es auch im Laufe einer Dissertation die ein oder andere knifflige Situation zu durchstehen, unterschiedliche Formen von Rückschlägen zu bewältigen und das Streben nach einer erfolgreichen Zieldurchfahrt nie aus den Augen zu verlieren. Doch auch wenn die Anfertigung einer solchen Dissertation in hohem Maße von individueller Arbeit gekennzeichnet ist, so ist der Erfolg dennoch nur durch die Mithilfe und vielfältige Unterstützung von einzelnen Personen möglich. Aus diesem Grund ist es mir ein inniges Bedürfnis, mich an dieser Stelle bei einigen wichtigen Personen herzlich zu bedanken.

An erster Stelle gilt mein besonderer Dank meinem Doktorvater und akademischen Lehrer Herrn Prof. Dr. Roland Mattmüller. Die Möglichkeit in einem dynamischen und anspruchsvollen Arbeitsumfeld tätig sein zu dürfen sowie die von ihm gewährten Freiräume in Forschung und Lehre haben nicht nur zum erfolgreichen Abschluss der Promotion, sondern in erheblichem Maße auch zu meiner persönlichen Weiterentwicklung beigetragen. Sowohl für die fachlichen als auch persönlichen Eindrücke der letzten Jahre bin ich sehr dankbar.

Herrn Prof. Dr. Karl-Werner Schulte HonRICS danke ich für die bereitwillige Übernahme und schnelle Erstellung des Zweitgutachtens sowie die konstruktiven Gespräche im Rahmen der Proposal Defences.

Ebenfalls bedanken möchte ich mich bei Herrn Jens Müller, der durch seine permanente Hilfsbereitschaft und seinen fachlichen Rat erheblich zum Gelingen der vorliegenden Arbeit beigetragen hat. Ich freue mich auf viele weitere Gespräche zum aktuellen Stand in der Automobilindustrie.

Ein besonderer Dank geht an meine Freunde und Kollegen vom Lehrstuhl für Strategisches Marketing. Allen voran möchte ich Dr. Ralph Tunder meinen Dank aussprechen. Nicht nur seine fachlichen und persönlichen Hilfestellungen in den letzten Jahren, sondern vor allem seine individuellen Akzente am Lehrstuhl und seine Motivationsfähigkeiten waren eine enorme Berreicherung für mich und den gesamten Lehrstuhl. Dr. Thomas Feinen danke ich für die tollen drei Jahre und den intensiven Gedankenaustausch, insbesondere in der gemeinsamen Endphase unserer Dissertationen. Dr. Tim Bendig danke ich für seinen tollen Einsatz, ohne den meine Dissertation nicht so schnell fertig geworden wäre. Ferner danke ich Dr. Sven Franzen, Thomas Müller-Rehkopf, Dr. Maximilian Seidel, Jochen Basting, Philipp Götting, Tobias Irion, Nina Jochheim, Nora Oettgen und der „guten Seele" unseres Lehrstuhls Beate Wenzl für Ihre Unterstützung. Ich bin mir der Tatsache bewusst, dass dies aufgrund meiner Nebentätigkeit bei der Deutschen Bank AG nicht immer ganz einfach und vor allem nicht selbstverständlich war.

Des Weiteren möchte ich mich bei meinen Freunden bedanken, die mir in den letzten Jahren gezeigt haben, dass es auch ein Leben neben der Dissertation gibt. Insbesondere danke ich Holger Ernst, meinem besten Freund seit Kindheitstagen, auf dessen individuelle Unterstützung ich mich zu jedem Zeitpunkt und in jeder Situation verlassen kann. Ebenso danke ich Benjamin Seiger und Kilian Mahler für die schöne Zeit, die wir in den vergangenen Jahren verbracht haben und hoffentlich auch weiterhin verbringen werden.

Abschließend gilt der größte Dank meiner Familie. Allen voran meinen Eltern, die mich in einem harmonischen Umfeld mit viel Liebe haben groß werden lassen und mir zu jeder Zeit die Freiheit, aber vor allem auch die Unterstützung gegeben haben, meine Träume zu verwirklichen. Ohne sie hätte ich all das niemals erreichen können. Meinem Bruder Timo danke ich dafür in ihm nicht nur einen tollen Bruder, sondern auch einen echten Freund gefunden zu haben. Abschließend danke ich meiner Freundin Anja Wagner. Sie hat die Entstehung dieser Arbeit hautnah miterlebt und nach Kräften unterstützt, obwohl sie mit ihrer eigenen Arbeit mehr als beschäftigt war. Ihr Rückhalt und ihre Liebe sind mein größter Antrieb.

Wiesbaden, Mai 2007 Benjamin Trespe

INHALTSVERZEICHNIS

ABBILDUNGSVERZEICHNIS

Tabellenverzeichnis

Abkürzungsverzeichnis

a. M.	am Main
BfLR	Bundesforschungsanstalt für Landeskunde und Raumordnung
bzw.	beziehungsweise
ca.	circa
CRM	Customer Relationship Management
d.h.	das heisst
EDV	elektronische Datenverarbeitung
et al.	und andere (et alii, et aliae)
EU	Europäische Union
f.	folgende
GIS	Geographisches Informationssystem
GPS	Global Positioning System
HH	Haushalt
Hrsg.	Herausgeber
IHK	Industrie- und Handelskammer
IVMP	Internationale Motor Vehicle Program
IVW	Informationsgemeinschaft zur Feststellung der Verbreitung von Werbeträgern
Jg.	Jahrgang
KBA	Kraftfahrtbundesamt
KGS	Kreisgemeindeschlüssel
LIS	Landinformationssystem
MIT	Massachusetts Institute of Technology
Mrd.	Milliarden
NIS	Netzinformationssystem
NK	Nettoeinkommen
PC	Personal Computer
PIMS	Profit Impact of Market Strategy
PKW	Personenkraftwagen
PMA	Plakat-Media-Analyse
RBIS	Raumbezogenes Informationssystem
RIS	Rauminformationssystem
RoI	Return on Investment
S.	Seite
TKP	Tausend-Kontakt-Preis
UIS	Umweltinformationssystem

vgl.	vergleiche
z.B.	zum Beispiel
ZMG	Zeitungs-Marketing-Gesellschaft

1 Einleitung

1.1 Problemstellung

Eine Entwicklung von Verkäufermärkten zu Käufermärkten kennzeichnet seit mehr als einem Jahrzehnt den deutschen Automobilmarkt. Dies lässt sich insbesondere durch die lediglich marginal steigenden Zulassungszahlen in den letzten Jahren sowie den dramatisch verschärften Preisdruck auf dem PKW-Markt belegen.[1] Parallel zur Wandlung vom Verkäufer- zum Käufermarkt, der fortschreitenden Individualisierung der Gesellschaft und der damit einhergehenden immer stärkeren Differenzierung der Nachfrage sehen sich die deutschen Automobilhersteller dem Problem gegenübergestellt, dass sich die Märkte in immer kleinere Marktsegmente aufteilen.[2]

Diese Veränderungen auf dem Automobilmarkt, aber insbesondere auch grundlegende gesellschaftliche und marktrelevante Entwicklungen haben dazu geführt, dass Massenkommunikation zunehmend durch eine individuelle, differenzierte und kundenorientierte Form der Kommunikation ersetzt wird.[3] Der Ursprung dieser Entwicklung ist darin zu sehen, dass eine aufgrund der Massenproduktion hervorgerufene Orientierung an den Erwartungen des Durchschnittsverbrauchers für heutige Konsumenten bei weitem nicht mehr ausreichend ist. Auch wenn die Automobilindustrie durch die so genannte *„massenindividualisierte"* Herstellung, verbunden mit einer großen Zubehörpalette, durchaus den Branchen zugeordnet werden kann, welche zumindest annähernd auf die Kundenwünsche (in Bezug auf das Produkt) eingehen, so ist dies bei der Ausgestaltung von Marketingaktivitäten bei weitem noch nicht der Fall.

Analog zu den beschriebenen Entwicklungen und den gestiegenen Anforderungen an das Marketing sind über die letzten Jahre hinweg, genauer sogar Jahrzehnte, zwei Entwicklungen zu beobachten gewesen, welche zu einer Intensivierung bzw. Professionalisierung des Marketing geführt haben. Zum einen gehört hierzu, dass die zunehmenden Daten- und Informationsmengen eine wesentlich detailliertere und differenziertere Durchleuchtung des Marktgeschehens ermöglichen. Zum anderen erlaubt die technologische Entwicklung, große Mengen unternehmensinterner und

---

1 Vgl. Meinig, W.: Automobilwirtschaft: Marketing und Vertrieb Europa – USA – Japan, Wiesbaden 1993, S. 30 f.; sowie auch Meunzel, R.: Qualitätsmanagement – der Schlüssel zur Kundenzufriedenheit: das Handbuch, Ottobrunn 1998, S. 16 f.

2 Vgl. Nitsche, M.: Mikrogeographische Marktsegmentierung, in: Leiberich, P. (Hrsg.): Business Mapping im Marketing, Heidelberg 1997, S. 350.

3 Vgl. Leistner-Wolf, P./ Schendel, U.: Zielgruppenmarketing auf Basis mikrogeographischer Marktdaten und Systeme, in: Fally, M./ Strobl, J. (Hrsg.): Business Geographics -GIS in der Wirtschaft, Heidelberg 2000, S. 46.

-externer Daten auf Basis raumbezogener Strukturen zu verarbeiten. Infolge dieser Entwicklungen konnte sich das *Geomarketing* als Instrument etablieren. Es zielt darauf ab, unternehmensinterne Daten auf der Grundlage raumbezogener Strukturen realitätsnah abzubilden und diese anschließend mit unternehmensexternen Marktdaten zu verflechten. Mit Hilfe der Verflechtung dieser internen und externen Daten soll die Unternehmensleitung in die Lage versetzt werden, strategische Unternehmensentscheidungen sowie komplexe Marketingentscheidungen vorzubereiten und zu unterstützen.[4]

Geomarketing und damit einhergehend die Nutzung von Geographischen Informationssystemen (GIS) waren bisher noch nicht Gegenstand eingehender wissenschaftlicher Untersuchungen. Ungeachtet dessen findet Geomarketing in der Praxis, insbesondere in den Bereichen des Verlags- und Zeitungswesens (Suche nach bestehenden und potenziellen Abonnenten, Anzeigenverkauf), der Immobilienwirtschaft (Standortanalyse) und nach der Liberalisierung des Strommarktes auch bei Energieversorgungsunternehmen (Zielgruppenanalyse und Vertriebssteuerung), Anwendung und hat sich als ein schnell wachsender Wirtschaftszweig etabliert, welcher allerdings ohne hinreichendes wissenschaftliches Fundament existiert. Das Angebot an aktueller Literatur ist bis zum jetzigen Zeitpunkt relativ überschaubar und basiert in der Regel auf Erfahrungsberichten aus der Praxis, welche jedoch zu wissenschaftlichen Zwecken nur in äußerst begrenztem Umfang zu verwenden sind. Im deutschsprachigen Raum sind lediglich die Bücher von LEIBERICH (Business Mapping im Marketing, 1997), NITSCHE (Microgeographische Marktsegmentierung, 1998) und SCHÜSSLER (Geomarketing, 2000) bemerkenswert. Auch wenn SCHÜSSLER einen durchaus gelungenen Ansatz im Hinblick auf die Grundlagen des Geomarketing liefert, bleiben dennoch wichtige Detailaspekte, aufgrund der deskriptiven Schwerpunktsetzung, für eine wissenschaftliche Fundierung unbehandelt. Aus diesem Grund zeichnen sich folgende Problemfelder ab, welche die theoretische Relevanz der Themenstellung verdeutlichen:

- Das Instrument Geomarketing ist bis zum jetzigen Zeitpunkt keiner wissenschaftlich fundierten Analyse unterzogen worden. Bedingt durch eine mangelnde Systematisierung der mit Geomarketing im Zusammenhang stehenden

---

4 Vgl. Schüssler, F.: Geomarketing – Anwendungen Geographischer Informationssysteme im Einzelhandel, Marburg 2000, S. 2.

Begriffe, existiert sowohl in der Theorie als auch vor allem in der Praxis eine Vielzahl von Begriffen, die einer strikten Unterscheidung bedürfen.

- Die bisherigen Arbeiten zu diesem Themengebiet weisen eine rein deskriptive Vorgehensweise auf und sind aus diesem Grund nur bedingt geeignet, um die existierenden Wissensdefizite zu beseitigen, da weder explikative noch praktisch-normative Aussagen abgeleitet werden können.

Neben der theoretischen ist insbesondere die praktische Relevanz der Themenstellung hervorzuheben. In diesem Zusammenhang kann der für diese Arbeit ausgewählten deutschen Automobilbranche per se eine besondere Bedeutung beigemessen werden. Dies wird unter anderem dadurch deutlich, dass die gesamte deutsche Industrie in erheblichem Maße von den Entwicklungen der deutschen Automobilhersteller[5] abhängig ist. Mit einem Umsatz von mehr als 226 Mrd. Euro leistet die deutsche Automobilindustrie einen wesentlichen Beitrag zum deutschen Bruttoinlandsprodukt und trägt insbesondere durch den erzielten Exportüberschuss dazu bei, dass in Deutschland gesamtwirtschaftlich von einem Wachstum gesprochen werden kann.[6] Wie jedoch bereits eingangs geschildert, haben die deutschen Automobilhersteller mit einem gesättigten europäischen Markt zu kämpfen und müssen demnach Möglichkeiten identifizieren, die eine langfristige Renditesicherung bzw. -erhöhung ermöglichen. In diesem Zusammenhang werden der Aufbereitung von unternehmensinternen und -externen Daten mit Hilfe von modernen Informationstechnologien, wie es beim Geomarketing der Fall ist, die größten Potenziale für eine Renditeerhöhung zugeschrieben.[7] Zentraler Bezugspunkt des Marketingdenkens stellt dabei die Orientierung an den Erwartungen der einzelnen Kunden dar, wobei es sich hierbei

---

5 Für die vorliegende Untersuchung werden unter den deutschen Automobilherstellern alle Hersteller von Personenkraftwagen (PKW) verstanden, die in Deutschland pro Jahr mehr als 100.000 PKW produzieren und seit Beginn der Geschäftstätigkeit in Deutschland ansässig sind. Hierunter fallen die Hersteller Audi, BMW, DaimlerChrysler, Porsche und Volkswagen. Zusätzlich zu den genannten Herstellern wurden für die Analyse ebenfalls Ford und Opel hinzugezogen, da diese seit vielen Jahrzehnten in Deutschland ansässig sind und in Deutschland eine Reihe von Produktionsstandorten besitzen. Folglich sehen sie sich den gleichen Problematiken gegenübergestellt, wie die zuvor genannten deutschen Hersteller.

6 Vgl. Gottschalk, B.: Vorwort, in: Verband der Automobilindustrie (Hrsg.): Auto Jahresbericht 2005, S. 4.

7 Vgl. Arndt, D./ Gersten, W./ Wirth, R.: Kundenprofile zur Prognose der Markenaffinität im Automobilsektor, in: Hippner, H./ Küsters, U./ Meyer, M./ Wilde, K. (Hrsg.): Handbuch Data Mining im Marketing – Knowledge Discovery in Marketing Databases, Wiesbaden 2001, S. 591.

nicht um einen vollkommen neuen Erfolgsfaktor handelt, sondern vielmehr um die Addition bereits bekannter absatzpolitischer Maßnahmen.[8]

Aus heutiger Sicht stellen *„Kundenorientierung"*, *„Standorte"*, *„Zielgruppen"* und *„Potenziale"* Begriffe dar, die im Bereich der strategischen Planung sowie insbesondere im Marketing[9] an Bedeutung gewinnen bzw. in den letzten Jahren bereits an Bedeutung gewonnen haben. Ausgangspunkt sämtlicher Überlegungen zu den genannten Begriffen sind die Probleme, Wünsche und Bedürfnisse aktueller und potenzieller Kunden, wobei das Erkennen und bessere Befriedigen im Vergleich zu den Wettbewerbern die Realisierung von Wettbewerbsvorteilen ermöglicht.[10] Dieses Streben nach Wettbewerbsvorteilen hat dazu geführt, dass in der Automobilindustrie, aber nicht nur in dieser, eine Reihe unterschiedlicher Instrumente mit dem Ziel implementiert wurden, die Wettbewerbssituation gegenüber den Konkurrenten zu verbessern. Ein ebensolches Instrument stellt das Geomarketing dar. Während selbiges im Rahmen der Händlernetzplanung schon längere Zeit genutzt wird, findet eine Verbreitung in anderen Anwendungsbereichen erst seit wenigen Jahren statt. Bedingt durch die bereits aufgezeigten Problembereiche aus Sicht der Theorie, lassen sich diese aus Sicht der Praxis wie folgt ableiten:

- Es besteht aktuell ein deutliches Defizit bei der Bewertung der Nutzenpotenziale einzelner Instrumente in der Automobilindustrie, im vorliegenden Fall von Geomarketing. Dies ist unter anderem darauf zurückzuführen, dass kein systematischer Ansatz zur Evaluation des Nutzens bzw. Erfolgs existiert, auf Basis dessen eine fundierte Beurteilung möglich ist.

---

8 Vgl. Albers, S./ Eggert, K.: Kundennähe – Strategie oder Schlagwort, in: Marketing ZFP, Heft 1, 1988, S. 5.

9 Dieser Arbeit wird das Verständnis eines integrierten Marketing zugrunde gelegt, welches die strategische Rolle des Marketing betont und eine reine Beschränkung auf operative Aufgaben nicht gelten lässt. Vgl. hierzu Mattmüller, R.: Integrativ-Prozessuales Marketing, 2. Aufl., Wiesbaden 2004, S. 25. In diesem Zusammenhang muss jedoch darauf hingewiesen werden, dass in der Automobilindustrie eine organisatorische Trennung zwischen Marketing und Vertrieb vorgenommen wird. Gemäß dem zugrunde gelegten Verständnis sind sämtliche Vertriebsaktivitäten direkt dem Marketing zuzuordnen, jedoch wird im Rahmen der Expertenbefragung, aber auch in einzelnen Teilen der Arbeit aufgrund der organisatorischen Trennung zwischen Marketing und Vertrieb differenziert.

10 Vgl. Holland, H./ Steeg, S.: Erfolgreiche Strategien für die Kundenbindung – Von der Automobilbranche lernen, Wiesbaden 1998, S. 13.

- Zwar ist die Suche nach kritischen Erfolgsfaktoren seit Jahrzehnten ein wichtiger Bestandteil der strategischen Unternehmensplanung, jedoch bestehen zum jetzigen Zeitpunkt keine Bestrebungen, diejenigen Bereiche zu identifizieren, in denen einzelne Instrumente einen Einfluss auf den Unternehmenserfolg haben.

Ausgehend von den skizzierten Problemstellungen gilt es im Rahmen der vorliegenden Untersuchung die analysierten Wissensdefizite zu verringern. Die sich hieraus ableitenden konkreten Zielsetzungen werden im folgenden Abschnitt dargestellt.

1.2 Zielsetzung der Arbeit

Im Rahmen von wissenschaftlichen Arbeiten wird durch die Festlegung der Zielsetzung bereits vorab das angestrebte Ergebnis einer Untersuchung verdeutlicht. Hierbei sollte selbige zum einen anhand ihres wissenschaftlichen Mehrwerts und/oder zum anderen auf Basis des praxisrelevanten Erkenntnisfortschritts beurteilt werden.[11] In Bezug auf die konkreten Problemstellungen der vorliegenden Arbeit können aus diesen drei konkrete Forschungsziele abgeleitet werden. Das *erste Forschungsziel* dieser Arbeit besteht darin, das Instrument Geomarketing einer wissenschaftlich fundierten Analyse zu unterziehen und daraus herleitend eine Systematisierung der mit Geomarketing im Zusammenhang stehenden Begriffe vorzunehmen. Gewissermaßen von einer Metaebene ausgehend wird hierbei eine grundlagenorientierte Betrachtungsweise angestrebt, welche die bisherigen Erkenntnisse im Bereich des Geomarketing ergänzt und einen Beitrag dazu leistet, die bestehenden Wissensdefizite zu verringern. Einen besonders hohen Stellenwert nimmt hierbei die Frage ein, in welchen Bereichen die konkreten Anwendungsgebiete von Geomarketing aus Sicht der Automobilhersteller liegen.

In einem weiteren Schritt wird der Fokus dieser Arbeit auf die empirische Erfolgsfaktorenforschung gerichtet. Selbige verfolgt grundsätzlich das Ziel, die zentralen Einflussgrößen des Unternehmenserfolgs zu identifizieren. Basierend auf dieser Zielsetzung wurde in der Vergangenheit eine Vielzahl von Untersuchungen durchgeführt, welche die Identifikation der eben genannten Erfolgsfaktoren ermöglichen sollten. Trotz der teilweise regen wissenschaftlichen Bemühungen in diesem Bereich, ist aktuell ein deutliches Defizit im Hinblick auf die Bewertung der Nutzen- bzw. Erfolgspo-

---

[11] Vgl. Tunder, R.: Der Transaktionswert der Hersteller-Handel-Beziehung – Hintergründe, Konzeptualisierung und Implikationen auf Basis der Neuen Institutionenökonomik, Wiesbaden 2000, S. 11.

tenziale einzelner Instrumente zu konstatieren. Daraus ableitend ergibt sich das *zweite Forschungsziel* dieser Arbeit: In Anlehnung an die Erkenntnisse der empirischen Erfolgsfaktorenforschung gilt es ein Modell zu entwickeln, welches adäquat in der Lage ist, die existierenden Erfolgspotenziale von Geomarketing zu identifizieren und zu benennen.

Auf Basis der Literatur im Bereich des Geomarketing wird selbigem Instrument, unabhängig von der jeweiligen Branche, eine Vielzahl von Potenzialen attestiert, welche sich durch die Nutzung realisieren lassen. Der Erfolg eines Instruments hängt jedoch entscheidend davon ab, inwiefern sich die in der Theorie proklamierten Nutzenvorteile in der Praxis verwirklichen lassen. Das *dritte Forschungsziel* ist daher, zu analysieren, in welchen konkreten Anwendungsbereichen sich die Vorteile von Geomarketing bei deutschen Automobilherstellern realisieren lassen und welche Hindernisse dem aus Sicht der Praxis entgegenstehen.

Im Rahmen der vorliegenden Arbeit ist an dieser Stelle darauf hinzuweisen, dass sich die Ausführungen ausschließlich auf die deutschen Automobilhersteller konzentrieren. Diese Eingrenzung ist insofern erforderlich, da lediglich die Automobilhersteller über einen direkten Kontakt zu privaten und gewerblichen Letztnachfragern verfügen, welcher für die effektive Nutzung von Geomarketing in den meisten Anwendungsbereichen zwingend erforderlich ist. Obgleich die deutschen Automobilhersteller bisweilen auch gewerbliche Letztnachfrager bedienen, beschränken sich die folgenden Erläuterungen auf die privaten Letztnachfrager. Die Notwendigkeit resultiert aus den Eigenschaften des Geomarketing, welches ein Instrument zur mikrogeographischen Segmentierung des Konsumentenmarktes darstellt und deshalb eine Betrachtung gewerblicher Letztnachfrager ausschließt.

Ferner gilt es einschränkend anzumerken, dass trotz der grundlagenorientierten Betrachtungsweise nicht sämtliche Aspekte des Geomarketing und der damit zusammenhängenden Perspektiven berücksichtigt werden können. So wird bspw. auf eine detaillierte Analyse der statistischen und methodischen Grundlagen sowie auf eine umfassende Beurteilung der Datenschutzgesetzgebung verzichtet. Zusätzlich gilt es auch in räumlicher Hinsicht eine Einschränkung vorzunehmen. Dies bezieht sich sowohl auf die der Untersuchung zugrunde liegenden Branche als auch auf den analysierten Markt. Bedingt durch die äußerst restriktive Informationsbereitschaft der Automobilindustrie an sich, wurde aufgrund der besseren Erreichbarkeit der einzelnen Experten eine Beschränkung auf die deutschen Automobilhersteller vorgenommen. Zusätzlich erfolgte aufgrund der teilweise sehr unterschiedlichen ökonomischen, rechtlichen, gesellschaftspolitischen und kulturellen Verhältnisse eine schwerpunktmäßige Eingrenzung auf den deutschen Markt, wobei abschließend in dieser Arbeit ein Vergleich des deutschen Marktes mit den übrigen europäischen Märkten angestrebt wird.

Zusammenfassend kann auf Basis der genannten Forschungsziele für die vorliegende Untersuchung das folgende zentrale Erkenntnisziel definiert werden:

Mit der vorliegenden Arbeit soll im Ergebnis ein grundlegendes Verständnis des Geomarketing erarbeitet werden, welches eine Antwort auf die Fragen gibt,

- *inwiefern das Instrument Geomarketing einen Erfolgsfaktor für die deutschen Automobilhersteller darstellt,*
- *wo die konkreten Anwendungsbereiche von Geomarketing in der Automobilindustrie liegen,*
- *welche Determinanten den Erfolg von Geomarketing aus Sicht der Praxis bestimmen und*
- *welche Hindernisse der Realisierung von Erfolgspotenzialen entgegenstehen.*

Zur Erarbeitung dieses Erkenntnisziels wurde die nachfolgende Vorgehensweise und Methodik gewählt.

1.3 Forschungsansatz und Einordnung der Arbeit

Allgemein wird unter einer Methode die Art und Weise des Vorgehens verstanden, die zur Erreichung bestimmter Ergebnisse bzw. zur Lösung bestimmter Problemstellungen führt. Um die aufgezeigten Problemstellungen wissenschaftsadäquat zu lösen und das angestrebte Erkenntnisziel zu erreichen, muss eine Methode verwendet werden, welche ein planmäßiges Vorgehen im Hinblick auf die Sache und das Ziel in allen Phasen des Forschungsprozesses ermöglicht.[12] Die in diesem Zusammenhang gewählte Methode muss dabei sicherstellen, dass die einzelnen Verfahrensschritte

---

[12] Vgl. Schweitzer, M.: Gegenstand und Methoden der Betriebswirtschaftslehre, in: Bea, F.X./ Dichtl, E./ Schweitzer, M. (Hrsg.): Allgemeine Betriebswirtschaftslehre: Bd. 1: Grundfragen, 8. Aufl., Stuttgart 2000, S. 67.

einer bestimmten Systematik folgen, so dass die Verfahrensschritte begründet und die gewonnenen Erkenntnisse intersubjektiv nachvollziehbar und überprüfbar sind.[13]

Hinsichtlich der verschiedenen wissenschaftlichen Disziplinen lassen sich aus Sicht der Wissenschaftstheorie unterschiedliche Methoden zuordnen. Entsprechend den eben erläuterten Anforderungen lassen sich in der Betriebswirtschaftslehre mit der Hermeneutik, der Induktion und der Deduktion drei verschiedene Arten grundlegender Methoden klassifizieren, die jedoch nicht im selben Maße dazu geeignet sind, die an die vorliegende Arbeit gestellten Ziele zu realisieren. Insbesondere die Induktion, d.h. das Schließen aus den Merkmalen einer endlichen Stichprobe auf die Merkmale einer unendlichen Grundgesamtheit, zeichnet sich durch eine besondere Eignung für die vorliegende Arbeit aus.[14] Jedoch stellt gerade diese Methode die Wissenschaft vor ein Dilemma, da ein so genannter Induktionsschluss auf der einen Seite unzulässig ist, auf der anderen Seite aber keine bekannten Alternativen existieren, die einen Rückschluss auf die *„absolute"* Wahrheit ermöglichen.[15] Unterstellt man, dass sich Tatsachen aus Beobachtungen oder Experimenten logisch ableiten lassen, so wäre der höchste Anspruch an eine Induktion die Entstehung einer Theorie als Konsequenz aus den gegebenen Tatsachen. In Ermangelung einer logischen Garantie, weil der Begriff *„logisch"* nicht mit *„wahr"* gleichzusetzen ist, kann die wissenschaftliche Erkenntnis nicht aus Tatsachen abgeleitet werden, da potenziell auch immer andere Möglichkeiten existieren. Folglich können die Bedingungen, welche an die Induktion gestellt werden, in der Praxis nie erfüllt werden.[16]

Basierend auf diesem Dilemma, haben sich in der Vergangenheit zwei wissenschaftstheoretische Richtungen entwickelt, die sich in ihrem methodischen Vorgehen und folglich auch in ihren Aussagen in einigen Bereichen entgegenstehen: Der *Kritische Rationalismus* und der *Radikale Konstruktivismus.*[17]

---

13 Vgl. Schauenberg, B.: Gegenstand und Methoden der Betriebswirtschaftslehre, in: Bitz, M./ Dellmann, K./ Domsch, M./ Wagner, F. (Hrsg.): Vahlens Kompendium der Betriebswirtschaftslehre, Bd. 1, 4. Aufl., München 1998, S. 46 f.

14 Vgl. Seiffert, H.: Methode, in: Seiffert, H./ Radnitzky, G. (Hrsg.): Handlexikon zur Wissenschaftstheorie, München 1992, S. 215.

15 Vgl. Poser, H.: Wissenschaftstheorie – Eine philosophische Einführung, Stuttgart 2001, S. 112 f.

16 Vgl. Chalmers, A.: Wege der Wissenschaft – Eine Einführung in die Wissenschaftstheorie, 5. Aufl., Berlin et al. 2001, S. 35-39; sowie auch Kern, M.: Klassische Erkenntnistheorien und moderne Wissenschaftslehre, in: Raffée, H./ Abel, B. (Hrsg.): Wissenschaftstheoretische Grundfragen der Wirtschaftswissenschaften, München 1979, S. 23 f.

17 Für eine ausführliche Gegenüberstellung vgl. Raffée, H./ Abel, B.: Aufgaben und aktuelle Tendenzen der Wissenschaftstheorie in den Wirtschaftswissenschaften, in: Raffée, H./ Abel, B. (Hrsg.): Wissenschaftstheoretische Grundfragen der Wirtschaftswissenschaften, München 1979, S. 1-10.

Der *Kritische Rationalismus*, auch *Falsifikationismus* genannt, verkörpert eine deduktive Methode, bei welcher auf Basis von Logik vom Allgemeinen auf das Spezielle geschlossen werden soll. Bedingt durch das bereits erläuterte Problem der Unbekanntheit der objektiven Wahrheit, auch des Allgemeinen an sich, wird die Gewinnung wissenschaftlicher Erkenntnis erheblich erschwert, da kein absolutes Kriterium für die Wahrheit bzw. die Objektivität existiert.[18] Da sich eine absolute Erkenntnisquelle folglich nicht erschließen lässt, muss der wissenschaftliche Prozess auf einer intersubjektiv nachvollziehbaren, iterativen Annäherung an die Wahrheit basieren. Hierbei wird grundsätzlich davon ausgegangen, dass sich die Wissenschaft aus einer Reihe von Hypothesen zusammensetzt, welche aufgrund ihrer Vorläufigkeit und ihrer Spekulativität zu hinterfragen sind. Aus Sicht der kritischen Rationalisten sind Theorien generell falsifizierbar, und demnach sollte das Bestreben des Forschers darauf ausgerichtet sein, die jeweilige Theorie zu widerlegen bzw. zu falsifizieren. Im Falle einer Falsifikation besteht entweder die Möglichkeit die Theorie zu verwerfen oder aber insoweit zu modifizieren, dass sie in der Lage ist, einen Erkenntnisfortschritt zu leisten.[19] Zusammenfassend kann gesagt werden, dass es im Rahmen des Kritischen Rationalismus eines induktiven Schrittes zur Initiierung eines Forschungsprozesses bedarf, da sich nicht auf gesichertes Wissen gestützt werden kann. Im Rahmen der Induktion kann dann auf *„relativ bewährtes Wissen"* zurückgegriffen werden, welches im Rahmen des Forschungsprozesses einen kumulativen Wissenszuwachs ermöglicht, der sowohl im Falle einer Bewährung als auch einer Falsifikation der Hypothesen entsteht.[20]

Im Gegensatz zum ursprünglichen Kritischen Rationalismus erfordert der *moderne Kritische Rationalismus* nicht mehr zwangsläufig, dass eine Hypothese im Falle einer Falsifikation zu verwerfen oder zu modifizieren ist. Dieser Umstand ist auf die *„Propensitäts-Interpretation der Erklärung"* von POPPER zurückzuführen, welche besagt, dass *„[...] die nomologische Verknüpfung der meisten sozialwissenschaftlichen Kausalfaktoren unvollständiger Art ist, d.h. Wirkungen nicht mit Bestimmtheit, sondern nur mit einer gewissen Wahrscheinlichkeit hervorgerufen werden"*.[21] Die Herausforderung für den empirischen Forscher besteht demnach darin, sich aufgrund der

---

18 Vgl. Prim, R./ Tilmann, H.: Grundlagen der kritisch-rationalen Sozialwissenschaft, Wiesbaden 1997, S. 7-11.

19 Vgl. Chalmers, A. (2001), S. 53-66; Meyer, W.: Die Methodologie des Kritischen Rationalismus, in: Raffée, H./ Abel, B. (Hrsg.): Wissenschaftstheoretische Grundfragen der Wirtschaftswissenschaften, München 1979, S. 28-43.

20 Vgl. Anderson, P.: Marketing Scientific Progress and Scientific Method, in: Journal of Marketing, 47. Jg., 1983, S. 18 f.

21 Raffée, H.: Gegenstand, Methoden und Konzepte der Betriebswirtschaftslehre, in: Bitz, M. et al. (Hrsg.): Vahlens Kompendium der Betriebswirtschaftslehre, 3. Aufl., München 1993, S. 20.

Grenzen multivariater Analysemethoden[22] nicht in einem restriktiven und realitätsfernen Hypothesenrahmen zu verlieren, um diesen dann mit Hilfe selbiger Methoden zu versuchen zu bestätigen.[23] Der damit verbundene relativ restriktive und folglich realitätsferne Hypothesenrahmen lässt jedoch häufig nur Erkenntnisgewinne zu, die von geringer anwendungsbezogener und/oder wissenschaftlicher Relevanz sind.[24] Daher stößt der Einsatz multivariater Analysemethoden und somit die Verfolgung eines quantitativen Forschungsansatzes bei komplexen und vielschichtigen Problemstellungen schnell an Grenzen bzw. auf Schwierigkeiten.[25]

Im Gegensatz zum Kritischen Rationalismus, bei dem von einem erkennenden Subjekt ausgegangen wird, das sich mit der objektiven Realität konfrontiert sieht, verfolgt der *Radikale Konstruktivismus* die Annahme, dass die objektive Realität durch eine scheinbare Wirklichkeit ersetzt wird, die vom erkennenden Subjekt selbst konstruiert ist. Folglich konzentriert sich dieser Ansatz primär auf die Art und Weise, wie Menschen ihre individuelle Wirklichkeit erschaffen und wahrnehmen.[26] Demnach lässt sich das grundlegende Prinzip des Radikalen Konstruktivismus in der Form zusammenfassen, dass ein Mensch gesichert nur das verstehen kann, was er auch (geistig) selbst herstellen kann.[27] Basierend auf dieser Erkenntnis lässt sich das auffälligste Merkmal des Radikalen Konstruktivismus ableiten, nämlich das Verhältnis zwischen Realität und Wirklichkeit. Während allgemein die Konzeption der Realität in iterativen Forschungsschritten angestrebt wird, versucht der Konstruktivismus lediglich ein passendes Vorstellungsbild bzw. eine Wirklichkeit zu finden, welche jeder individuell für sich selbst aufbaut. Der Radikale Konstruktivismus zielt demnach nicht darauf ab, die Dinge an sich zu beschreiben, sondern versucht die kognitiven Strukturen zu erfassen, welche die Wahrnehmung prägen.[28] Folglich kann daraus ge-

---

22 Im Gegensatz zu uni-/ bivariaten Analysemethoden werden bei multivariaten Analysemethoden mehrere Variablen anhand einer Vielzahl von Objekten bzw. Merkmalsträgern gemessen und gleichzeitig ausgewertet. Vgl. Meffert, H.: Marketing, 9. Aufl., Wiesbaden 2000, S. 168.

23 Vgl. Bendig, T.: Image Malus des Handels – Eine empirische Analyse, Frankfurt am Main 2005, S. 9.

24 Vgl. Tomczak, T.: Forschungsmethoden in der Marketingwissenschaft: Ein Plädoyer für den qualitativen Forschungsansatz, in: Marketing ZFP, 14. Jg., Heft 2, 1992, S. 77-87; sowie auch Tunder, R. (2000), S. 23 f.

25 Laut Popper ist dies im Sinne des Kritischen Rationalismus, da die Wahrscheinlichkeit für die Bewährung einer Theorie bzw. einer Hypothese und ihr Aussagengehalt entgegengesetzt verlaufen. Eine Theorie, welche einen relativ großen Erklärungsbeitrag zu leisten versucht, ist leichter zu falsifizieren, da sie einen höheren Gehalt an empirischer Prüfbarkeit aufweist. Vgl. Gardenne, V.: Bewährung, in: Keuth, H. (Hrsg.): Karl Popper – Logik der Forschung, Berlin 2004, S. 133-135. Dennoch ist sie in jedem Fall einer trivialen Theorie vorzuziehen, welche lediglich einen geringeren wissenschaftlichen Fortschritt liefern kann. Vgl. Popper, K.: Vermutungen und Widerlegungen, Tübingen 2000, S. 315 f.

26 Vgl. Watzlawick, P.: Vorwort, in: Watzlawick, P. (Hrsg.): Die erfundene Wirklichkeit – Wie wissen wir, was wir zu wissen glauben? Beiträge zum Konstruktivismus, München 1991, S. 9.

27 Vgl. Lorenzen, P.: Methodisches Denken, in: Lorenzen, P. (Hrsg.): Methodisches Denken, Frankfurt am Main 1968, S. 41 f.

28 Vgl. Bendig, T. (2005), S. 10.

schlossen werden, dass auch beim Radikalen Konstruktivismus das Kriterium der Objektivität fallen gelassen wird, da neben jeder individuellen Wirklichkeit eine andere, ebenso wahrscheinliche Wirklichkeit existieren kann.[29]

Der geringen Durchdringung des Instruments Geomarketing entsprechend, sowohl in wissenschaftlicher Hinsicht als auch bezogen auf die konkreten Auswirkungen in der Praxis, werden die Aussagen und Gestaltungsempfehlungen nicht auf Basis einer quantitativ-empirischen Untersuchung abgeleitet, sondern im Rahmen einer sachlich-analytischen Vorgehensweise erarbeitet. Auf dieser Basis können Ergebnisse erzielt werden, die einen konkreten Beitrag zur Reduktion des Wissensdefizits leisten und unter Umständen die Voraussetzung für weitergehende quantitativ-empirische Arbeiten bilden. Für die vorliegende Arbeit wurde aus diesem Grund ein pragmatischer Forschungsansatz gewählt, welcher sich durch eine Methodenkombination auszeichnet. Die Arbeit bewegt sich dabei im Spannungsfeld der beiden dargestellten Methoden, wobei die Aspekte der einzelnen Methodologien zu unterschiedlichen Zeitpunkten in die Untersuchung einfließen. In diesem Zusammenhang bildet die kritisch-rationale Forschungsrichtung die rahmengebende Ordnung der Arbeit, auf welcher auch das ergebnisbezogene Erkenntnisziel aufbaut. Um jedoch den eben beschriebenen Forschungsprozess adäquat durchlaufen zu können, bedarf es im Rahmen der Expertenbefragung bzw. der Operationalisierung des Erfolgsfaktors eines radikal-konstruktivistischen Forschungsansatzes.

1.4 Gang der Untersuchung

Dem Erkenntnisziel und den aufgezeigten Forschungszielen folgend, ergibt sich vor dem Hintergrund der methodologischen Überlegungen der Aufbau der vorliegenden Arbeit. Im Anschluss an diese einleitenden Ausführungen werden zunächst im nachfolgenden *2. Kapitel* sowohl der Inhalt als auch die Bedeutung des Instruments Geomarketing dargestellt. In einem ersten Schritt ist es erforderlich, das Instrument Geomarketing in den Marketing-Kontext einzuordnen und darauf aufbauend die Entstehung des Geomarketing zu begründen. Ferner gilt es in diesem Zusammenhang die immanenten Bestandteile von Geomarketing, die zugrunde liegende Datenbasis sowie die Methodik von GIS zu erläutern und die existierende Begriffsvielfalt im Bereich der mikrogeographischen Analyse zu systematisieren.

---

[29] Vgl. Glasersfeld, E.v.: Einführung in den radikalen Konstruktivismus, in: Watzlawick, P. (Hrsg.): Die erfundene Wirklichkeit – Wie wissen wir, was wir zu wissen glauben? Beiträge zum Konstruktivismus, München 1991, S. 17-19.

Nach einer inhaltlichen Bestimmung der theoretischen Grundlagen des Geomarketing erfolgt im Rahmen des *3. Kapitels* eine dezidierte Beschreibung und Erläuterung der unterschiedlichen Anwendungsbereiche von Geomarketing in der Automobilindustrie. Diese bildet in Ergänzung zu den theoretischen Grundlagen den zweiten notwendigen Schritt für eine umfassende grundlagenorientierte Betrachtungsweise, mit dem Ziel, die existierenden Forschungslücken in diesem Bereich zu schließen.

Auf Basis der vorangegangenen Kapitel verfolgt das *4. Kapitel* die Zielsetzung, ein Modell zu entwickeln, welches in der Lage ist zu analysieren, inwiefern das Instrument Geomarketing einen Erfolgsfaktor für die deutschen Automobilhersteller darstellt. Hierfür werden zunächst die Erkenntnisse der empirischen Erfolgsfaktorenforschung analysiert, welche wichtige Ansatzpunkte für die Ausgestaltung des Modells liefern. Basierend auf diesen Ergebnissen erfolgt eine Betrachtung der die Erfolgsfaktoren bedingenden Erfolgspotenziale, welche den Grundstein für die explorative Untersuchung legt. Hierbei werden diejenigen Erfolgspotenziale ermittelt, anhand derer die Auswirkungen von Geomarketing aus Sicht der deutschen Automobilhersteller bewertet werden können.

Die konkreten Vorteile von Geomarketing können letztlich nur vor dem Hintergrund der praktischen Bewährung beurteilt werden. Dies wird jedoch erst dann möglich sein, wenn eine größere Anzahl von Unternehmen sich diesem Instrument zuwendet und es in sämtlichen marketingbezogenen Unternehmensbereichen einsetzt. Eine weitreichende empirische Überprüfung der in dieser Arbeit getroffenen Überlegungen ist daher an dieser Stelle nicht möglich. Dennoch soll die praktische Relevanz und Nützlichkeit von Geomarketing aus dem Blickwinkel der deutschen Automobilhersteller analysiert werden. Neben diesen Aspekten gilt es aber ebenfalls zentrale Problemfelder zu identifizieren und mögliche Erklärungen für die Existenz derselben zu liefern. Aus diesem Grund wurden Expertenbefragungen durchgeführt, deren Ergebnisse den zentralen Inhalt des *5. Kapitels* darstellen.

Das abschließende *6. Kapitel* fasst die zentralen Erkenntnisse der vorliegenden Untersuchung zusammen. Hierbei stellt eine kritische Würdigung des Instruments Geomarketing den Abschluss der Arbeit dar.

2 Theoretische Grundlagen des Geomarketing

2.1 Einordnung in den Marketingkontext

Der Grundgedanke des Marketing stellt die Bedürfnisse der Nachfrager bzw. Kundengruppen in den Mittelpunkt der Unternehmenstätigkeit. Dies geschieht unter der Prämisse, dass durch eine möglichst optimale Erfüllung der Kundenbedürfnisse ein Wettbewerbsvorteil im Markt erzielt werden soll.[30] Aufgrund der Vielzahl an Konsumenten und der stärker werdenden Individualisierung der Nachfrage ist es in zahlreichen Branchen, insbesondere in der Automobilbranche, nicht mehr möglich, die Kunden mit allgemeinen Marketingmaßnahmen zufrieden zu stellen. Das Zusammenfassen von Kunden mittels kaufverhaltensrelevanter Merkmale in möglichst homogene Käufergruppen (Segmente) ist deshalb von besonderer Bedeutung. Nur auf diese Art und Weise kann es gelingen, den heterogenen Kundenwünschen bedürfnisgerecht in Form von differenzierten Marktleistungen zu entsprechen und gleichsam eine optimale, kosteneffiziente Allokation der knappen Marketing- und Vertriebsressourcen zu gewährleisten.[31]

Die Marketingforschung[32] ist ein Bestandteil der Informationsinstrumente des Marketing. Sie umfasst *„[...] den gesamten Bereich der Gewinnung und Analyse von Informationen, die zur Identifikation und Lösung von Marketing-Problemen von Bedeutung sind“*[33] und berücksichtigt dabei sowohl interne als auch externe Informationen über konkrete Absatzmärkte, Teilmärkte oder einzelne Marktsegmente. Bezieht sich die Marketing-Forschung auf externe Informationsquellen von Absatzmärkten, so kommt es zu einer inhaltlichen Überschneidung mit der Marktforschung, bei welcher die Beschaffung externer Informationen über Absatz- und Beschaffungsmärkte im Vordergrund der Untersuchung steht.[34] Bei den Wegen der Informationsbeschaffung wird grundsätzlich zwischen der Primärforschung, also der originären Erhebung von Daten, und der Sekundärforschung, welche auf bereits vorhandenen, unternehmensinternen und unternehmensexternen Informationen basiert, unterschieden. Die Aus-

---

30 Vgl. zur Grundidee des Marketing u.a. Meyer, A./ Mattmüller, R.: Marketing, in: Corsten, H./ Reiß, M. (Hrsg.): Betriebswirtschaftslehre, München 1999, S. 809-890; Kotler, P./ Bliemel, F.: Marketing-Management, 8. Aufl., Stuttgart 1995, S. 7 f.; Bruhn, M.: Marketing, Wiesbaden 1999, S. 13 f.

31 Vgl. Krafft, M./ Albers, S.: Ansätze zur Segmentierung von Kunden – Wie geeignet sind herkömmliche Konzepte?, in: ZfbF, 52. Jg., 2000, S. 515-536.

32 Die Marketing-Forschung wird hier als Synonym für Absatzforschung verstanden und bezieht sich nicht auf das Marketing als Erkenntnisobjekt der Betriebswirtschaftslehre. Vgl. hierfür Sandberg, B.: Mikrogeographische Segmentierung in öffentlichen Betrieben und Verwaltungen, Wiesbaden 1995, S. 45.

33 Nieschlag, R./ Dichtl, E./ Hörschgen, H.: Marketing, 16. Aufl., Berlin 1991, S. 607 f.

34 Vgl. Nieschlag, R./ Dichtl, E./ Hörschgen, H. (1991), S. 607 f.

wahl der jeweiligen Methode ist vom Informationsbedarf sowie von den verfügbaren finanziellen und zeitlichen Ressourcen abhängig.[35]

Durch die Beschaffung, Verarbeitung und Interpretation marketing-relevanter Informationen dient die Marketingforschung zur Fundierung von Entscheidungen hinsichtlich der Marketingstrategie sowie der Ausgestaltung absatzpolitischer Instrumente.[36] Aufgrund dieser Fundierung trägt die Marketing-Forschung zu einer markt- und kundenorientierten Aufgabenerfüllung bei bzw. ermöglicht diese überhaupt erst.[37]

Die Marketingforschung beschäftigt sich neben der Untersuchung der Konkurrenzsituation bzw. -verhältnisse und der Absatzwege insbesondere mit Fragestellungen, die sich direkt auf die Nachfrager von Gütern und Dienstleistungen beziehen.[38] Hierbei kommen Fragen nach den aktuellen und zukünftigen Nachfragern, nach deren Bedürfnissen, deren Motiven und Einstellungen sowie den Einflüssen auf das Nachfrageverhalten in besonderem Maße zum Tragen. Nicht außer Acht gelassen werden darf in diesem Zusammenhang auch die Frage nach den Absatzchancen des Anbieters, da diese erheblichen Einfluss auf den Unternehmenserfolg haben.[39]

Die Analyse von räumlichen Zusammenhängen bei Marketing- und Vertriebsaktivitäten stellt grundsätzlich kein neues Aufgabengebiet dar. Zur Kennzeichnung von Verkaufsgebieten wurden so zum Beispiel bereits vor Einführung des PCs Arbeitsmittel wie großformatige Papierlandkarten, Stecknadeln und Wollfäden benutzt. Jedoch war mit diesem Verfahren aufgrund des beträchtlichen Zeitaufwandes, aber auch wegen der damit verbundenen Kosten, keine optimale Marketing- und Vertriebsplanung möglich.[40] Rückblickend kann die Entwicklung Geographischer Informationssysteme[41] Ende der 70er Jahre in den USA und seit Mitte der 80er auch in Deutschland als entscheidender Einflussfaktor für die Entstehung von Geomarketing als Bestandteil der Marketingforschung gesehen werden.[42]

Aus ökonomischer Perspektive betrachtet, ist diese Entwicklung durch den Übergang von Verkäufer- zu Käufermärkten bekräftigt worden, da sich Unternehmen einem

---

35 Vgl. Nieschlag, R./ Dichtl, E./ Hörschgen, H. (1991), S. 636 f.

36 Vgl. Mattmüller, R. (2004), S. 84.

37 Vgl. Merkle, E.: Marketing der öffentlichen Hand, in: Marketing-Enzyklopädie, Bd. 2, München 1974, S. 371-383; vgl. auch Töpfer, A.: Marketing im öffentlichen Sektor, in: Die Verwaltung, Bd. 23, Heft 4, 1990, S. 409-425.

38 Vgl. Schäfer, E./ Knoblich, H.: Grundlagen der Marktforschung, 5. Aufl., Stuttgart 1978, S. 21.

39 Vgl. Mattmüller, R. (2004), S. 86: sowie auch Sandberg, B. (1995), S. 46.

40 Vgl. Schüssler, F. (2000), S. 175 f.

41 Vgl. Kap. 2.4.2 und 2.4.3.

42 Vgl. Frühling, J./ Steingrube, W.: Geomarketing: Neue Begriffe = Neue Methoden?, in: Zeitschrift für Wirtschaftsgeographie, 39. Jg., Heft 3-4, 1995, S. 184.

verstärkten Produkt- und Preiswettbewerb ausgesetzt sehen. Vor dem Hintergrund gesättigter Märkte müssen Marketingaktivitäten verstärkt und optimiert werden, um dem Verlust von Marktanteilen vorzubeugen. Geprägt durch das gesellschaftliche Individualitätsdenken, fordern die Kunden zusätzlich einen besonderen Nutzen und eine gezielte Ansprache durch auf sie persönlich zugeschnittene Produkte und Problemlösungen aus dem gesamten Leistungsangebot einer Unternehmung. Kunden sind um ein Vielfaches anspruchsvoller geworden und haben sich von dem Konsum standardisierter Massenprodukte abgekehrt.[43] Dies führt dazu, dass Unternehmen Marktnischen, besonders im Hinblick auf kaufrelevante Entscheidungsfaktoren wie Reaktionszeit, Beziehungsklima, Zugriff und Bequemlichkeit, intensiver bearbeiten müssen.[44] Eine reine Orientierung an den Ansprüchen des Durchschnittsverbrauchers ist bei den Bedürfnissen der heutigen Konsumenten nicht mehr zeitgemäß. Produkte und Dienstleistungen werden individuell für die einzelnen Kundensegmente entwickelt und die in der Vergangenheit anzutreffende Massenkommunikation wird zunehmend durch ein differenziertes und zielgruppenspezifisches Marketing ersetzt.[45]

Eine undifferenzierte Marktbearbeitung ist aus diesem Grund in der Praxis nur noch selten anzutreffen. In der Regel teilen Unternehmen den Gesamtmarkt in eine vom Markt, vom Produkt und von der individuellen Unternehmensstrategie abhängige Anzahl von Marktsegmenten auf und bearbeiten diese in einer auf die Kundengruppe des Teilmarktes passenden Art und Weise.[46] Eine Übersicht der unterschiedlichen Formen der Marktbearbeitung zeigt die nachfolgende Abbildung (siehe S. 16). In diesem Zusammenhang gilt es jedoch zu betonen, dass in der Unternehmenspraxis eine konzentrierte Marktbearbeitung, d.h. die Bearbeitung eines einzelnen Marktsegments, nur selten verfolgt wird, da es in den meisten Fällen eine zu starke Eingrenzung des Marktumfangs mit sich bringt. Üblicherweise werden differenzierte oder selektiv differenzierte Strategien genutzt, bei denen alle oder einige ausgewählte Segmente mit individuell zugeschnittenen Produkten und Dienstleistungen bedient werden.[47]

---

43 Vgl. Schüssler, F. (2000), S. 1.

44 Vgl. Graul, C.: Geomarketing – ein effizientes Werkzeug zur Unterstützung des Marketings und der strategischen Managements, in: Fally, M./ Strobl, J. (Hrsg.): Business Geographics – GIS in der Wirtschaft, Heidelberg 2000, S. 11; Bernhardt, U.: GIS-Technologien in der New Economy: Markttransparenz durch Geoinformationssysteme, Heidelbrg 2002, S. 19.

45 Vgl. Nitsche, M.: Micro-Marketing. Daten – Methoden – Praxis, Wien 1998, S. 15.

46 Vgl. ebenda, S. 16.

47 Vgl. ebenda, S. 16.

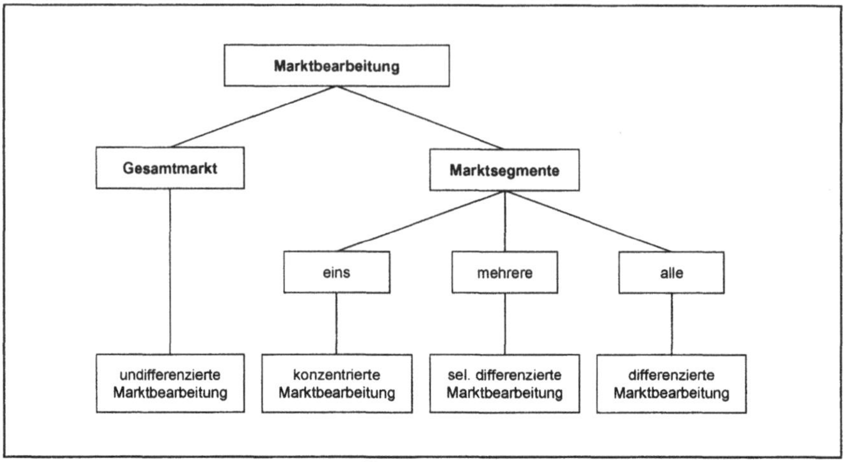

Abbildung 1: Formen der Marktbearbeitung[48]

Im folgenden Abschnitt wird einleitend eine Übersicht über die verschiedenen Methoden der Marktsegmentierung gegeben, bevor im Anschluss explizit auf die mikrogeographische Marktsegmentierung eingegangen wird. Diese beschreibt, wie der Name schon sagt, auf welche Art und Weise einzelne Märkte bzw. Kundengruppen anhand von geographischen Merkmalen differenziert werden können, und dient damit, wenn auch nur in einzelnen Teilbereichen, als Ausgangsbasis für die Entstehung des Geomarketing und dessen weiterer Entwicklung.

2.2 Die Marktsegmentierung als Ausgangspunkt der Untersuchung

2.2.1 Definition und Beschreibung

Im Zusammenhang mit einer Veröffentlichung von W. R. SMITH fand der Begriff *„market segmentation“* Mitte der 50er Jahre erstmals Eingang in den Sprachgebrauch von Wissenschaft und Praxis,[49] jedoch lässt sich in der Fachliteratur bis heute keine semantisch einheitliche Definition für diesen Terminus finden. Ursache für diesen Umstand sind die teilweise unterschiedlichen Auffassungen über das Begriffselement *„Markt“* in Verbindung mit der *„Segmentierung“*, da häufig schon dann

48 Vgl. Scheuch, F.: Marketing, 4. Aufl., München 1993, S. 275.

49 Vgl. Smith, W.R.: Product Differentation and Market Segmentation as Alternative Marketing Strategies, in: Journal of Marketing, Vol. 21, 1956, S. 3-8; sowie auch Martin, M.: Mikrogeographische Marktsegmentierung, Wiesbaden 1992, S. 11.

von einer Marktsegmentierung gesprochen wird, wenn eine Segmentierung anhand der Eigenschaften des Angebots erfolgt.[50]

Eine grundsätzlich andere, in der Mehrzahl der Beiträge zur Marktsegmentierung zu findende Perspektive ist jedoch die, dass mit dem Begriff *„Markt"* die Gesamtheit der aktuellen und potenziellen Nachfrager eines Angebots bezeichnet wird. Demnach werden unter Marktsegmenten Konsumentengruppen verstanden, welche sich im Hinblick auf ihre Präferenzen, Bedürfnisse etc. unterscheiden und aus Sicht des Unternehmens auf eine homogene Marktbearbeitung in Bezug auf das jeweilige Marktsegment ausgegangen werden kann.[51] Im Rahmen der vorliegenden Arbeit wird diese Ansicht ebenfalls geteilt, weil zum einen die lediglich sekundäre Berücksichtigung von Verbraucherbedürfnissen bei der angebotsbezogenen Marktbearbeitung keine optimale Allokation der Marketingaktivitäten erlaubt[52] und es sich zum anderen im Zusammenhang mit Geomarketing um einen strikt verbraucherorientierten Ansatz handelt.[53]

Ähnlich wie im Hinblick auf das Begriffselement *„Markt"* lässt sich auch für die *„Segmentierung"* in der Literatur keine einheitliche Begriffsdefinition finden. Verhaltenswissenschaftlich und/oder methodisch orientierte Marketingforscher verstehen unter Marktsegmentierung lediglich die Aufspaltung des Gesamtmarkts in Teilmärkte.[54] Die verhaltenswissenschaftliche Richtung hebt demgegenüber insbesondere Fragestellungen der Erklärung und Prognose von segmentspezifischen Konsumverhaltensunterschieden hervor,[55] wohingegen sich die methodenorientierte Marktsegmentie-

---

50 Diese Auffassung wird u.a. vertreten von Steffenhagen, H.: Marketing, 2. Aufl., Stuttgart/ Berlin/ Köln 1991, S. 45 f.; Smith, C.: Zur Identifikation von Marktsegmenten in der Automobilindustrie, Bonn 1988, S. 71 f.; Freter, H./ Barzen, D.: Segmentierung im Automobilmarkt, in: Marktforschung und Management, 32. Jg., Nr. 3, 1988, S. 87 f.; sowie auch Niemeyer, H.-G./ Gretz, C.: Segmentierung des Videokamera-Marktes, in: planung & analyse, 17. Jg., Heft 9, 1990, S. 333; eine solche vorwiegend technologisch-leistungsbezogene Betrachtungsweise kommt z.B. bei der Aufteilung des Automobilmarkts in Teilmärkte für SUV, Roadster, Obere Mittelklasse etc. zum Ausdruck.

51 Vgl. Kotler, P./ Amstrong, G.: Marketing, Wien 1988, S. 295 f.; Nieschlag, R./ Dichtl, E./ Hörschgen, H. (1991), S. 835; Bauer, E.: Markt-Segmentierung als Marketing-Strategie, Berlin 1976, S. 16; sowie auch Engel, J.F./ Fiorillo, H.F./ Cayley, M.A.: Market Segmentation, New York 1972, S. 4 f.

52 Vgl. Langner, H.: Segmentierungsstrategien für den europäischen Markt, Wiesbaden 1991, S. 57; sowie ebenfalls Hansen, U.: Absatz- und Beschaffungsmarketing des Einzelhandels, 2. Aufl., Göttingen 1990, S. 78.

53 Vgl. in ähnlicher Form: Froböse, M.: Mikrogeographische Segmentierung von Einzelhandelsmärkten, Wiesbaden 1995, S. 14.

54 Vgl. beispielsweise Bonoma, T./ Shapiro, B.P.: Segmenting the Industrial Market, 6. Aufl., Lexington/ Toronto 1985, S. 1; Krautter, J.: Zum Problem der optimalen Marktsegmentierung, in: Zeitschrift für Betriebswirtschaft, 45. Jg., Nr. 2, 1975, S. 110; sowie auch Berndt, R.: Marketing, Bd. 1: Käuferverhalten, Marktforschung und Marketing-Prognosen, Berlin 1990, S. 233.

55 Vgl. Freter, H.: Strategien, Methoden und Modelle der Marktsegmentierung bei der Markterfassung und Marktbearbeitung, in: Die Betriebswirtschaft, 40. Jg., Heft 3, 1980, S. 454; sowie Bauer, E. (1976), S. 63 f.

rungsforschung primär mit der Eignung statistischer Verfahren zur Bildung von möglichst homogenen Konsumentengruppen beschäftigt.[56] Beiden Sichtweisen ist jedoch gemein, dass sie sich an den Nachfragern orientieren[57] und demnach der Informationsseite des Marketing zuzuordnen sind.[58]

Eine gegensätzliche Auslegung des Begriffs *„Segmentierung"*, die der Vollständigkeit halber genannt werden muss, ist jene von KAISER, der den Begriff als die *„faktische Aufspaltung eines Marktes durch den segmentspezifischen Einsatz absatzpolitischer Instrumente"*[59] definiert. Hierbei stehen im Rahmen der Marktbearbeitung insbesondere die individuellen Unterschiede der einzelnen Segmente sowie die gezielte Erfüllung der spezifischen Konsumentenbedürfnisse im Vordergrund, verbunden mit dem Ziel, den Wirkungsgrad der Marketingaktivitäten zu steigern.[60] Aus diesem Grund wird diese Form der Marktsegmentierung auch häufig als solche im Sinne einer spezifischen Marketingstrategie bezeichnet.[61]

Nachdem die einzelnen Begriffsbestandteile der Marktsegmentierung kurz erläutert wurden, wird nun explizit auf die Marktsegmentierung an sich eingegangen. Hierfür lässt sich in der Fachliteratur eine Vielzahl von Definitionen finden, die sich tendenziell zwei *„Hauptrichtungen"* zuordnen lassen, nämlich der Marktsegmentierung als Prozess der Marktaufteilung (informationsseitige Marktsegmentierung) und der Marktsegmentierung im Sinne einer Marketingstrategie (aktionsseitige Marktsegementierung).[62] Beide Richtungen werden im Folgenden kurz dargestellt:

- *Marktsegmentierung als Prozess der Marktaufteilung:* Grundsätzlich versteht man darunter die Aufteilung eines heterogenen Gesamtmarktes in homogene

---

56 Die methodenorientierte Segmentierung bezieht sich hierbei insbesondere auf die Problembereiche der Klassifikation bzw. der Typologisierung. Vgl. Kaiser, A.: Die Identifikation von Marktsegmenten, Berlin 1978, S. 12; vgl. auch Bauer, E. (1976), S. 73 f.

57 Vgl. Gröne, A.: Marktsegmentierung bei Investitionsgütern, Wiesbaden 1977, S. 30 f.

58 Vgl. Freter, H.: Marktsegmentierung, Stuttgart 1983, S. 7.

59 Kaiser, A. (1978), S. 13.

60 Vgl. Hünerberg, R.: Zur Segmentierungsproblematik im Rahmen der Marketingpolitik, in: Marktforschung, 25. Jg., Nr. 2, 1981, S. 54; vgl. auch Banning, T.E.: Lebensstilorientierte Marketing-Theorie, Heidelberg 1987, S. 45. Es gilt jedoch zu beachten, dass eine auf einzelne Individuen abgestimmte Marktbearbeitung in der Regel als genauso ineffizient angesehen werden muss wie ein undifferenziertes (Massen-) Marketing, was hohe Streuverluste mit sich bringt. Unter der Prämisse der Marketing-Effizienz verkörpert die Marktsegmentierung aus diesem Grund einen guten Kompromiss zwischen den konfliktären Zielen der Kundenorientierung auf der einen und der Wirtschaftlichkeit der Marktbearbeitung auf der anderen Seite. Vgl. Froböse, M. (1995), S. 15; sowie auch Gröne, A. (1977), S. 39.

61 Vgl. z.B. Kuhn, W.: Marktsegmentierung zum Zwecke segmentspezifischer Werbepolitik, Würzburg 1984, S. 27 f.; Breuer, N.: Einstellungstypen als Instrument für Produktmarketing-Entscheidungen – Ein Marktsegmentierungsmodell, Köln 1980, S. 81; Binz, H.-P.: Die betriebswirtschaftlichen Auswirkungen der Marktsegmentierung als einer Absatzstrategie, Hergiswil 1976, S. 12.

62 Vgl. Mattmüller, R./ Tunder, R.: Strategisches Handelsmarketing, München 2004, S. 90 f.

Teilmärkte,[63] welcher sich aus Konsumenten mit ähnlichem Kaufverhalten oder ähnlichen Konsumbedürfnissen zusammensetzt. In Anlehnung an die verhaltensorientierte Marketingforschung liegt der Schwerpunkt dieser Hauptrichtung auf der Informationsseite und greift in der Regel auf soziologische und psychologische Erklärungsmodelle des Kaufverhaltens zurück.[64] Je nach Segmentierungsansatz können sowohl soziodemographische (z.B. Alter, Einkommen), psychographische (z.B. Werte, Einstellungen) als auch Kriterien des beobachtbaren Verhaltens (z.B. Einkaufsstättenwahl, Mediengewohnheiten) zur Abgrenzung der einzelnen Segmente herangezogen werden.[65]

- *Marktsegmentierung als Marketingstrategie:* Hierbei geht es neben einer reinen Marktaufteilung insbesondere um eine segmentspezifische Marktbearbeitung mit Hilfe der, sowohl kundenspezifisch als auch ökonomisch, geeigneten Marketinginstrumente. Auf Basis der Marktsegmentierung werden zunächst homogene Konsumentenzielgruppen gebildet, welche dann einerseits, bedingt durch das Verständnis ihrer Bedürfnisse und Verhaltensweisen, mit einem geeigneten Angebot versorgt, andererseits aber auch mit den zielgruppenspezifisch individuell zugeschnittenen Marketingmaßnahmen angesprochen werden. Mit individuell zugeschnittenen Marketingmaßnahmen kann hierbei sowohl der auf die Zielgruppe abgestimmte Distributionskanal, der passende Werbeträger oder lediglich eine treffende Werbebotschaft gemeint sein.[66]

Neben den beiden genannten Ansichten der Marktsegmentierung lässt sich in der Literatur noch eine weitere Sichtweise finden, welche die Auswahl der zu bearbeitenden Segmente als eigenständiges Zwischenglied zwischen der Informations- und der Aktionsseite der Marktsegmentierung sieht.[67] Gemäß dieser Sichtweise wird die Marktsegmentierung folglich als integrativer Prozess gesehen, welcher die erläuterten Aspekte umfasst und sich chronologisch gesehen zunächst mit der Aufteilung des Marktes, dann mit der Selektion der Zielsegmente und abschließend mit der segmentspezifischen Marktbearbeitung beschäftigt. Diese häufig propagierte Auffassung[68] bezieht sich dabei insbesondere auf die wechselseitige Abhängigkeit der ein-

---

63 Vgl. Mattmüller, R./ Tunder, R. (2004), S. 90; sowie auch Freter, H. (1983), S. 13.

64 Vgl. Martin, M. (1992), S. 12.

65 Vgl. ebenda, S. 12.

66 Vgl. Mattmüller, R./ Tunder, R. (2004), S. 90 f.; Martin, M. (1992), S. 13.

67 Vgl. Froböse, M. (1995), S. 17; sowie für eine detaillierte Betrachtung der dieser Aussage zugrunde liegenden Sichtweise von Marketing-Strategien als eigenständiges Entscheidungsfeld und als Orientierungsrahmen hinsichtlich des Instrumentaleinsatzes Becker, J.: Marketing-Konzeption, 5. Aufl., München 1993, S. 111 f.

68 Vgl. Langner, H. (1991), S. 26; Scheuch, F. (1993), S. 274 f.; Rosada, M.: Kundendienststrategien im Automobilsektor – Theoretische Fundierung und Umsetzung eines Konzeptes zur differenzierten Vermarktung von Sekundärdienstleistungen, Berlin 1990, S. 153.

zelnen Prozessschritte, die sich dadurch äußert, dass eine zielgruppenbezogene Anpassung der Marketingaktivitäten umso besser gelingt, je homogener die identifizierten Marktsegmente sind.[69] Marktsegmentierung, basierend auf diesem Verständnis, umfasst demnach sowohl informatorische, strategische als auch operative Dimensionen, wobei der Gewinnung von Informationen im Rahmen der Analyse der einzelnen Marktsegmente eine entscheidende Bedeutung für die weiteren strategischen und operativen Segmentierungs- aber auch Unternehmensentscheidungen zugeordnet werden muss. Diese Sichtweise korrespondiert mit dem dieser Arbeit zugrunde liegenden Verständnis des Geomarketing als Instrument zur Unterstützung strategischer Unternehmensentscheidungen.

2.2.2 Anforderungen an Strategien der Marktsegmentierung

Ausgehend von den einzelnen Prozessphasen der Marktsegmentierung ergibt sich eine Reihe von generellen Anforderungen, welchen im Hinblick auf eine möglichst optimale Marktsegmentierung Rechnung getragen werden sollte:[70]

- *Homogenität:* Die einzelnen Marktsegmente sollten in sich eine möglichst geringe Schwankungsbreite hinsichtlich der einzelnen Merkmalsausprägungen[71] aufweisen und sich in ihrem Verhalten in Bezug auf das angebotene Produkt oder die angebotene Dienstleistung ähneln.

- *Diskriminanz:* Die jeweiligen Marktsegmente sollten untereinander möglichst heterogen sein, da ein selektives Bearbeiten der einzelnen Segmente nur dann ökonomisch sinnvoll ist, wenn sich die gebildeten Verbrauchergruppen bezüglich ihrer Reaktion auf die Marketingaktivität des Anbieters unterscheiden. Marktsegmente, welche sich lediglich aufgrund der Segmentierungskriterien voneinander abgrenzen, jedoch kein differierendes Nachfrageverhalten aufweisen, sind für die Marktsegmentierung nicht von Bedeutung.[72]

- *Relevanz:* Die für die Differenzierung der Marktsegmente genutzten Merkmale sollten in hohem Maße relevant für die unternehmerische Praxis sein, d.h., mit

---

69 Vgl. Froböse, M. (1995), S. 17; sowie auch Kols, P.: Bedarfsorientierte Marktsegmentierung auf Produktivgütermärkten, Frankfurt a.M. 1986, S. 27.

70 Vgl. Nitsche, M. (1998), S. 20 f.; sowie auch Froböse, M. (1995), S. 28 f.

71 Mit Merkmalsausprägungen sind hier insbesondere soziodemographische (Alter, Geschlecht), geographische (Bundesland, Bevölkerungsdichte), psychographische (Lebensstil, Interessengebiete) oder verhaltensorientierte (Kauffrequenz, Einkaufsstättenwahl) Merkmale gemeint. Vgl. hierzu Nitsche, M. (1998), S. 21.

72 Vgl. Steffenhagen, H. (1991), S. 51.

ihrer Hilfe sollte direkt bzw. indirekt auf das segmentspezifische Konsumverhalten geschlossen werden können.

- *Größe:* Im Rahmen der Marktsegmentierung sollte darauf geachtet werden, dass die selektierten Segmente eine ausreichende Größe aufweisen bzw. ein ausreichendes Marktpotenzial eröffnen.[73] Als Determinanten kann hierbei sowohl die Zahl der Segmentmitglieder als auch deren Nachfrageintensität gesehen werden, wobei diejenigen Segmente bevorzugt zu behandeln sind, welche eine hohe Nachfrageintensität pro Person erwarten lassen.[74]

- *Zeitstabilität:* Die im Rahmen der Marktsegmentierung identifizierten Strukturen müssen eine gewisse zeitliche Stabilität aufweisen. Grund dafür ist die Tatsache, dass die auf der Marktaufteilung aufbauende Selektion der Zielgruppensegmente eine strategische Entscheidung darstellt, folglich also mittel- bis langfristig orientiert ist und sich deshalb nicht permanent an wechselnde Strukturen anpassen kann. Bei einer zeitlich instabilen Grundlage für die Marktaufteilung ist die Definition der zu bearbeitenden Zielmärkte mit einem beträchtlichen Risiko behaftet.[75]

- *Wirtschaftlichkeit:* Dieser Aspekt stellt ein übergeordnetes Kriterium für die Beurteilung der Marktsegmentierung dar. Auch wenn weithin verbreitet ist, dass selbige zu den Kernelementen einer modernen Marketingkonzeption gehört,[76] können Kosten-/Nutzen-Aspekte einer erfolgreichen Marktsegmentierung entgegenstehen.[77] Zwar führt die differenzierte Marktbearbeitung in der Regel zu einer besseren Marktausschöpfung, jedoch bringt sie unweigerlich auch den Verzicht auf die Standardisierungsvorteile der undifferenzierten Marktbearbeitung oder, im Falle einer exklusiven bzw. selektiven Marktbear-

---

73 Vgl. Pearce, M.R.: Retailers: How to Suceed in the Coming Decade, in: Business Quarterly, Vol. 54, No. 1, 1989, S. 26; vgl. auch Nesbit, M./ Weinstein, A.: How to size up your Customers, in: Richardson, J.E. (Hrsg.): Marketing 1987/88, Guilford 1987, S. 106.

74 Vgl. Kuhlmann, E.: Die Selektion von Segmentierungsmerkmalen, Arbeitspapiere zum Marketing der Ruhr-Universität Bochum, Nr. 4, Bochum 1979, S. 28. Größere Segmente, rein bezogen auf die Personenzahl, erweisen sich nur dann als geeignetere Zielgruppen, wenn die Größe nicht zu Lasten der Homogenität geht. Dies gestaltet sich in der Unternehmenspraxis relativ schwierig, da die Forderung nach homogenen, aber möglichst großen Segmenten in einer konfliktären Beziehung zueinander steht: Eine Verringerung der Anzahl einzelner Marktsegmente, z.B. durch eine Clusteranalyse, führt gleichzeitig zu einer Vergrößerung der Intrasegment-Heterogenität. Vgl. Riedl, M.: Ein Modell der absatzpolitischen Wirkung von Bankzweigstellen und dessen empirische Überprüfung, München 1987, S. 10; sowie auch Braunschweig, E.: Typen als Zielgruppenkriterien, in: Opfer, G. et al. (Hrsg.): „Typologien" und ihre Aspekte, Velbert 1975, S. 10.

75 Vgl. Froböse, M. (1995), S. 33 f.; sowie auch Gröne, A. (1977), S. 45 f.; Kols, P. (1986), S. 38.

76 Vgl. Meffert, H.: Marketing, 9. Aufl., Wiesbaden 2000, S. 187; Freter, H. (1983), S. 7; Bauer, E. (1976), S. 40 f.

77 Vgl. Froböse, M. (1995), S. 35.

beitung, eine Beschränkung des Kundenpotenzials mit sich.[78] Aus diesem Grund bietet es sich an, auf die bisher genannten Anforderungen zurückzugreifen, da deren individueller Erfüllungsgrad die Wirtschaftlichkeit der Marktsegmentierung entscheidend beeinflusst.

Insgesamt muss jedoch beachtet werden, dass bei einzelnen Anforderungen Zielkonflikte existieren, die in der praktischen Umsetzung in der Regel Kompromisse mit sich bringen. Beispielsweise steigen die Entwicklungskosten mit der Feinheit der Segmentierung, demnach mit der Homogenität der Segmente. Bis zu einem gewissen Grad der Feinheit steigt also die Wirtschaftlichkeit der Marktsegmentierung an, danach fällt sie wieder ab. Dies verdeutlicht die Notwendigkeit einer individuell auf die Belange des Unternehmens abgestimmten Marktsegmentierung, d.h. nur so fein, wie es nötig ist. Ein ähnlicher Zielkonflikt kann zwischen der Homogenität und der zeitlichen Stabilität gefunden werden, da die Zeitstabilität mit zunehmender Segmentgröße steigt, die Homogenität jedoch sinkt.[79] Für die unternehmerische Praxis gilt es in solchen Fällen den Zielkonflikt zu umgehen und eine für das jeweilige Unternehmen passende Lösung zu finden.

2.2.3 Mikrogeographische Marktsegmentierung

Die mikrogeographische Marktsegmentierung, die als Basis des heutigen Geomarketing gesehen werden kann, stellt teils eine Weiterentwicklung der bisherigen Ansätze, teils jedoch auch einen vollkommen neuen Denkansatz zur Marktsegmentierung dar, welcher seinen Ursprung in den USA hat und dort in den 70er Jahren entwickelt wurde.[80] Die Zielsetzung der mikrogeographischen Marktsegmentierung ist es, Strategien für eine differenzierte und selektive Marktbearbeitung zu entwickeln. Hierbei werden grundsätzlich zwei Prinzipien verfolgt: Zum einen werden die Marketingaktivitäten in absteigender Reihenfolge auf die Potenziale derjenigen Segmente bzw. Kundengruppen verteilt, die am gewinnbringendsten sind. Zum anderen wird versucht die Bedürfnisse und Ansprüche der jeweiligen Kundengruppen zu analysieren und dadurch ein höheres Maß an Kundenorientierung aufgrund einer gezielten Ausrichtung der Marketingaktivitäten zu erreichen.[81]

---

78 Vgl. Overtheil, W.: Standardisierung versus Differenzierung in Filialsystemen des Einzelhandels, Frankfurt a.M. 1983, S. 45 f.; Berekoven, L.: Erfolgreiches Einzelhandelsmarketing, Köln/Wiesbaden 1990, S. 94.

79 Vgl. Nitsche, M. (1998), S. 23.

80 Vgl. Nitsche, M. (1998), S. 21; für eine ausführliche Erläuterung der Entstehungsgeschichte des Geomarketing wird auf Kapitel 2.3.3 dieser Arbeit verwiesen.

81 Vgl. Martin, M. (1992), S. 18.

Im Gegensatz zu den ursprünglichen Verfahren der Marktsegmentierung lassen sich zwei grundlegende Unterschiede festhalten:

- Bei der mikrogeographischen Marktbearbeitung handelt es sich um eine Segmentierungsstrategie, welche aufgrund ihrer Datenauswahl mehrdimensional ist. So können im Rahmen einer solchen Analyse sowohl soziodemographische, psychographische, verhaltensorientierte und insbesondere auch geographische Kriterien genutzt werden, ohne einzelne Verfahren kombinieren zu müssen. Herkömmliche Marktsegmentierungsansätze müssen sich in ihrer Analyse aus Gründen der Praktikabilität auf eine beschränkte Anzahl von Kriterien konzentrieren und können folglich das Kaufverhalten der Konsumenten nur näherungsweise erklären bzw. prognostizieren.

- Der zweite Unterschied besteht darin, dass die genannten Kriterien nicht personenbezogen, sondern raumbezogen gesammelt und ausgewertet werden. Bei der Bildung von homogenen Konsumentengruppen wird auf das Prinzip der Segregation[82] zurückgegriffen, welches darauf beruht, das Verhalten der Konsumenten in eine direkte Beziehung mit dem Wohnumfeld zu setzen.[83]

Kernelement der mikrogeographischen Marktsegmentierung ist das so genannte *„Nachbarschaftsprinzip“*,[84] welches im Volksmund auch durch *„Gleich und Gleich gesellt sich gern“* verdeutlicht wird.[85] Oft lässt sich dieser räumliche Konzentrationsprozess schon mit dem *„bloßen Auge“* erkennen. *„Die Gebietstypen mit ähnlichen Strukturen sind in fast allen Städten wiederzufinden und mit jedem dieser Gebietstypen sind Assoziationen darüber verbunden, welche Menschen dort leben, wie sie wohnen, arbeiten, leben, denken und konsumieren.“*[86] Die Grundidee besteht darin, dass in der Regel Personen gleicher mikrogeographischer Gebietstypen auch gleiche Konsummuster aufweisen und deshalb aufgrund der Zugehörigkeit zu einem

---

[82] In der sozial- und bevölkerungswissenschaftlichen Literatur wird die Konzentration von bestimmten Bewohnergruppen innerhalb eines Gemeindegebiets als „Segregation“ bezeichnet. Vgl. Häufele, R.: Absonderung – Prozesse sozialer und residentieller Segregation in zivilisationstheoretischer Perspektive, Regensburg 1989, S. 7. Prinzipiell beruht die Segregation auf der Erfahrungstatsache, dass in räumlicher Nachbarschaft lebende Haushalte häufig relativ homogene Einheiten bilden, welche den jeweiligen Siedlungsgebieten einen individuellen Charakter geben (z.B. Villen-, Studenten-, oder Gastarbeiterviertel). Vgl. hierzu Flowerdew, R./ Goldstein, W.: Geodemographics in Practice: Developments in North America, in: Environment and Planning, Vol. 21, No. 5, 1989, S. 610; Hendry, M./ Wilde, K./ Ruhland, J.: Zielgruppen regional aufs Korn genommen, in: absatzwirtschaft, 27. Jg., Heft 4, 1984, S. 79.

[83] Vgl. Nitsche, M. (1998), S. 21 f.

[84] Vgl. Heinzelbecker, K.: Zielgruppenoptimierung durch mikrogeographische Segmentierung, in: Kongressdokumentation des 20. Direct Marketing-Kongress, Wiesbaden 1988.

[85] Vgl. Helten, E.: Gleich und gleich gesellt sich gern, in: Versicherungswirtschaft, Nr. 18, 1993, S. 1184 f.

[86] Wilde, K.D.: Differenziertes Marketing auf der Basis von Regionaltypen, in: Marketing ZFP, 8. Jg., Heft 3, 1986, S. 153-162.

gewissen Gebietstyp auch auf das Konsumverhalten der Personen geschlossen werden kann.[87] Hierbei wird die Zugehörigkeit zu einem solchen Gebietstyp eindeutig durch den Wohnort, die Postleitzahl, die Straße oder sogar den Straßenabschnitt definiert. „*Tell me a guy's zip code, and I'll tell you everything you ever wanted to know about him – from his politics to his brand of toothpaste.*“[88]

Im Gegensatz zu den traditionellen geographischen Segmentierungsansätzen, welche sich lediglich auf den nationalen Markt beziehen und als älteste Form der Marktaufteilung und Identifikation von Zielgruppen gelten,[89] werden als mikrogeographische Marktsegmentierung nur solche Ansätze bezeichnet, die eine Gebietseinteilung unterhalb des Gemeinde- bzw. Ortsteilniveaus zugrunde legen.[90]

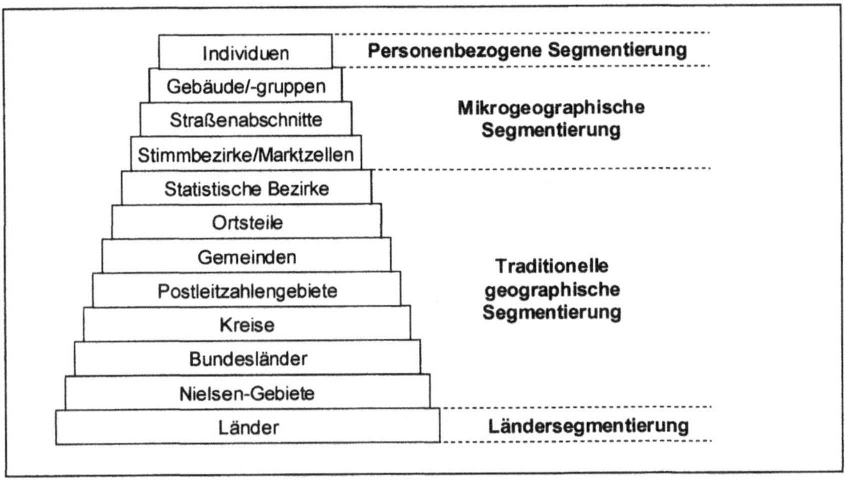

Abbildung 2: Hierarchie der Marktsegmentierung[91]

Zusammenfassend lässt sich festhalten, dass die mikrogeographische Marktsegmentierung auf vier Grundkomponenten basiert:[92]

---

87 An dieser Stelle gilt es darauf hinzuweisen, dass ein solcher Rückschluss in der Praxis durchaus eine besondere Relevanz aufweist, jedoch nicht in allen Fällen zutreffend ist bzw. zu validen Ergebnissen führt.

88 Lee, P.: The Micro-Marketing Revolution, in: Small Business Reports, Vol. 15, 1990, S. 77.

89 Vgl. Kols, P. (1986), S. 46; Crone, B.: Marktsegmentierung – Eine Analyse zur Zielgruppendefinition unter besonderer Berücksichtigung soziologischer und psychologischer Kriterien, Frankfurt a.M. 1977, S. 48.

90 Vgl. Froböse, M. (1995), S. 46.

91 Vgl. Heinzelbecker, K: Zielgruppenoptimierung durch mikrogeographische Segmentierung, in: Schub von Bossiatzky (Hrsg.): Wissen und Entscheiden, schriftliche Fassung der Vorträge vom 24. Kongreß der Deutschen Marktforschung vom 21.-23.5.1989 in Stuttgart, Offenbach 1990, S. 477-516.

92 Vgl. sowie im Folgenden Martin, M. (1992), S. 19.

- *Geographische Komponente:* Zwei Personen, die in der gleichen Nachbarschaft leben, wie z.B. in den USA in den *„Census Tracts“*,[93] in Deutschland in den *„Wahlbezirken“* oder in der Schweiz in den *„Botenfiles“*[94], weisen weitaus größere Gemeinsamkeiten hinsichtlich gewisser Eigenschaften bzw. Verhaltensweisen auf als zwei Personen, die zufällig aus einer Grundgesamtheit aller Endverbraucher ausgewählt werden.

- *Komponente der thematischen Information:* Die jeweiligen Nachbarschaftsgebiete werden auf Basis der Eigenschaften ihrer Bevölkerung oder nach dem äußeren Erscheinungsbild des Wohngebiets typisiert. Bei dieser Typisierung kann es vorkommen, dass zwei Wohngebiete der gleichen Kategorie zugeordnet sind, obwohl sie hunderte von Kilometern voneinander entfernt sind. Folglich ist das Ergebnis einer mikrogeographischen Marktsegmentierung eine Feinparzellierung und Strukturierung eines Gebiets (z.B. Bundesrepublik Deutschland) in ein *„Mosaik“* sozialer Einheiten.

- *Prognostische Komponente:* Aufgrund der Informationen über die einzelnen Wohngebiete können Aussagen über die Wahrscheinlichkeit abgeleitet werden, welches Lebensstilmuster ein dort lebender Endverbraucher in Bezug auf seine Bedürfnisse, Wertstrukturen, Verhaltensweisen aufweist.[95]

- *Lokalisierung der Zielgruppe:* Im Gegensatz zur konventionellen (Individual-) Segmentierung auf Stichprobenbasis, bietet die mikrogeographische Marktsegmentierung nicht nur die Möglichkeit, Zielgruppen und bestimmte Absatzpotenziale zu identifizieren und zu quantifizieren, sondern selbige auch im geographischen Sinne zu lokalisieren und folglich auch präzise erreichbar zu machen.[96]

Basierend auf diesen Ausführungen wird im folgenden Abschnitt explizit auf das Instrument Geomarketing eingegangen. Die Erklärungen im Rahmen der mikrogeographischen Marktsegmentierung dienen zum einen als Ansatzpunkt für das weitere Verständnis, zum anderen aber kann die mikrogeographische Marktsegmentierung

---

93 Unter Census Tracts werden die Zählbezirke verstanden, die in den USA für die Volkszählung verwendet werden.

94 Botenfiles entsprechen geographischen Einheiten, in denen ein Postbote täglich die Verteilung der Postsendungen vornimmt, d.h. sie sind anhand postorganisatorischer Gesichtspunkte strukturiert.

95 Vgl. Rothman, J. (Hrsg.): Special issue on geodemographics. Applications to marketing research, retailing, readership surveys and direct mail, present practice and future trends, in: Journal of Market Research Society, Vol. 31, Nr. 1, 1989, S. 141 f.

96 Vgl. Hansler, D.F./ Riggin, D.L.: Geo-Demographics: Target the Market, in: Fund Raising Management, Vol. 20, No. 10, 1989, S. 37.

auch als Ausgangsbasis für die Entstehung und rasche Weiterentwicklung von Geomarketing gesehen werden.

2.3 Grundlagen der Geomarketing-Forschung

2.3.1 Begriffsdefinitionen und Abgrenzungen

In der aktuell existierenden Fachliteratur kann keine einheitliche Interpretation des Begriffs Geomarketing gefunden werden. Vielmehr werden in diesem Zusammenhang Begriffe wie *Business Geographics, Business-Mapping, Micromarketing* oder *Geographische Informationssysteme* genannt und teilweise auch synonym verwendet.[97] Im folgenden Abschnitt wird nun versucht, die Unterschiede der einzelnen Begrifflichkeiten hervorzuheben und darauf aufbauend die einzelnen Begriffe zu systematisieren.

Business Geographics:
Der Begriff Business Geographics umfasst in seiner Gesamtheit ein relativ breites Anwendungsfeld, welches als Weiterentwicklung zu dem aus heutiger Sicht bereits traditionellen GIS-Einsatz im Natur- und Umweltschutz sowie der Raum-, Landschafts- oder Verkehrsplanung gesehen werden kann.[98] CZERANKA definiert diesbezüglich den Business-Geographics-Markt als solchen, der überall dort ist, *„[...] wo im Bereich der Wirtschaft oder bei wirtschaftsbezogenen Aspekten explizit raumbezogene Fragestellungen berücksichtig werden“.*[99] Aus diesem Grund kann eine inhaltliche Erklärung des Begriffs am besten anhand branchenspezifischer Gruppierungen nachvollzogen werden. Die folgende Abbildung dient dabei lediglich dem Überblick und erhebt keinen Anspruch auf Vollständigkeit:

97 Vgl. Czeranka, M.: Business Geographics und Geomarketing als Schlüssel zur unternehmenseigenen Schatztruhe, in: Fally, M./ Strobl, J. (Hrsg.): Business Geographics - GIS in der Wirtschaft, Heidelberg 2000, S. 2.

98 Vgl. ebenda, S. 2.

99 Vgl. ebenda, S. 2.

Business Geographics Teilmarkt	Beispielhafte Aufgabengebiete
Telekommunikation	Funknetzplanung, Kundenservice, Außendienstorganisation
Öffentlicher Sektor	Bürgerinformation, Gewerbeflächenmanagement
Einzelhandel	Geomarketing (Standortplanung, Mediaplanung)
Medienbranche	Geomarketing, Zustellplanung, Verteilgebietsanalyse
Finanzdienstleistungen	Prämienberechnung, Geomarketing
Energieversorger	Tarifberechnung, Call Center-Unterstützung
Verkehrswesen/ Logistik	Routen- und Tourenplanung, Verkehrstelematik
Gesundheitswesen	Planung, raumbezogene Analyse von Problemen
Agribusiness	Facilities Management, Einsatzplanung

Tabelle 1: Exemplarische Darstellung der Business-Geographics-Teilmärkte[100]

Micromarketing:

Der Begriff des Micromarketing ist auf NITSCHE zurückzuführen und wird häufig synonym für Geomarketing verwendet. Dieser Ansatz basiert auf der Vertiefung der Marktsegmentierungs-Möglichkeiten durch mikrogeographische Methoden und bezieht sich hier auf Segmentierungen unterhalb der üblichen flächenhaften Gebietsstrukturen, wie Länder, Regierungsbezirke, Kreise, Gemeinden, Wahlbezirke.[101] Als konstituierende Elemente des Micromarketing bezeichnet NITSCHE die Tatsachen, dass erstens *„interne Daten des Unternehmens (...) über die Geographie (...) mit externen Daten des Marktes verknüpft“* werden, zweitens *„die Auswertung (...) nicht nur tabellarisch, sondern auch mit Hilfe einer thematischen Landkarte“* erfolgt und drittens *„die Ergebnisse (...) raumbezogen (...) und adreßbezogen eingesetzt (werden), und zwar sowohl im operativen als auch im taktischen und strategischen Marketing“*.[102]

NITSCHE spricht in seinen Ausführungen zwar lediglich von einer *„[...] engen Verbindung beider Konzepte“*[103], jedoch lassen sich keine feststellbaren Unterschiede zwischen den Begriffen Geomarketing und Micromarketing erkennen, weshalb davon auszugehen ist, dass lediglich der Versuch unternommen wurde, einen neuen Begriff zu etablieren.[104]

---

100 Eigene Darstellung in Anlehnung an: Czeranka, M. (2002), S. 2.
101 Vgl. Frühling, J.M./ Steingrube, W. (1995), S. 189.
102 Nitsche, M. (1998), S. 12.
103 Ebenda, S. 13.
104 Diese Vermutung lässt sich durchaus dadurch begründen, dass der Autor zum Zeitpunkt der Buchveröffentlichung über einen engen Kontakt zur Firma microm Micromarketing-Systeme und Consult GmbH verfügte und aus diesem Grund ein neuer Begriff etabliert werden sollte, der in der Lage war, einen direkten Bezug zur genannten Firma herzustellen.

Business Mapping:

Der Begriff des Business Mapping wird in der deutschen Literatur durch den Ansatz von LEIBERICH geprägt, welcher den aus seiner Sicht selbsterklärenden Oberbegriff des *„Business Mapping im Marketing"* für sämtliche Marketingaktivitäten wählt, die einen konkreten Raumbezug aufweisen.

LEIBERICH ist in der Hinsicht zuzustimmen, dass der Marketingbegriff in der Regel in einem direkten Zusammenhang mit dem Objekt steht, auf welches er sich bezieht (z.B. Konsumgütermarketing, Investitionsgütermarketing), und der Begriff *„Geomarketing"* aus diesem Grund missverständlich sei.[105] Jedoch muss an dieser Stelle auch angemerkt werden, dass das Subsumieren sämtlicher Marketingaktivitäten mit konkretem Raumbezug unter dem Begriff *„Mapping"* keinesfalls den vollen Umfang der Anwendungsmöglichkeiten widerspiegelt, da die graphische Darstellung in Form von thematischen Karten (*„Mapping"*) zwar ein konstituierendes Merkmal des Geomarketing ist, aber keinesfalls das alleinige. LEIBERICH vertritt die Meinung, dass *„[...] die Anwendung von Business Mapping-Systemen nicht zu grundlegend neuen Ansätzen im Marketing führt, sondern nur – bedingt durch eine neue Technologie – zu einer effektiveren Umsetzung der vorhandenen Ansätze beiträgt"*.[106] Betrachtet man lediglich die kartographische Darstellung, so ist ihm in diesem Bereich sicherlich beizupflichten, sieht man allerdings die Anwendungsmöglichkeiten im Bereich der Zielgruppenanalyse und im Bereich des Direktmarketing, so kann durchaus von einer Weiterentwicklung der traditionellen Ansätze des Marketing gesprochen werden. Aus diesem Grund ist abschließend festzuhalten, dass der Begriff *„Business Mapping"* gemäß der Auffassung von LEIBERICH einen Teilbereich von Geomarketing darstellt[107] oder dass auch hier der Versuch unternommen wurde, einen weiteren Begriff in diesem Zusammenhang zu etablieren.

Geomarketing:

In den 80er Jahren existierte in Deutschland lediglich der Begriff der mikrogeographischen Marktsegmentierung. Hierbei wurden aufgrund von Merkmalen Gebiete und somit auch Personen bspw. nach soziodemographischen Merkmalen klassifiziert. Dies geschah meistens ohne Karte und auch nicht mit Hilfe von GIS, sondern fast ausschließlich anhand von Listen und statistischen Programmen (z.B. SPSS). Erst einige Jahre später konnten sich GIS in Deutschland wirklich etablieren, und in Ver-

---

105 Vgl. Leiberich, P.: Einführung zum Business Mapping im Marketing, in: Leiberich, P. (Hrsg.): Business Mapping im Marketing, Heidelberg 1997, S. 5.

106 Leiberich, P. (1997), S. 5.

107 In diesem Zusammenhang ist anzuführen, dass Leiberich Business Mapping sicherlich nicht als Teilbereich des Geomarketing verstanden haben möchte, jedoch bleibt er mit seiner Beschreibung der Potenziale von Business Mapping – evtl. auch bedingt durch die zum damaligen Zeitpunkt bekannten Möglichkeiten – deutlich hinter denen von Geomarketing zurück.

bindung mit der Etablierung dieser Systeme entstand auch der Begriff Geomarketing. Unter Experten wird in diesem Zusammenhang heftig diskutiert, ob es sich bei Geomarketing lediglich um eine Weiterentwicklung der mikrogeographischen Marktsegmentierung handelt oder um einen vollkommen neuen Ansatz. Hierzu muss jedoch festgehalten werden, dass auch auf Basis der Fachliteratur keine abschließende Aussage getroffen werden kann, da beide Sichtweisen ihre Richtigkeit haben. Die Tatsache, dass die Methoden der mikrogeographischen Marktsegmentierung in ihrem ursprünglichen Sinne[108] Kunden lediglich auf Basis von soziodemographischen Merkmalen segmentierten, zeigt, dass es sich bei Geomarketing um einen neuen Ansatz handelt, da auch psychographische, verhaltensorientierte und/oder geographische Merkmale analysiert werden können.[109] Betrachtet man auf der anderen Seite die Weiterentwicklung der mikrogeographischen Marktsegmentierung,[110] so können ihr ebenfalls sämtliche konstituierenden Merkmale des Geomarketing zugesprochen werden. Hierdurch wird die These unterstützt, dass es sich bei Geomarketing lediglich um eine begriffliche Weiterentwicklung handelt. Betrachtet man die dargestellten Ansichten im Detail, so bleibt festzuhalten, dass keine von beiden als vollkommen zutreffend zu bezeichnen ist. Bedingt durch die Tatsache, dass sowohl die mikrogeographische Marktsegmentierung als auch das Geomarketing den Raumbezug als differenzierenden Faktor gegenüber anderen Segmentierungsverfahren beinhalten, kann nicht von einem vollkommen neuen Ansatz gesprochen werden. Demgegenüber handelt es sich jedoch auch nicht ausschließlich um eine begriffliche Weiterentwicklung, da sich die Analysemöglichkeiten des Geomarketing aber auch die Anwendungsgebiete teilweise erheblich von denen der mirkogeographischen Marktsegmentierung unterscheiden. Basierend auf diesen Ausführungen wird der vorliegenden Arbeit die Annahme zugrunde gelegt, dass es sich bei Geomarketing sowohl um eine begriffliche als auch um eine inhaltliche Weiterentwicklung der mikrogeographischen Marktsegmentierung handelt, welche insbesondere durch den technischen Fortschritt im Bereich der Informationstechnologien begünstigt wird und neue Möglichkeiten im Marketing eröffnet.

CZERANKA definiert in diesem Zusammenhang Geomarketing als *„Einsatz und Analyse von raumbezogenen Daten zur Erstellung von Entscheidungsgrundlagen für das Marketing und Management“*.[111] Auf ähnliche Art und Weise definieren FRÜHLING und STEINGRUBE in Anlehnung an KOTHE Geomarketing als *„[...] ein bewusst auf*

---

[108] In der Literatur auch häufig lediglich als Marktsegmentierung bezeichnet. Vgl. Nitsche, M. (1998), S. 16 f., sowie auch Martin, M. (1992), S. 11 f.

[109] Vgl. Kap. 2.3.4.2.

[110] Vgl. ausführlich Kap. 2.2.3.

[111] Czeranka (2002), S. 3.

bestimmte Standorte oder Räume unter Kenntnis der standort- bzw. raumspezifischen Strukturen fokussiertes Marketing".[112]

SCHÜSSLER schließt sich in seiner Definition den eben genannten an und erweitert sie. Nach seinem Verständnis bezeichnet „*Geomarketing die Planung, Koordination und Kontrolle kundenorientierter Marktaktivitäten von Unternehmen mittels Geographischer Informationssysteme. Es werden Methoden angewendet, die den Raumbezug der untersuchten unternehmensinternen und -externen Daten herstellen, analysieren und visualisieren sowie sie zu entscheidungsrelevanten Informationen aufbereiten.*"[113] Betrachtet man parallel zu den oben aufgeführten Definitionen KOTLERS und BLIEMELS Verständnis von Marketing (-Management) als „[...] *den Planungs- und Durchführungsprozess der Konzipierung, Preisfindung, Förderung und Verbreitung von Ideen, Waren und Dienstleistungen, um Austauschprozesse zur Zufriedenstellung individueller und organisationeller Ziele herbeizuführen*"[114], so wird deutlich, dass Geomarketing alle konstituierenden Elemente des traditionellen Marketingverständnisses, nämlich die Analyse, Planung, Durchführung und Steuerung der Marktaktivitäten, enthält. Der differenzierende Faktor beider Konzepte ist die Integration des räumlichen Bezuges der untersuchten Daten durch den Einsatz von GIS. Schließlich verdeutlicht der letzte Teil der Definition von Geomarketing das Ziel, nämlich die Aufbereitung der Daten als ein Instrument zur unternehmerischen Entscheidungsfindung. Auf Basis dieser Erkenntnis kann begründet werden, dass es sich bei Geomarketing um einen eigenständigen Marketingbereich handelt und nicht um einen Teilaspekt eines bereits bestehenden Bereichs.[115]

Wie anhand der nachfolgend dargestellten Abbildung zu sehen ist, stellt Geomarketing folglich einen Teilbereich von Business Geographics dar und umfasst grundsätzlich sämtliche raumbezogenen Aspekte des Marketing.

---

112 Frühling, J.M./ Steingrube, W. (1995), S. 185.

113 Schüssler, F. (2000), S. 9.

114 Kotler, P./ Bliemel, F. (1995), S. 17.

115 Aus Sicht der Marketingwissenschaft wird im Zusammenhang mit Geomarketing aufgrund der dargestellten Ausführungen von einem „Marketingbereich" gesprochen. Von der Perspektive der Unternehmenspraxis betrachtet, ist hier jedoch eine gewisse Instrumentalisierung erforderlich, weshalb häufig von einem so genanten „Marketinginstrument" gesprochen wird. Diese Unterscheidung von Geomarketing als Bereich (wissenschaftliche Sichtweise) und Instrument (praxisorientierte Sichtweise) wird für die vorliegende Arbeit übernommen, wobei aufgrund der praxisorientierten Ausrichtung vermehrt die Bezeichnung des Geomarketing als Instrument Anwendung findet.

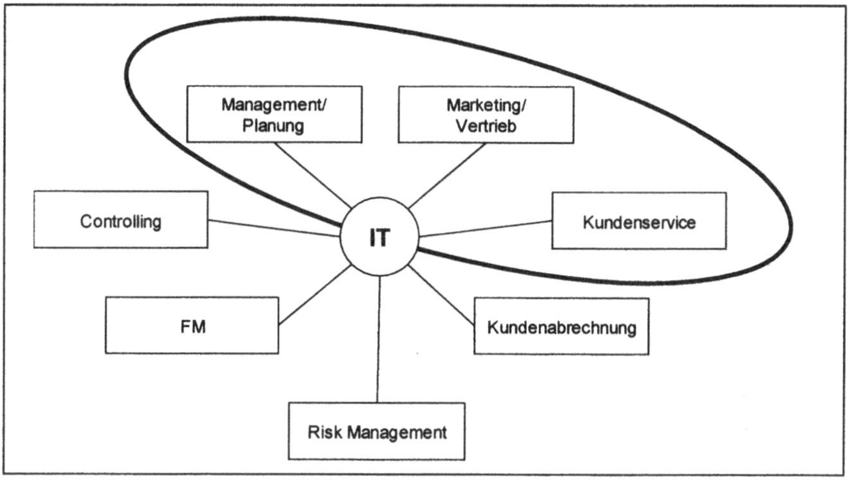

Abbildung 3: Einsatzgebiete von Geomarketing als Teilgebiete von Business Geographics[116]

Geographisches Informationssystem:
In der Fachliteratur lässt sich eine Reihe von Definitionen für den Begriff Geographisches Informationssystem (GIS) finden. Diese Tatsache ist unter anderem darauf zurückzuführen, dass GIS in vielen Bereichen, in unterschiedlichsten Disziplinen sowie von sehr heterogenen Benutzergruppen angewendet wird.[117] GIS stellen grundsätzlich die notwendige Grundlage für das Geomarketing dar und dürfen aus diesem Grund keinesfalls synonym mit dem Begriff Geomarketing verwendet werden.

Aufgrund der immanenten Bedeutung von GIS für das Geomarketing wird in einem der folgenden Kapitel[118] ausführlich auf deren Besonderheiten eingegangen. Die folgende Definition beruht auf den Ausführungen von WILKINSON et al. und soll vorab zu einem besseren Verständnis der direkt anschließenden Kapitel verhelfen:

„A Geographic Information System (GIS) can be defined as a system containing a spatial database representing aspects of the cultural and physical environment of a particular geographic region together with procedures for analysing combinations of attributes and generating graphical or statistical products.“[119]

---

116 Eigene Darstellung in Anlehnung an: Czeranka, M. (2002), S. 3.
117 Vgl. Schüssler, F. (2000), S. 43.
118 Vgl. Kap. 2.4.
119 Wilkinson, G.G./ Fischer, P./ Jackson, M./ Menz, G./ Wickett, M.: Review of Integrated Geo-Information-Systems Techniques, Final Report on ESA Contract No 6084/ 84/ D/ JS/ (SC), A study on Integrated Geo Information Systems, o.O. 1986, S. 17.

Abschließend ist festzuhalten, dass die Begriffe Micromarketing und Business Mapping, wenn auch teilweise mit gewissen Einschränkungen, synonym mit Geomarketing zu verstehen sind und in der Literatur auch häufig so verwendet werden. Das Zusammenspiel von Business Geographics, Geomarketing und GIS soll anhand des folgenden Abschnitts systematisiert werden.

2.3.2 Systematisierungsansatz für die Begriffe Business Geographics, Geomarketing und GIS

Anhand des abgebildeten *Morphologischen Kastens*[120] werden nun die Begriffe *Business Geographics*, *Geomarketing* und *GIS* auf Basis ihrer unterschiedlichen Merkmalsausprägungen erläutert und voneinander abgegrenzt.[121] Es gilt in diesem Zusammenhang jedoch zu beachten, dass je nach Auffassung und Sichtweise des Betrachters die Zuordnung der Merkmalsausprägungen zu den jeweiligen Begriffen unterschiedlich sein kann. Die konkrete Zuordnung ermöglicht dem Prinzip des Morphologischen Kasten folgend eine exakte Differenzierung der vorliegenden Begriffe und trägt so entscheidend zur Systematisierung selbiger bei.

Merkmal	Merkmalsausprägung					
Tragweite	operativ		taktisch	strategisch	
Geographische Reichweite	lokal	regional	national	kontinental	global
Anwenderbezogene Orientierung	Database View		Analysis View	Map View	
Datengrundlage	Geometriedaten		beide	Attributdaten	
Funktionsumfang	Low-end		Mid-end	High-end	
Zeitdimension	kurzfristig		mittelfristig	langfristig	
Nutzerkreis	Einzelpersonen		Abteilung	Intraorganisational	

Abbildung 4: Morphologischer Kasten[122]

120 Der Morphologische Kasten wurde 1956 von dem Schweizer Astrophysiker Fritz Zwicky entwickelt und stellt heutzutage die bekannteste morphologisch-analytische Kreativitätstechnik dar (Morphologie = Lehre des geordneten Denkens). Bei der Nutzung ebendieses Morphologischen Kastens wird ein Problem mehrdimensional klassifiziert, d.h. in Teilaspekte zerlegt. Alle Ausprägungen (Gestaltungsmöglichkeiten) der Teilaspekte werden in einer Tabelle dargestellt und systematisch miteinander kombiniert. Anschließend erfolgt eine Analyse der neuen potenziellen Lösungswege, die sich durch die Kombination der einzelnen Merkmale ergeben. In der Praxis findet der Morphologische Kasten insbesondere bei der Produktentwicklung Anwendung, da hier alle denkbaren Kombinationsmöglichkeiten an Merkmalsausprägungen dargestellt und auf ihre Eignung hin überprüft werden können. Vgl. Zwicky, F.: Systematisch Lösungen finden, o.O. 1999, S. 152; sowie Jungbluth, V.: Denktechniken, in: c't, Nr. 20, 1998, o.S.

121 Hierbei werden im Folgenden die Begriffe Business Geographics, Geomarketing und GIS auf Basis der einzelnen Merkmale analysiert. Im Rahmen dieses Prozesses werden den genannten Begriffen einzelne Merkmalsausprägungen zugewiesen. Die Ergebnisse werden am Ende dieses Abschnittes in Form einer Graphik zusammenfassend dargestellt.

122 Eigene Darstellung.

Tragweite:
GIS sind rechnergestützte Systeme, welche aus Hardware, Software, Daten und Anwendungen bestehen. Mit Hilfe dieser Systeme können Daten digital erfasst und redigiert, gespeichert und reorganisiert, modelliert und analysiert sowie alphanumerisch und graphisch präsentiert werden.[123] Die Zielsetzung eines GIS in der praktischen Anwendung besteht in der Dateneingabe, Datenverwaltung, Datenanalyse, Datenausgabe sowie dem Datenbestand. Anhand dieser Zielsetzung kann gezeigt werden, dass hinsichtlich der Tragweite dem Begriff GIS die Merkmalsausprägung *„operativ"* zugewiesen werden kann, da diese Arbeitsschritte in der Regel von einzelnen Personen der EDV-Abteilung durchgeführt werden. Obwohl der Datenbestand für weiterführende Analysen durchaus strategischen Charakter hat, ist die reine Datenverarbeitung, wenn auch mit räumlichem Bezug, als operativ einzustufen.

Anders ist dieser Sachverhalt beim Geomarketing respektive Business Geographics zu sehen. Hier werden die mit Hilfe des GIS analysierten Daten bzw. räumlichen Darstellungen in Bezug auf die Unternehmensstrategie betrachtet und eine Strategie hinsichtlich der zu bearbeitenden Aufgabenstellung (im Fall von Geomarketing z.B. Zielgruppenbestimmung, Standortplanung, Mediaselektion etc.) entwickelt. Dies bestätigt den strategischen Aspekt beider Begriffe, weshalb diesen die Merkmalsausprägung *„strategisch"* zuzuordnen ist.

Geographische Reichweite:
Hinsichtlich der geographischen Reichweite kann der Unterschied wie folgt deutlich gemacht werden. Das einem GIS zugrunde liegende Datenmaterial ist abhängig von den Daten, die das jeweilige Unternehmen gesammelt hat. Handelt es sich hierbei um ein Unternehmen, welches seine Verkaufsaktivitäten über ein gesamtes Land (z.B. Deutschland) erstreckt, so kann davon ausgegangen werden, dass das Unternehmen über nationale Daten (z.B. hinsichtlich Umsatz) verfügt. Dementsprechend weisen die einzelnen Analysen grundsätzlich nationale Grundzüge auf. In der Praxis zeigt sich jedoch, dass eine Analyse über ein gesamtes Land hinweg aufgrund der enormen Datenmengen, die es bei solch einer Analyse zu verarbeiten gilt, nicht praktikabel erscheint und deshalb auf kleinere *„Untergebiete"*, wie z.B. Regionen, ausgewichen wird. Im Gegensatz zu dem eben Beschriebenen sind GIS ebenfalls in der Lage auf lokaler Ebene (z.B. in einem bestimmten Postleitzahlengebiet) Daten auszuwerten. Aus diesem Grund reicht das geographische Spektrum von lokal bis national, wobei auf Basis der beschriebenen Problematik in der Regel von einer regionalen geographischen Reichweite ausgegangen werden kann.

---

[123] Vgl. Bill, R./ Fritsch, D.: Grundlagen der Geo-Informationssysteme, Bd. 1. Hardware, Software, Daten, Heidelberg 1991, S. 17.

Gleiches gilt im Grunde genommen auch für das Geomarketing bzw. Business Geographics. Je nachdem welche Daten dem GIS im Rahmen einer Analyse zur Verfügung stellt werden, determiniert dies auch die Reichweite der Analysefähigkeit des Geomarketing sowie von Business Geographics. Allerdings ist in diesem Zusammenhang anzumerken, dass man bei solchen Geomarketing-Analysen eigentlich geographisch gesehen immer eine Ebene über dem GIS arbeitet. Wenn beispielsweise ein Automobilhersteller neue Händlerstützpunkte sucht, so werden mit GIS sowie dem zugrunde liegenden Datenmaterial verschiedene Regionen hinsichtlich ihrer Eignung untersucht und analysiert. Das Ergebnis sind dann die durch das GIS ausgewerteten Resultate für die einzelnen Regionen. Bestandteil der Geomarketing-Analyse ist es dann jedoch, diese *„regionalen Ergebnisse"* bezogen auf den Gesamtmarkt (z.B. Deutschland) auszuwerten und für eben diesen Markt eine möglichst optimale Entscheidung zu treffen. In diesem Zusammenhang gilt es zu hinterfragen, warum sowohl GIS als auch Geomarketing jeweils *„nur"* regional bzw. national ausgerichtet sind und nicht z.B. kontinental. Sicherlich reicht die Verbreitung des Geomarketing, synonym auch von Business Geographics, über die Landesgrenzen von Deutschland hinaus. In anderen Ländern, wie z.B. Großbritannien, ist die Analyse und Nutzung von Daten weitaus verbreiteter, als dies in Deutschland der Fall ist. Allerdings machen Analysen hinsichtlich der gewünschten Zielgruppe oder aber bei der Standortplanung länderübergreifend aufgrund der unterschiedlichen Anforderungen in den jeweiligen Ländern keinen Sinn und werden deshalb auch nicht länderübergreifend durchgeführt. Aus diesem Grund wird hier sowohl dem Begriff Geomarketing als auch dem Begriff Business Geographics hinsichtlich der geographischen Reichweite die Ausprägung *„national"* zugewiesen.

Anwenderbezogene Orientierung:

In Bezug auf die anwenderbezogene Orientierung kann grundsätzlich zwischen Database View, Analysis View und Map View unterschieden werden. Die spezifische Betonung jeweils eines der drei genannten Elemente führt zu drei Blickwinkeln, aus denen GIS betrachtet werden können.[124] Ein großer Vorteil des GIS besteht darin, dass diese Sichtweisen keine Konflikte hervorrufen, da einerseits alle Anwender mit jeweils einer dieser Optionen zufrieden gestellt werden können und andererseits alle drei Aspekte in einer GIS-Anwendung simultan realisiert werden können. Dies macht insbesondere deutlich, dass GIS sich in Bezug auf die anwenderbezogene Orientierung nicht eindeutig zuordnen lassen. In der Praxis zeigt sich jedoch, dass der primäre Fokus auf der Datenverarbeitung sowie der Datenanalyse liegt, wobei die anderen beiden Bereiche nicht zu vernachlässigen sind. Hinsichtlich der einzelnen Orientie-

---

[124] Vgl. Maguire, D.J.: An overview and definition of GIS, in: Maguire, D.J./ Goodchild, M.F./ Rhind, D. (Hrsg.): Geographical Information Systems – Principles and Applications, Band 1, New York 1991, S. 13.

rungen gilt es zu beachten, dass diese lediglich einen kleinen, aber elementaren Baustein einer komplexen Geomarketing-Analyse darstellen, da jede Analyse in der Regel aus einer sequentiellen Kombination dieser einzelnen Bausteine besteht. Aufgrund der Vielzahl möglicher und sinnvoller Kombinationen können diese hier nicht erschöpfend herausgearbeitet werden. Es kann jedoch gesagt werden, dass in Bezug auf Geomarketing sowie auch in Bezug auf Business Geographics der Fokus tendenziell eher auf dem so genannten Map View liegt, da der Verflechtung von unternehmensinternen und -externen Daten sowie deren Visualisierung zur Vorbereitung und Unterstützung unternehmerischer Entscheidungen das Hauptaugenmerk im Rahmen einer Geomarketing-Analyse geschenkt wird.

Datengrundlage:
Bei dem zugrunde liegenden Datenmaterial kann grundsätzlich zwischen Geometriedaten und Attributdaten unterschieden werden. In Deutschland werden aufgrund der föderalen Struktur in der Regel flächenhafte Daten als Ausgangspunkt für eine Geomarketing-Analyse verwendet. Dabei werden seltener Länder oder Stadt- und Landkreise als Bezugsbasis gewählt, sondern vielmehr wegen der höheren räumlichen Auflösung die Gemeinden oder Postleitzahlengebiete. Erst durch die Anreicherung der Geometriedaten mit den Attributdaten ergeben sich die vielfältigen Analysemöglichkeiten, welche durch das Geomarketing entstanden sind. Aus diesem Grund sind sowohl für die Nutzung von GIS als auch von Geomarketing bzw. Business Geographics beide Arten von Daten notwendig.

Funktionsumfang:
Der Funktionsumfang lässt sich in drei Bereiche aufteilen: Low-end, Mid-end und High-end. Unter *„Low-end-GIS“* können z.B. Navigationssysteme gezählt werden, bei denen räumliche Informationen in Sprachform und je nach Ausführung auch in kartographischer Form aufbereitet werden. Mit GIS im Mid-end-Bereich ist der Anwender in der Lage, thematische Karten zur Visualisierung großer Datenmengen mit geringem Aufwand zu erzeugen und geographische Abfragen hinsichtlich vorbestimmter Fragestellungen durchzuführen. Im High-end-Bereich können über die Kartenproduktion hinaus komplexe Fragestellungen, wie z.B. solche der Gebietsplanung oder Gebietsoptimierung, bearbeitet werden. Anhand der beschriebenen Funktionalitäten wird deutlich, dass der Funktionsumfang für eine Geomarketing-Analyse sich immer im High-end-Bereich befinden muss, da nur in diesem Bereich ausreichende Funktionalitäten vorhanden sind, um die komplexen Fragestellungen zu beantworten. Deshalb wird allen drei Begriffen hinsichtlich dieses Merkmals die gleiche Merkmalsausprägung, nämlich High-end, zugewiesen.

Zeitdimension:
Betrachtet man das Navigationssystem als einfachste Form eines GIS, so fällt es schwer, hier von einem mittel- oder gar langfristigen Zeithorizont zu sprechen. In Anbetracht der Tatsache, dass Geomarketing bzw. Business Geographics, und damit eng verbunden auch GIS, ein Instrument zur Unterstützung der strategischen Unternehmensführung darstellt, kann von einem langfristigen, mindestens jedoch von einem mittelfristigen Zeithorizont ausgegangen werden. Dies geschieht jeweils in Abhängigkeit der Strategie. Benutzt man das vorliegende Datenmaterial um die potenzielle Zielgruppe genauestens zu definieren oder um die Mediaplanung zu konkretisieren, dann kann man von einer mittelfristigen, teilweise sogar von einer kurzfristigen Zeitdimension sprechen. Überträgt man das Ganze jedoch auf die Standortplanung einer neuen Produktionsstätte eines Automobilherstellers, so kann hinsichtlich der Zeitdimension durchaus von einem langfristigen Bezug der Entscheidung ausgegangen werden. Aus den beschriebenen Gründen wird allen drei Begriffen eine mittelfristige Zeitdimension zugeordnet, wobei die Tendenz individuell sowohl in Richtung Kurz- als auch Langfristigkeit gehen kann.

Nutzerkreis:
Der Nutzerkreis bezieht sich in der folgenden Betrachtung auf die potenziellen Anwender bzw. Unternehmensbereiche. Ein GIS verlangt neben einem umfangreichen Hard- und Softwareverständnis je nach Anwendungsgebiet auch ein nicht unerhebliches geographisches Fachwissen, weshalb die Nutzung von GIS nur von einem relativ eingeschränkten Anwenderkreis, meist EDV-Abteilung oder Spezialisten für Geodaten, erfolgt. Aus diesem Grund ist dem Begriff GIS in diesem Zusammenhang das Merkmal *„Einzelperson"* oder je nach organisatorischer Verankerung evtl. auch *„Abteilung"* zuzuordnen.

Bezogen auf eine komplexe Geomarketing-Analyse ist ebenfalls ein geographisches Verständnis erforderlich, allerdings muss dieses bei weitem nicht so tiefgreifend sein wie bei einem GIS-Anwender. Der Grund dafür liegt in der Tatsache, dass die Ergebnisse der GIS-Anwendung die Grundlage für eine Geomarketing-Analyse bilden. Von daher sind bei der Geomarketing-Analyse in wesentlich stärkerem Maße analytische Fähigkeiten gefragt. Idealtypisch werden Geomarketing-Analysen in unterschiedlichen Bereichen des Unternehmens, d.h. intraorganisational, durchgeführt, da Zielgruppen beispielsweise in unterschiedlichen Bereichen und für unterschiedliche Produkte bestimmt werden können. Bezogen auf dieses Merkmal kann dem Begriff Geomarketing jedoch nur das Merkmal *„Abteilung"* zugeordnet werden, da es sich, basierend auf den vorangegangenen Ausführungen, lediglich auf Marketingaktivitäten bezieht und folglich auch streng genommen nur einer Abteilung zugeordnet werden kann.[125]

Im Hinblick auf den Begriff Business Geographics lässt sich an diesem Merkmal der Unterschied von Geomarketing und Business Geographics deutlich machen. Dieser beruht, wie bereits eingangs beschrieben, auf der Tatsache, dass Geomarketing sich auf sämtliche Marketingaktivitäten bezieht, die einen konkreten Raumbezug aufweisen, Business Geographics jedoch sämtliche Aktivitäten eines Unternehmens umfasst, die einen konkreten Raumbezug aufweisen. Deshalb kann dem Begriff Business Geographics die Merkmalsausprägung *„intraorganisational"* zugeordnet werden.

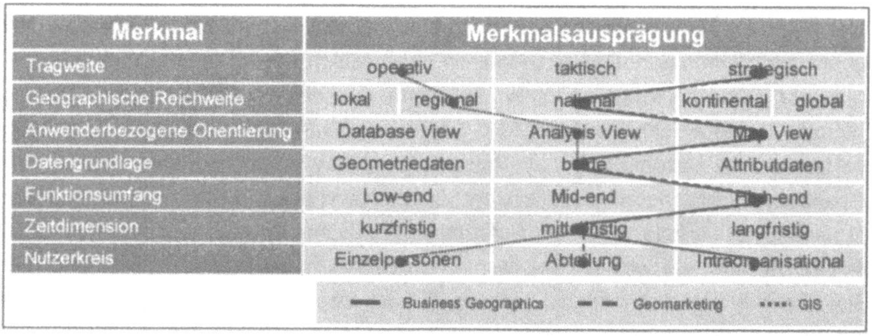

Abbildung 5: Morphologischer Kasten am Beispiel von Geomarketing, Business Geographics und GIS[126]

Wie anhand der vorliegenden Ausarbeitung gezeigt werden konnte, sind in Bezug auf die Begriffe Business Geographics, Geomarketing und GIS eine Vielzahl von Gemeinsamkeiten, aber auch eine Vielzahl von gravierenden Unterschieden zu finden. Die Gemeinsamkeiten liegen insbesondere in dem zugrunde liegenden Datenmaterial, dem Funktionsumfang sowie der zeitlichen Ausrichtung, was sich dadurch begründen lässt, dass sowohl Business Geographics, Geomarketing als auch GIS im Grunde genommen die gleiche Zielsetzung verfolgen, nämlich die Visualisierung von unternehmensinternen und -externen Daten. In dieser gemeinsamen Zielsetzung sind aber auch gleichzeitig die Unterschiede begründet. GIS bilden mit ihren verschiedenen Funktionen (Dateneingabe, Datenverwaltung, Datenanalyse, Datenausgabe sowie Datenbestand) die Grundlage für sämtliche Geomarketing-Analysen. Aus

---

[125] Gemäß dem zugrundegelegten Marketingverständnis wird das Marketing bzw. die Marketingabteilung als zentrale Querschnittsfunktion innerhalb eines Unternehmens verstanden. Vgl. Mattmüller, R. (2004), S. 25.

[126] Eigene Darstellung.

diesem Grund ist dieses *„Tool“* stark operativ ausgerichtet und wird in der Regel nur von einem sehr beschränkten Nutzerkreis (aufgrund der hohen fachspezifischen Anforderungen) angewendet. Demgegenüber nimmt das Geomarketing die Analyseergebnisse, welche mittels GIS erzielt wurden, als Grundlage für weitere strategische Unternehmensentscheidungen und zeichnet sich aus diesem Grund durch seinen strategischen Charakter und seine abteilungsorientierte Ausrichtung aus. Business Geographics lässt sich zusätzlich vom Begriff Geomarketing dadurch abgrenzen, dass es intraorganisational ausgerichtet ist und demnach sämtliche Abteilungen des Unternehmens involviert sind.

2.3.3 Historische Entwicklung des Geomarketing und deren Einflussfaktoren

Der Ursprung der mikrogeographischen Marktsegmentierung lässt sich mehr als 100 Jahre zurückverfolgen. Das Grundprinzip der sozialen Klassifikation kleiner geographischer Einheiten wurde erstmals 1889 von dem Forscher CHARLES BOTH dazu genutzt, die räumliche Verteilung und Abgrenzung von sozialen Klassen in London kartographisch abzubilden.[127] Im Rahmen seiner Untersuchung unterteilte er das Stadtgebiet von London in Straßenzüge, fasste Merkmale wie Beruf, Wohn- und Einkommensverhältnisse zu einem Schichtmodell zusammen und zeichnete daraufhin farbige Karten, aus welchen die räumlichen Unterschiede in der Sozialstruktur der Bevölkerung abgelesen werden konnten.[128] Auch wenn bei dem eben beschriebenen Ansatz kein ökonomisches, sondern primär ein sozialpolitisches oder wissenschaftliches Interesse im Vordergrund stand, kann diesem in der Literatur als Sozialraumtypisierung[129] bekannt gewordenen Vorgehen dennoch eine hohe Übereinstimmung mit den heutigen Verfahren der mikrogeographischen Marktsegmentierung attestiert werden.[130] Für einen Einsatz in der Unternehmenspraxis fehlten jedoch in den darauf folgenden Jahrzehnten zum einen die nötigen Daten, vor allem jedoch die notwendigen Anwendungsideen für die Umsetzung.

Erst ab Mitte der 70er Jahre kamen die ersten mikrogeographischen Informationssysteme auf den amerikanischen Markt.[131] Die *„Geburtsstunde“* der mikrogeographischen Marktsegmentierung und folglich auch des Geomarketing kam dadurch zustande, dass die Regierung der Vereinigten Staaten von Amerika, auf Drängen der Wirtschaft, detaillierte Daten der Volkszählung von 1970 in elektronischer Form zur

---

127 Vgl. Nitsche, M. (1998), S. 25; vgl. auch Froböse, M. (1995), S. 37.
128 Vgl. Korte, H.: Stadtsoziologie, Darmstadt 1986, S. 102 f.; vgl. auch Rothman, J.: Editorial, in: Journal of Market Research Society, Vol. 31, No. 1, 1989, S. 1.
129 Vgl. z.B. Heineberg, H.: Stadtgeographie, Paderborn 1989, S. 29 f.
130 Vgl. Froböse, M. (1995), S. 37.
131 Vgl. hier wie auch im Folgenden: Nitsche, M. (1998), S. 25.

kommerziellen Nutzung freigegeben hatte. Auf dieser Basis entwickelten eine Reihe von Marketing-Dienstleistungsunternehmen Programme,[132] welche die Volkszählungsdistrikte anhand der demographischen Merkmale ihrer Bewohner zu Segmenten bzw. Regionaltypen zusammenfassten und diese Cluster hinsichtlich ihres Nachfrageverhaltens analysierten.[133] Ausgehend von dieser Entwicklung finden sowohl in Kanada als auch in vielen Ländern Europas (z.B. Großbritannien, Frankreich, Schweden, Niederlande) mikrogeographische Informationssysteme seit längerer Zeit Anwendung, jedoch haben alle gemeinsam, dass sie gänzlich oder zumindest zu großen Teilen auf Volkszählungsdaten beruhen, welche auf kleinräumiger Ebene vorliegen.[134] Als Beispiel einer solchen volkszählungsbasierten Segmentbeschreibung dient Abbildung 6 (siehe S. 40).

Versuche, ein auf den Ergebnissen der Volkszählung basierendes Segmentierungssystem in der Bundesrepublik Deutschland einzuführen, scheiterten aufgrund der schlechteren Ausgangssituation gegenüber den eben genannten Ländern.[135] Grund dafür war die Tatsache, dass die deutsche Kommunalstatistik bedingt durch die beschränkende Datenschutz-Gesetzgebung lediglich Daten zur Verfügung stellt, die auf der Ebene von Gemeinden und Ortsteilen, d.h. ca. 1600 Haushalten, zu finden sind.[136] Diese Größenordnung ist jedoch für eine umfassende mikrogeographische Segmentierung zu grob. Erschwerend kommt hinzu, dass aufgrund des Prinzips der erhebungs- und aufbereitungsmäßigen Dezentralisation in der amtlichen deutschen Statistik kleinräumige Daten nicht einmal in einer bundesweit identischen Form zur Verfügung stehen.[137]

---

132 Zu den ersten Anbietern mikrogeographischer Informationssysteme gehörten C.A.C.I. mit dem System ACORN (A Classification of Residential Neighbourhoods), die Claritas Corporation mit PRIZM (Potential Rating Index of Zip Markets) sowie Donelly mit Cluster Plus. 1979 wurde ebenfalls von C.A.C.I. mit den Vorbereitungen zum Aufbau einer mikrogeographischen Datenbasis in Großbritannien begonnen, bei der auch die Daten einer Volkszählung als Basis für das System dienten. Vgl. Hölzel, R.-D./ Seibert, C.: Segmentierung und Lokalisierung von Märkten – Neue Methoden und Möglichkeiten, hrsg. von Ogilvy & Mather, Frankfurt 1987, S. 32.

133 Vgl. Hansler, D.F./ Riggin, D.L. (1989), S. 36; vgl. auch Hölzel, R.-D./ Seibert, C. (1987), S. 32 f.

134 Vgl. Joseph, L./ Jorke, D.: Know Your Game Plan: Market Segmentation in the Personal Financial Service Sector, in: Quarterly Review of Marketing, Vol. 15, No. 1, 1989, S. 8-13; beispielsweise umfassen in den USA die kleinsten Aufbereitungseinheiten, für die Daten ausgewiesen werden, im Durchschnitt ca. 350 Haushalte. In einigen europäischen Ländern ist das Aggregationsniveau der Daten noch niedriger, so z.B. in Großbritannien (ca. 150 Haushalte) oder in Frankreich (120 Haushalte); vgl. hierzu Hansler, D.F./ Riggin, D.L. (1989), S. 36.

135 Vgl. Hölzel, R.-D./ Seibert, C. (1987), S. 48; sowie auch Bertl, W.: Auf Zielgruppensuche im kleinsten Raum, in: werben & verkaufen, 12. Jg., Nr. 28, 1988, S. 41.

136 Vgl. Bertl, W. (1988), S. 42 f.

137 Vgl. Froböse, M. (1995), S. 40.

Categories	% of Pop.	Groups	% of Pop.
A Thriving	19,8	1 Wealthy Achievers (Suburban Areas)	15,1
		2 Affluent Greys (Rural Communities)	2,3
		3 Prosperous Pensioners (Retirement Areas)	2,3
B Expanding	11,6	4 Affluent Executives (Family Areas)	3,7
		5 Well-off Workers (Family Areas)	7,8
C Rising	7,5	6 Affluent Urbanites (Town&City Areas)	2,2
		7 Prosperous Professionals (Metropolitan Areas)	2,1
		8 Better-off Executives (Inner City Areas)	3,2
D Settling	24,1	9 Comfortable Middle Agers (Mature Home Owning Areas)	13,4
		10 Skilled Workers (Home Owning Areas)	10,7
E Aspiring	13,7	11 New Home Owners (Mature Communities)	9,8
		12 White Collar Workers (Better-off Multi-Ethnic Areas)	4,0
F Striving	22,8	13 Older People (Less Prosperous Areas)	3,6
		14 Council Estate Residents (Better-Off Homes)	11,6
		15 Council Estate Residents (High Unemployment)	2,7
		16 Council Estate Residents (Greatest Hardship)	2,8
		17 People in Multi Ethnic (Low-Income Areas)	2,1
Unclassified	0,5		0,5

Abbildung 6: Beschreibung der Regionaltypen des mikrogeographischen Systems „ACORN" in Großbritannien[138]

Betrachtet man nun die Entwicklung des Geomarketing in Deutschland, so kann das Jahr 1978, bedingt durch das Inkrafttreten des ersten Datenschutzgesetzes, als Ursprungsjahr für die weiteren Bemühungen in diesem Bereich gesehen werden. Hierfür lassen sich zumindest zwei Gründe finden:[139]

- Aufgrund der strengen Beschränkungen des Datenschutzes waren Unternehmen nicht mehr in der Lage, sämtliche Informationen über ihre Kunden zu erfragen (*„gläserner Kunde"*). Folglich war die Entwicklung mikrogeographischer Konzepte eine, vielleicht sogar die einzige, Alternative, um weiterhin Informationen über die Kunden der jeweiligen Unternehmen zu erhalten.

138 Vgl. Dibb, S. et al.: Marketing – Concepts and Strategies, Boston/New York 1994, S. 79.
139 Vgl. hier und im Folgenden: Nitsche, M. (1998), S. 25 f.

- Durch das Inkrafttreten des Datenschutzgesetzes wurde insbesondere in der deutschen Automobilindustrie eine informationstechnische Entwicklung in Gang gesetzt, die eine Vielzahl mikrogeographischer Elemente enthält und deshalb als Impulsgeber in Deutschland gesehen werden kann.

Bis zur Einführung des Datenschutzgesetzes hatten die deutschen Automobilhersteller die Möglichkeit, sämtliche Zulassungs- und Bestandsdaten des Kraftfahrtbundesamtes in Flensburg (KBA) für ihre Marketing- und Vertriebsaktivitäten zu nutzen. Nach der Einführung des Gesetzes waren jedoch nur noch sehr wenig KFZ-Halter bereit, ihre Anschrift für Werbezwecke freizugeben, was dazu führte, dass eine effiziente Marktbeobachtung nicht mehr möglich war. Bedingt durch die Tatsache, dass das KBA den Automobilherstellern lediglich Fahrzeugdaten in anonymisierter Form, d.h. ohne Name und Anschrift, liefern konnte, war das einzig verbleibende Merkmal, das für eine Regionalisierung der Daten herangezogen werden konnte, das Kennzeichen des Zulassungsbezirks (Stadt oder Landkreis). Dies war jedoch aus Sicht der Hersteller für eine differenzierte Analyse nicht ausreichend, weshalb man nach einer Alternative suchte, die, wie schon erwähnt, die weitere Entwicklung des Geomarketing in Deutschland erheblich begünstigte.

Die Automobilhersteller sahen sich folglich dem Problem gegenübergestellt, dass sie eine neuartige Gebietsgliederung entwickeln mussten, welche eine Vielzahl von Kriterien zu erfüllen hatte: Zum einen musste sie kleinräumig und datentechnisch möglich, aber auch datenschutzrechtlich zulässig sein. Ferner musste sie die Möglichkeit bieten, Adressen in elektronischer Form nach dieser Gebietsgliederung codieren zu können, um auf diese Art und Weise in der Lage zu sein, Anschriften anonymisiert darzustellen. Dies setzte voraus, dass für die Gebietsgliederung auf ein Register mit Orts- und Straßenangaben, welches als Referenz genutzt wurde, zurückgegriffen werden konnte, wobei gleichzeitig dessen Aktualität gesichert sein musste. Zusätzlich war eine Software erforderlich, mit der Adressen aus verschiedensten Quellen (Zulassungen, Verkäufe, Interessenten) mit den einzelnen Gebietsgliederungen verknüpft[140] werden konnten. Neben den genannten Anforderungen an die Gebietsgliederung musste aus Sicht der Automobilhersteller ebenfalls berücksichtigt werden, dass sie nur dann ein positives Ergebnis erreichen konnten, wenn sämtliche Beteiligten sich auf bestimmte Konventionen einigten und in allen Formen der Zusammenarbeit kooperierten.

---

140 Dieser Vorgang wird in der Literatur als „Geocodierung" bezeichnet. Hierunter ist grundsätzlich zu verstehen, dass jeder Datensatz mit Lagekoordinaten versehen wird bzw. dass einem bereits bestehenden räumlichen Objekt ein bestimmter Datensatz zugeordnet wird. Als räumliches Objekt dienen beispielsweise Punktobjekte (z.B. ein Postamt oder eine Hausnummer), Flächenobjekte (z.B. ein Postleitzahlengebiet) oder Linienobjekte (z.B. eine Straße oder ein Straßenabschnitt). Vgl. hierzu Czeranka, M. (2000), S. 9; sowie auch Nitsche, M. (1998), S. 77 f.

Basierend auf diesen Anforderungen wurde von einem Arbeitskreis der deutschen Automobilhersteller eine Lösung entwickelt, die Modellcharakter für die Entwicklung des Geomarketing in Deutschland hatte und in ihren Grundzügen heute noch existiert. So wählte man als Gebietsgliederung zunächst die Gemeindegebiete, erweiterte diese jedoch um eine in allen größeren Städten vorhandene Gliederung nach Ortsteilen oder so genannten statistischen Bezirken. Diese brachte den großen Vorteil mit sich, dass man auf die von den Städten erstellten Straßenverzeichnisse zurückgreifen konnte, demnach auch deren Aktualität gesichert war, und man diese Adressdaten mit statistischen Daten verknüpfen konnte. Zunächst war es jedoch notwendig, die unterschiedlichen Konzepte der in den einzelnen Städten geführten Straßenregister in einem einheitlichen System zusammenzuführen, was zum damaligen Zeitpunkt einen erheblichen Arbeitsaufwand darstellte. Der Modellcharakter dieser Lösung lässt sich daran erklären, dass nach diesem Prinzip noch heute vom KBA im Auftrag der Automobilindustrie monatlich die Zulassungs- und einmal jährlich die aktuellen Bestandsdaten als Sonderleistung aufbereitet werden. Die Gebietsgliederung umfasst heute 15.000 Gemeinden und innerhalb von ca. 300 Städten weitere 15.000 erfasste statistische Bezirke. Im Rahmen der Auswertung des KBA werden in einem Abzug des Zentralregisters die Anschriften nach diesen Gebietskennziffern geocodiert und im Anschluss daran der Name und die Anschrift gelöscht. Diese so entstandenen Daten bzw. Ergebnisse stellen eine wichtige Grundlage für die Vertriebssteuerung, aber auch für andere strategische Aspekte in der Automobilindustrie dar und bilden folglich den Ausgangspunkt für die Durchführung von Geomarketing-Analysen. Als nachteilig erweist sich jedoch, dass diese Daten von anderen Branchen aufgrund der spezifischen Ausrichtung auf den Automobilsektor nicht genutzt werden können. Der besondere Modellcharakter dieser Form der Zusammenarbeit zwischen einer staatlichen Einrichtung (KBA) und der Wirtschaft (Automobilhersteller) kann ferner dadurch verdeutlicht werden, dass bis zum heutigen Zeitpunkt in keiner anderen Branche eine solche Form der Kooperation anzutreffen ist.[141]

Deshalb wurde auch in anderen Bereichen versucht, neue Methoden der Gebietsgliederung zu finden. Bei dieser Suche kam Mitte der 80er Jahre die Idee auf, die Wahlbezirksgliederung für den Aufbau eines mikrogeographischen Systems zu nutzen. Im Gegensatz zu der von der Automobilindustrie verwendeten Gebietsgliederung (30.000 Gebietseinheiten) wird das Bundesgebiet in etwa 80.000 Wahlbezirke mit durchschnittlich 1.000 Wahlberechtigten aufgeteilt. Somit verfügt diese Gebietsgliederung über eine wesentlich feinere Auflösung. Jedes einzelne Gebiet, in welchem ein Wahllokal steht, erhält von den jeweiligen Gemeinden Verzeichnisse der

---

[141] Einzig allein in der Pharmabranche gibt es ähnliche Form der Zusammenarbeit, wobei diese zwischen einem einzelnen Unternehmen und veschiedenen Großhändlern durchgeführt wird.

zugeordneten Adressen in Form von Straßenabschnittsregistern. Folglich ist auch bei dieser Art der Gebietsgliederung sowohl die Aktualität als auch die Geocodierungsmöglichkeit gegeben.[142]

Die auf dem deutschen Markt angebotenen Systeme beruhen wie erläutert nicht auf den Ergebnissen einer Volkszählung, sondern, in Abhängigkeit vom genutzten System, auf den Wahlbezirken der Bundestagswahl, Straßenzügen oder Gebäuden bzw. Gebäudegruppen als den kleinsten verwendeten Analyseeinheiten.[143] Dies hat zur Folge, dass, anders als z.B. in den USA oder in Großbritannien, wo die räumliche Abgrenzung der Marktzellen sowie die in Frage kommenden Segmentierungsmerkmale bereits gegebene Größen darstellen, der Aufbau mikrogeographischer Datenbanken mit einem erheblichen Aufwand verbunden ist.[144] Der Unterschied zwischen den in Deutschland und den im Ausland angewendeten Systemen wird auch anhand der unterschiedlichen Begriffswahl deutlich. Im englischsprachigen Raum werden für die mikrogeographische Marktsegmentierung in der Regel Begriffe wie *„geodemographics"* oder *„geodemographic segmentation"* verwendet, was den demographischen Bezug zu den im Rahmen der Volkszählung erhobenen Merkmalen verdeutlicht.[145] Im Gegensatz dazu sind in Deutschland die in hohem Maße auf verhaltensbezogenen Daten beruhenden Segmentierungssysteme von einer Vielzahl von Begrifflichkeiten geprägt. Neben den Begriffen der mikrogeographischen Marktsegmentierung hat sich insbesondere in der Praxis der Begriff Geomarketing durchgesetzt.[146]

Unabhängig von diesen begrifflichen Unterschieden hat sich das Geomarketing sowohl in Deutschland als auch im Ausland in den vergangenen Jahren bzw. Jahrzehnten viele Anwendungsfeldern erschlossen. Diente das Geomarketing im ursprüngli-

---

142 Um eine gewisse Kontinuität in der Entwicklung der einzelnen Wahlbezirke bzw. den darauf aufbauenden Gebietsaufteilungen zu erhalten, werden die Wahlbezirke von heutigen Datenanbietern auf dem Stand der 90er Jahre „eingefroren". Ziel dieser Maßnahme ist es, die Schwankungen der Gebietsaufteilungen zu minimieren und eine Vergleichbarkeit der Analysen im Zeitablauf zu gewährleisten.

143 Vgl. Froböse, M. (1995), S. 41.

144 Vgl. ebenda (1995), S. 41.

145 Vgl. Flowerdew, R./ Goldstein, W. (1989), S. 607; vgl. auch Geßner, H.-J.: Handelsmarketing und Raumökonomie, Berlin 1982, S. 151.

146 Vgl. hierzu Kap. 2.3.1.

chen Sinne lediglich der Qualifikation und Selektion von Adressen für die Direktwerbung,[147] so findet dieses Instrument heutzutage in einer Vielzahl von Aufgabengebieten seine Anwendung: beispielsweise

- bei der Bestimmung regionaler Marktpotenziale,
- bei der Standortplanung,
- bei der Zielgruppenanalyse,
- bei der Vertriebsplanung bzw. der Abgrenzung von Verkaufsgebieten und
- bei der Mediaselektion.

Auf die eben genannten Anwendungsgebiete wird im weiteren Verlauf dieser Arbeit noch explizit eingegangen.[148]

2.3.4 Datenbasis

Wie bereits zu Beginn des zweiten Kapitels erwähnt, besteht das Ziel von Geomarketing darin, Entscheidungsträger dabei zu unterstützen, Handlungsalternativen zu identifizieren und zu bewerten. Weil Daten die Grundlage für qualifizierte Entscheidungen darstellen, sind sie eine elementare Ressource für alle Geomarketing-Aktivitäten.[149] Die Aussagekraft der mittels GIS generierten Analyseergebnisse steht und fällt entsprechend mit der Qualität der zugrunde gelegten Datenbasis.[150] Die Qualität der vorhandenen Daten lässt sich anhand von Kriterien wie Genauigkeit, Aktualität, Vollständigkeit und Kleinräumigkeit (Datentiefe) messen.[151]

---

147 Vgl. Hölzel, R.-D./ Seibert, C. (1987), S. 40; Wrigley, N.: Retail Restructuring and Retail Analysis, in: Wrigley, N. (Hrsg.): Store Choice, Store Location and Market Analysis, London/New York 1990, S. 31; im Rahmen der Adressselektion werden die in Betracht kommenden Adressen anhand ihrer Anschrift den jeweiligen mikrogeographischen Segmenten zugeordnet und diejenigen Adressen eliminiert, welche nicht der eigenen regionalen Zielgruppe entsprechen, um auf diese Weise die Responsequote der Direktwerbe-Aktion zu erhöhen. Vgl. hierzu Froböse, M. (1995), S. 42; sowie ausführlich Hörschgen, H./ Froböse, M.: Beiträge zum regionalen Marketing, Arbeitspapier Nr. 26 des Instituts für Betriebswirtschaftslehre der Universität Hohenheim, Stuttgart 1991, S. 4 f.

148 Vgl. hierzu Kap. 3.

149 Daten stellen grundsätzlich die Grundlage von Informationen dar. Aus diesem Grund können erst durch die Analyse bzw. Auswertung von Daten Informationen gewonnen werden. Diese dienen wiederum als Ausgangspunkt für Unternehmensentscheidungen, die auf Basis von Informationen getroffen bzw. fundiert werden können.

150 Vgl. Hertig, L./ Maus, O.: Geomarketing bei Banken und Sparkassen, in: Geo-Informations-Systeme, 11. Jg., Nr. 3, 1998, S. 13.

151 Vgl. Nitsche, M. (1998), S. 48 f.; für eine ausfürliche Erläuterung der genannten Kriterien vgl. Kap. 2.3.4.3.

Informationen, die anhand von Geomarketing-Analysen gewonnen werden, dienen nicht nur als Hilfe zur Entscheidungsfindung, sondern können auch als *„corporate or institutional resource“*[152] bezeichnet werden. Grundvoraussetzung für jede Geomarketing-Aktivität ist die Existenz und Verfügbarkeit von Daten. In der Literatur hat sich sowohl bei den an Geomarketing beteiligten wissenschaftlichen Disziplinen als auch im Sprachgebrauch der privatwirtschaftlichen Geomarketing-Anbieter der Terminus *„Geodaten“* als Bezeichnung für die Menge aller Daten etabliert, welche (oft in GIS verwaltet) als Ausgangsbasis für jede Form von Geomarketing-Aktivitäten dienen.[153] Grundsätzlich sind dabei zwei Arten von Geodaten zu unterscheiden: Zum einen sind dies raumbezogene Geodaten, die häufig auch als Geometriedaten, Raumdaten oder geographische Daten bezeichnet werden und einen expliziten Raumbezug aufweisen. Zum anderen sind dies attributbezogene Geodaten, die auch Marktdaten, thematische Daten, sachbezogene oder beschreibende Daten genannt werden und bzgl. der raumbezogenen Daten eine erklärende Funktion innehaben.[154]

Zielsetzung ist es, aus der verfügbaren Menge an raum- und attributbezogenen Geodaten marketingrelevante Informationen zu generieren und diese in digitalen Karten darzustellen. Die Zuordnung kann dabei auf verschiedene Art und Weise erfolgen, z.B. anhand der Postleitzahl, der Straße bzw. des Straßenabschnitts. Die folgende Abbildung soll das Prinzip der Zuordnung von attributbezogenen Daten (Sachdaten) zu raumbezogenen Daten (Geometriedaten) nochmals verdeutlichen:

152 Longley, P./ Clarke, G.: Applied geographical information systems: developments and prospects, in: Longley, P./ Clarke, G. (Hrsg.): GIS for business and service planning, Cambridge 1995, S. 4.

153 Vgl. Schüssler, F. (2000), S. 17.

154 Vgl. Nitsche, M. (1998), S. 33 f.; vgl. auch Olbrich, G./ Quick, M./ Schweikart, J.: Desktop Mapping: Grundlagen und Praxis in Kartographie und GIS, 3. Aufl., Berlin 2002, S. 132 f.

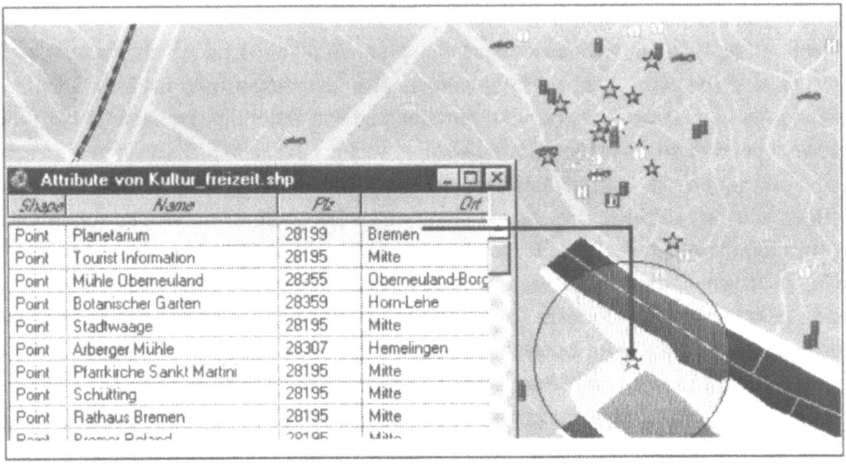

Abbildung 7: Graphische Darstellung der Verknüpfung von attributbezogenen mit raumbezogenen Daten[155]

2.3.4.1 Raumbezogene Daten

Unter raumbezogenen Daten werden grundsätzlich Daten verstanden, die einen „*[...] expliziten Raumbezug in Form von einem oder mehreren geographischen Koordinatenpaaren aufweisen und welche eindeutig Punkten auf der Erdoberfläche zugeordnet werden können*"[156]. Die Eingabe, Verwaltung und Zuordnung dieser Daten stellt eine der Aufgaben von Geographischen Informationssystemen im Geomarketing dar, wobei diese als Punkte, Linien oder Flächen vorhanden sein können. Die Mehrzahl der Geographischen Informationssysteme arbeitet mit flächenhaften Daten, jedoch werden aufgrund von spezifischen Problemen immer häufiger auch punkt- und linienförmige Daten eingesetzt.[157]

---

[155] Schmidt, J.: GIS in der kommunalen Wirtschaftsförderung, elektronisch veröffentlicht unter der URL: http://www.fbw.hs-bremen.de/~jschmidt/kowifoe.htm, abgerufen am 01.05.2006.

[156] Schüssler, F. (2000), S. 17.

[157] Vgl. Schüssler (2000), S. 19; bei der Digitalisierung geographischer Daten, d.h. der Umwandlung von Daten in ein für Computer verständliches Format, existieren grundsätzlich zwei Arten der Darstellung: die Rastergraphik und die Vektorgraphik. Während Rastergraphiken ausschließlich aus Pixeln bestehen, können Vektorgraphiken auf Punkten, Linien oder Flächen basieren. Der wichtigste Vorteil der Vektorgraphik ist darin zu sehen, dass attributbezogene Daten mit geographischen oder raumbezogenen Daten in thematischen Karten verknüpft werden können. In der Praxis haben sich aus diesem Grund hauptsächlich Vektordaten für die graphische Darstellung durchgesetzt. Rastergraphiken dienen in diesem Zusammenhang lediglich der besseren Orientierung. Vgl. hierzu Olbrich, G./ Quick, M./ Schweikart, J.: Computerkartographie – Eine Einführung in das Desktop Mapping am PC, Berlin 1996, S. 142; sowie auch Nitsche, M. (1998), S. 43.

Flächenhafte Daten sind zum gegenwärtigen Zeitpunkt die am meisten eingesetzten Daten im Geomarketing. STEINGRUBE und NITSCHE unterscheiden in Bezug auf flächenhafte Daten zwischen einer administrativen und einer postalischen Gebietsaufteilung.[158] Die *administrative Gebietsaufteilung* stellt eine für die Verwaltung geschaffene räumliche Gliederung dar, welche auf dem *„Kreisgemeindeschlüssel"* basiert, der Deutschland in vier hierarchische Ebenen unterteilt. Auf der ersten Ebene orientiert man sich an den 16 Bundesländern, danach an den 40 Regierungsbezirken, den 439 Kreisen und auf feinster Ebene dann anhand der 14.627 Gemeinden. Unterhalb dieser Ebene existiert keine weitere bundeseinheitliche Gliederung, jedoch finden in der Praxis zahlreiche individuelle Gliederungen einzelner Kommunen (Stadtviertel, Stadtteile, Stadtbezirke, statistische Bezirke etc.) ihre Anwendung.[159] Die Nutzung der administrativen Gebietsgliederung bietet den Vorteil, dass sie zum einen eindeutig hierarchisch strukturiert ist und die amtliche Statistik auf dieser Struktur aufbaut. Zum anderen sind in der Regel kurzfristig keine Gebietsänderungen zu erwarten und wenn doch, wäre diese im Falle einer Veränderung öffentlich dokumentiert und folglich nachvollziehbar.[160]

Die *postalische Gebietsgliederung* stellt aufgrund ihres täglichen Gebrauchs die wohl bekannteste Form der Gebietsaufteilung dar. Mit Einführung der neuen Postleitzahlen am 1. Juli 1993 bestehen die bundesdeutschen Postleitzahlen aus einem fünfstelligen, numerischen Wert, der ähnlich dem Kreisgemeindeschlüssel in mehrere Ebenen aufgeteilt ist. Die erste Ziffer bezieht sich dabei auf die Postleitzone, die beiden ersten Stellen auf die Postleitregion und die letzten drei Stellen präzisieren den Ort bzw. den Zustellbezirk.[161]

Leiteinheit	**Anzahl der Raumeinheiten in Deutschland**
Postleitzone	10
Postleitregion	95
Postleit- oder Zustellbezirk	ca. 8300

Tabelle 2: Anzahl der Raumeinheiten der postalischen Gliederung nach Postleiteinheiten[162]

Zusätzlich zu den Zustellpostleitzahlen existiert noch eine Reihe von Postleitzahlen, denen Postfächer und Großkunden, so genannte Großempfängerpostleitzahlen, zugeordnet sind. Diese Postleitzahlen sind jedoch für die kartographischen Auswertun-

158 Vgl. Nitsche, M. (1998), S. 33 f., sowie auch Steingrube, W.: Geodaten für das Business Mapping: Die Karten, in: Leiberich, P. (Hrsg.): Business Mapping im Marketing, Heidelberg 1997, S. 48.

159 Vgl. Nitsche, M. (1998), S. 35.

160 Vgl. Steingrube, W. (1997), S. 49.

161 Vgl. ebenda (1997), S. 52.

162 Steingrube, W. (1997), S. 52.

gen nicht von Bedeutung, da sie keinem eindeutigen Straßenabschnitt zugeordnet werden können. Sie finden dennoch für die Geocodierung von Adressen ihre Anwendung.[163] Insgesamt betrachtet weist die Postleitzahlen-Einteilung in Deutschland eine einheitlichere Gliederung auf, als dies bei der administrativen Gebietsaufteilung der Fall ist.[164] Trotz dieses großen Vorteils hat die postalische Gebietsgliederung auch Nachteile: Beispielsweise lassen sich Postleitzahlengebiete finden, die räumlich nicht zusammenhängend sind. Ein weitaus größeres Problem ist jedoch, dass die Postleitzahlengebiete nicht mit der administrativen Gebietsgliederung vereinbar sind. Es lassen sich sowohl mehrere Postleitzahlen innerhalb einer Gemeinde, aber auch Postleitzahlen finden, die über mehrere Gemeinden (teilweise sogar Bundesländer) hinweg gehen. Folglich können Marktdaten nicht ohne Probleme von der einen Gebietsgliederung in die andere überführt werden.[165] Ferner sind auch die Postleitzahlen für Geomarketing-Analysen nicht optimal geeignet, da sie einerseits zu großflächig sind und andererseits wegen ihrer Funktion als logistische Einheiten im Verteilungsnetz der Post nicht auf gewachsenen Strukturen gemäß dem Nachbarschaftsprinzip basieren. In vielen anderen Ländern, z.B. in den Niederlanden oder Großbritannien, umfassen einzelne Postleitzahlen wesentlich kleinere und homogenere Gebiete, da sie lediglich 16 bis 17 Haushalte umfassen und folglich wesentlich präzisere Analysen zulassen.[166]

Neben den beiden bekanntesten Gebietsgliederungen existiert in der Praxis noch eine Reihe weiterer Gliederungssystematiken, die im Folgenden kurz erläutert werden sollen. Zunächst sind hier die Telefonvorwahlbereiche, die so genannten *AVON-Bezirke*, zu nennen. In Deutschland gibt es ca. 5.200 solcher Vorwahlbereiche, die jedoch ähnlich wie bei der administrativen und postalischen Gebietsgliederung einige Nachteile aufweisen. Ebenso wie bei den Postleitzahlen können auch bei den Telefonvorwahlbereichen einige Orte gefunden werden, die verschiedene Vorwahlnummern haben. Dies hat zur Folge, dass mit Hilfe der Vorwahl nicht eindeutig ein bestimmter Ort oder ein Teilgebiet eines Ortes identifiziert werden kann.[167] Da auch diese Form der Gebietsgliederung nicht mit den anderen Gliederungssystematiken kombiniert werden kann, kommt sie nahezu ausschließlich in Spezialanwendungen der Telekommunikationsbranche zum Einsatz.[168] Jedoch kann auch in diesem Bereich aufgrund der zunehmenden Bedeutung alternativer Kommunikationswege, ins-

---

163 Vgl. Nitsche, M. (1998), S. 36.

164 209 Städte weisen eine räumliche Gliederung auf, d.h. sie besitzen mehr als eine Zustellpostleitzahl. Aufgrund dieser innerstädtischen Unterteilung sind die Postleitzahlen einheitlicher gegliedert als die Gemeinden. Vgl. hierfür Nitsche, M. (1998), S. 36.

165 Vgl. Nitsche, M. (1998), S. 36.

166 Vgl. ebenda (1998), S. 36.

167 Vgl. Steingrube, W. (1997), S. 53.

168 Vgl. Nitsche, M. (1998), S. 37.

besondere des Mobilfunks, mit einer sinkenden Bedeutung für räumliche Darstellung und Analysen gerechnet werden.[169]

Die *Wahlkreise* und *Wahlbezirke* stellen eine zusätzliche, zumindest der Bezeichnung nach einheitliche, Gliederungssystematik unterhalb der Gemeindeebene dar. Grundsätzlich weisen sie eine gute Eignung für Geomarketing-Analysen auf, jedoch unterliegen sie der Problematik einer relativ häufigen Veränderung des räumlichen Zuschnitts innerhalb der einzelnen Wahlbezirke.[170]

Der Automobilbranche (Hersteller und Importeure) steht mit den *KBA-Zellen* eine weitere kleinräumige Gebietsgliederung zur Verfügung. Basierend auf der Gemeindeebene wurden in über 300 Städten weitere interne Aufgliederungen vorgenommen, so dass insgesamt rund 30.000 Gebietseinheiten definiert und mit Daten, z.B. Zulassungsdaten des KBA, belegt werden können.[171] Neben der mangelnden Verfügbarkeit von Daten, abgesehen von den KBA-Daten, ist anzumerken, dass diese räumliche Gliederung lediglich den Mitgliedern der entsprechenden Verbände zur Verfügung steht, weshalb der Einsatz auf einzelne Spezialanwendungen beschränkt ist.[172]

Die Gebietseinteilung des Marktforschungsinstituts A.C. NIELSEN stellt eine weitläufige Gliederungssystematik dar, die in dieser Aufzählung nicht vernachlässigt werden darf. Hier wird die Bundesrepublik Deutschland flächendeckend anhand von sieben Regionen definiert, den so genannten *Nielsen-Gebieten*. Als Vorteil wirkt sich an dieser Stelle gegenüber der Verwendung der 16 Bundesländer aus, dass jene Verzerrungen verringert werden, die sich durch die Existenz einzelner Stadtstaaten, z.B. Hamburg und Bremen, ergeben.[173] Nachteilig ist, dass die einzelnen Gebiete aufgrund ihrer Größe lediglich eine geringe Eignung für mikrogeographische Analysen aufweisen und aus diesem Grund häufig nur für die Selektion von Adressen, die regionale Werbeplanung sowie die Visualisierung von Zusammenhängen auf höher aggregierter Ebene, verwendet werden.[174]

---

169 Vgl. Steingrube, W. (1997), S. 53.
170 Vgl. ebenda (1997), S. 49.
171 Vgl. Nitsche, M. (1998), S. 37; vgl. für eine ausführliche Darstellung Kap. 2.3.3.
172 Vgl. Steingrube, W. (1997), S. 49.
173 Vgl. ebenda (1997), S. 52.
174 Vgl. Nitsche, M. (1998), S. 38.

Nielsen-Gebiete	Bundesländer
Nielsen 1	Schleswig-Holstein, Hamburg, Niedersachsen, Bremen
Nielsen 2	Nordrhein-Westfalen
Nielsen 3a	Hessen, Rheinland-Pfalz, Saarland
Nielsen 3b	Baden-Württemberg
Nielsen 4	Bayern
Nielsen 5	Berlin
Nielsen 6	Mecklenburg-Vorpommern, Brandenburg, Sachsen-Anhalt
Nielsen 7	Sachsen, Thüringen

Tabelle 3: Aufteilung Deutschlands in die jeweiligen Nielsen-Gebiete[175]

Neben den genannten Gliederungssystematiken existiert in Deutschland noch eine Reihe weiterer Ansätze, die im Folgenden der Vollständigkeit halber genannt werden sollen. So gibt es beispielsweise die Einteilung der Regionalen Pharmamärkte (RPM-Gliederung)[176], die Arbeitsamtsbezirke, die Amtsgerichtsbezirke, die Arbeitsmarktbezirke, die Raumordnungsregionen der BfLR (Bundesforschungsanstalt für Landeskunde und Raumordnung) sowie die Bezirke der Industrie- und Handelskammern (IHK-Bezirke).[177] Zusätzlich zu diesen amtlichen oder *„halbamtlichen"* Gliederungssystematiken werden von einzelnen Datenanbietern eigene kleinräumige, flächendeckende Gebietseinteilungen angeboten. Diese haben den Vorteil der Einteilung in sehr kleine Gebiete, bringen den Anwender jedoch in eine gewisse Abhängigkeit zu dem jeweiligen Anbieter, da es in Deutschland noch keinen einheitlichen Standard für raumbezogene Geodaten gibt.

2.3.4.2 Attributbezogene Daten

Die Möglichkeit, große Datenmengen in digitalen Datenbanken bereitzustellen, hat in den letzten 10 bis 15 Jahren dazu beigetragen, dass ökonomische und soziodemographische Informationen in zunehmendem Maße und in einer wesentlich höheren Detailgenauigkeit zur Verfügung stehen.[178] Diese Entwicklung macht sich insbesondere das Geomarketing zunutze, da im Rahmen dieser Analysen die zuvor beschriebenen raumbezogenen Daten mit den passenden attributbezogenen Daten

175 Nitsche, M. (1998), S. 38.

176 Ähnlich den KBA-Daten handelt es sich auch bei der RPM-Gliederung um eine sehr branchenspezifische Gebietsgliederung, welche lediglich für die Steuerung des Außendienstes bzw. für die Planung von Vertriebsgebieten im Pharmabereich genutzt werden kann.

177 Vgl. Steingrube, W. (1997), S. 50.

178 Vgl. Martin, D./ Longley, P.: Data sources and their geographical integration, in: Longley, P./ Clarke, G. (Hrsg.): GIS for business and service planning, Cambridge 1995, S. 15.

verknüpft werden. Hierbei werden analog zu den raumbezogenen Daten ebenfalls drei verschiedene Arten von räumlichen Bezügen unterschieden:[179]

- *Flächenbezogene Daten:* Diese Daten geben die Eigenschaft einer Region, eine auf sie bezogene Summe oder einen Mittelwert wieder. Sie sind für das Geomarketing von besonderer Relevanz, da sie beispielsweise Aufschluss darüber geben, welcher Umsatz in welchem Bundesland erzielt wird, welcher Marktanteil in den jeweiligen Verkaufsgebieten erreicht wird und wie hoch die Anzahl der Kunden in einem bestimmten Postleitzahlengebiet ist.

- *Linienbezogene Daten:* Selbige beziehen sich auf die linearen Strukturen des Raumes, wie beispielsweise auf die Pendlerströme zwischen der Gemeinde A und der Stadt B. Im Zusammenhang mit Geomarketing spielen linienbezogene Daten eine untergeordnete Rolle, da auf der einen Seite lediglich eine geringe Zahl entsprechender Daten verfügbar ist und auf der anderen Seite der Umgang mit diesen Daten wesentlich komplexer ist, als es mit flächen- oder punktbezogenen Daten der Fall ist. Ihre Verbreitung beschränkt sich aus diesem Grund auf spezielle Anwendungen.

- *Punktbezogene Daten:* Diese Daten haben nur für einen bestimmten Ort, beispielsweise eine Adresse/ein Gebäude, ihre Gültigkeit. Als Beispiel können die Einwohner oder die Kaufkraft einer Stadt gesehen werden, die aufgrund des Kartenmaßstabes lediglich durch einen Punkt dargestellt werden. Die Bedeutung dieser Daten für das Geomarketing nimmt stetig zu, da die auf dem Markt angebotenen Systeme immer *„feiner"*, d.h. detaillierter werden und in anderen GIS, wie beispielsweise dem Navigationssystem oder Programmen zur Routen- und Tourenplanung, punktbezogene Daten heute bereits in starkem Maße verarbeitet werden.[180] Die niedrigste bzw. feinste Form der punktbezogenen Daten stellt ein einzelnes Gebäude dar.

Neben der Unterteilung hinsichtlich des Raumbezuges existiert eine weitere wichtige Unterscheidungsmöglichkeit anhand der Herkunft der Daten. Hierbei wird aus Sicht des Unternehmens zwischen unternehmensinternen und -externen Daten unterschieden. Als unternehmensinterne Daten werden alle im Unternehmen vorhandenen Informationen gesehen, die einen konkreten Raumbezug aufweisen oder direkt

---

179 Vgl. Olbrich, G./ Quick, M./ Schweikart, J. (1996), S. 57. Die im Folgenden aufgeführten räumlichen Bezüge verdeutlichen, in welcher Form bzw. auf welchen räumlichen Ebenen attributive Daten mit raumbezogenen Daten verknüpft werden können.

180 Vgl. Ziegler, R.: Geocodierung von Adressen, unveröffentlichte Tagungsunterlagen der GIS-Konferenz, Frankfurt a.M. 1995, S. 1.

mit einem Raumbezug versehen werden können.[181] Als Beispiele können Kundenstammdaten, Umsätze, Reklamationen oder Verträge aufgezählt werden, wobei im Zusammenhang mit internen Daten zwei Probleme auftreten können: Zum einen liegen die Daten zumeist in operationalen Systemen vor, z.B. in der Fakturierung, was eine Transformation in ein für Computer lesbares Format erheblich erschwert. Zum anderen weisen die meisten internen Daten keinen konkreten Raumbezug auf und müssen aus diesem Grund erst geocodiert, d.h. mit einem Raumbezug versehen werden.

Gegenüber den internen zeichnen sich externe Daten dadurch aus, dass sie nicht automatisch im Unternehmen selbst anfallen, sondern in der Regel extern beschafft werden müssen. Als Beispiele sind die Einwohnerzahl, die Kaufkraft, Sinus-Mileus oder Marktpotenziale zu nennen. Als problematisch erweist sich in diesem Zusammenhang jedoch, dass die gewünschten Daten häufig nicht vorliegen oder aber aufgrund der mangelnden Transparenz in diesem Markt nur schwer zu finden sind. Trotz dieser Intransparenz lassen sich zwei unterschiedliche Anbieter von externen Daten finden: Auf der einen Seite sind dies die amtlichen Anbieter, wie z.B. die statistischen Ämter, die statistische Daten für statistische oder kommunale Zwecke erheben. Auf der anderen Seite können halbamtliche Anbieter, wie beispielsweise das KBA, die im staatlichen Auftrag Daten erfassen und verarbeiten, genannt werden. Im Gegensatz zu anderen europäischen Ländern erheben diese amtlichen Anbieter die Daten jedoch nicht primär für privatwirtschaftliche Anbieter. Dies hat zur Folge, dass die Datensammlung bei den amtlichen Ämtern zum einen sehr schwierig ist und zum anderen die Daten der einzelnen Anbieter keinen einheitlichen Standard aufweisen, was die Verknüpfung der einzelnen Daten untereinander erheblich erschwert. Aufgrund dieser mangelnden Kundenorientierung hat sich neben den amtlichen Anbietern eine Reihe kommerzieller Datenanbieter am Markt etabliert, die mikrogeographische Daten sammeln und anschließend veräußern. Zu diesen Anbietern gehören neben spezialisierten Adresshändlern (Schober, Bertelsmann) auch Marktforschungsinstitute (Infas, Microm, GfK) sowie Anbieter kompletter Geomarketing-Systeme, die sich auf einzelne Branchen spezialisiert haben (z.B. Infas, sabris).[182]

NITSCHE unterscheidet in seinen Ausführungen neben dem Inhalt auch zusätzlich nach dem Erhebungsverfahren und der Originalität der Daten.[183] Aufgrund der hohen Bedeutung des Inhalts raumbezogener Daten soll im weiteren Verlauf nur auf selbige

---

181 Vgl. Nitsche, M. (1998), S. 45.

182 Vgl. ebenda (1998), S. 46.

183 Vgl. Nitsche, M. (1998), S. 46 f. Hinsichtlich des Erhebungsverfahrens differenziert Nitsche zwischen primär und sekundär erhobenen Daten und in Bezug auf die Originalität zwischen ursprünglichen und abgeleiteten Daten.

eingegangen werden. Inhaltlich können attributbezogene Daten wie folgt unterschieden werden:

- *Soziodemographische und sozioökonomische Daten:* Inhaltlich beschreiben diese Daten beispielsweise Alter, Geschlecht, Einkommen, Kaufkraft oder Beruf und dienen folglich als Basis für die meisten Geomarketing-Analysen.

- *Geographische Daten:* Geographische Daten dienen häufig als Ergänzung zu den bereits vorhandenen attributbezogenen Daten und kommen beispielsweise bei der Berechnung der Bevölkerungsdichte zum Einsatz.

- *Verhaltensdaten:* Als solche werden in der Praxis die Kauffrequenz, der Produktnutzen oder die Einkaufsstättenwahl bezeichnet. Sie sind für sämtliche Geomarketing-Analysen von besonderer Bedeutung, da nahezu alle Analysen auf diesen Ergebnissen bzw. Informationen aufbauen. Problematisch ist allerdings, dass diese Daten in der Regel lediglich unternehmensintern vorhanden sind und aus diesem Grund nicht bzw. nur sehr schwer extern beschafft werden können. Dieses Problem tritt insbesondere bei relativ jungen Unternehmen auf, die mit Hilfe einer solchen Analyse potenzielle Zielgruppen effektiv ansprechen wollen, aber mangels interner Daten dazu nicht im Stande sind.

- *Psychographische Daten:* Selbige bezeichnen die Maßgabe, individuelle oder haushaltsbezogene Charakteristika miteinander zu vergleichen, wodurch Gruppen von Individuen oder Haushalten identifiziert werden.[184] Diese so genannten Lebensstile sind aufgrund ihrer Kaufentscheidungsrelevanz von besonderer Bedeutung. Sie haben jedoch den Nachteil, dass sie in der Regel direkt, z.B. durch Befragung, erhoben werden und aus diesem Grund noch schwerer zu beschaffen sind als verhaltensbezogene Daten. Es wird daher

---

184 Vgl. Birkin, M.: GIS for business and service planning, in: Longley, P./ Clarke, G. (Hrsg.): GIS for business and service planning, Cambridge 1995, S. 138.

häufig versucht, psychographische Daten durch eine Kombination anderer Daten prognostizieren zu können.[185]

Eine beispielhafte Darstellung der Informationen, die sich im Rahmen von Geomarketing-Analysen auf Basis von raum- und sachbezogenen Geodaten gewinnen lassen, zeigt die folgende Graphik:

Abbildung 8: Kombination von raum- und sachbezogenen Geodaten am Beispiel eines Mehrfamilienhauses[186]

Im Zusammenhang mit dieser Fülle von attributbezogenen Daten muss die Frage gestellt werden, ob durch die Entwicklung des Geomarketing neue Daten entstanden sind und ob sich diese signifikant von den *„traditionellen"*, nicht mit GIS verarbeiteten raumbezogenen und attributbezogenen Daten unterscheiden.[187] Für den Bereich der raumbezogenen Daten kann attestiert werden, dass sich diese zumeist auf vorhan-

185 In anderen Ländern, wie beispielsweise Großbritannien, wird seit Anfang der 90er Jahre versucht, diese Daten anhand detaillierter Fragebögen, die an Konsumenten verteilt werden, zu sammeln und in so genannten „Geolifestile-Datenbanken" zu speichern. Hierbei wird den Konsumenten mit der Abgabe bzw. Rücksendung des Fragebogens ein kleiner Anreiz geboten, wie z.B. ein Warengutschein oder die Teilnahme an einer Verlosung. Da sowohl die Postleitzahl, die Straße als auch die Hausnummer der Befragten erfasst werden, lassen sich die gesammelten Daten sehr präzise einer bestimmten Bezugseinheit (z.B. Postleitzahlen-Gebiet oder Straßenabschnitt) zuordnen. Einziger Nachteil dieser Befragungen ist jedoch, dass man trotz einer relativ hohen Rücklaufquote nicht die Grundgesamtheit der Bevölkerung abbilden kann und aus diesem Grund die Untersuchungen immer nur auf Stichproben basieren. Vgl. hierzu ausführlich Schüssler, F. (2000), S. 29.

186 Eigene Darstellung in Anlehnung an Müller, J.: Kunden im Fokus, in: Tagungsunterlagen der SPSS Predictive Analytics Summit, Nürnberg 2005, S. 8.

187 Vgl. Schüssler, F. (2000), S. 40 f.

dene statistische, amtliche oder postalische Basiseinheiten beziehen und in der Regel direkt von öffentlichen oder privaten Institutionen erhältlich sind. Auch für den Bereich der attributbezogenen Daten kann bestätigt werden, dass hierbei nicht von neuen, vorher nicht da gewesenen Daten gesprochen werden kann. Sämtliche Daten könnten prinzipiell auch manuell verarbeitet und ausgewertet werden. Allerdings gilt es darauf hinzuweisen, dass bedingt durch die Fülle und Vielfalt an Daten eine manuelle Auswertung praktisch unmöglich ist. Deshalb kann an dieser Stelle festgehalten werden, dass im engeren Sinne keine neuen Daten, insbesondere keine neuen raumbezogenen Daten, zur Verfügung gestellt werden, die vorhandene Datenmenge jedoch mit den in GIS enthaltenen Methoden erzeugt und verarbeitet werden können. Diese flexiblen Möglichkeiten der Datenverwaltung und -kombination bedingt durch die enge Verbundenheit von Geomarketing und digitalen Informationssystemen (insbesondere GIS) lässt jedoch den Schluss zu, dass zumindest im Bereich der attributbezogenen Daten durch die Anwendung von Geomarketing neue Daten entstanden sind.[188]

2.3.4.3 *Potenzielle Problembereiche im Zusammenhang mit der Datenqualität*

Aufgrund des großen Datenangebots für Geomarketing-Anwendungen stellt die Qualität der Daten (sowohl raum- als auch attributbezogener Daten) aus Sicht der Benutzer ein wichtiges Entscheidungskriterium dar. Insbesondere im Bereich Geomarketing korreliert der Erfolg bzw. Misserfolg der Analysen stark mit der Qualität der verwendeten Daten. Ein sehr wesentliches Kriterium für die Qualität der Daten stellt ihre *Genauigkeit* dar. Daten müssen sich dadurch auszeichnen, dass sie inhaltlich korrekt und so genau wie möglich sind. Anwender haben in der Praxis häufig sehr hohe Anforderungen an die Genauigkeit der Daten, die, objektiv betrachtet, zum einen übertrieben sind und zum anderen hohe Kosten verursachen. Aus diesem Grund gilt es ein sinnvolles Mittelmaß zwischen der Genauigkeit der Daten auf der einen Seite und möglichst geringen Kosten auf der anderen Seite zu finden.[189]

Ein entscheidender Bestandteil der Qualität von Daten ist deren *Aktualität*. Das Aktualitätsproblem bezieht sich vor allem auf die attributbezogenen Daten, da sie stärkeren Schwankungen unterliegen als raumbezogene. Beispielsweise ändern sich Straßen, mit Ausnahme von Neubaugebieten, im Zeitablauf nur unwesentlich, die jeweili-

---

188 Vgl. Schüssler, F. (2000), S. 40 f.; dieser Rückschluss lässt sich dadurch begründen, dass eine manuelle Auswertung aufgrund der enormen Datenmengen absolut undenkbar ist und aus diesem Grund nicht durchgeführt werden würde. Erst eine digitale Be- und Verarbeitung dieser Daten macht die Entstehung dieser „neuen" Daten möglich.

189 Vgl. Nitsche, M. (1998), S. 48.

ge Bevölkerung kann dahingegen stark variieren.[190] Diesen auftretenden Schwankungen wird in der Praxis jedoch nicht ausreichend Rechnung getragen. Ein Großteil der amtlichen, insbesondere der demographischen, Daten basiert auf dem zuletzt durchgeführten Zensus, der in Deutschland 1987 stattfand. Zwar bieten verschiedene Marktforschungsinstitute aktuellere Daten an, jedoch ist hier das Problem festzustellen, dass die Aktualität zwar immer versichert wird, diese aus Sicht des Anwenders aber nicht kontrollierbar ist. Geliefert werden nicht die besten Daten, sondern lediglich die *„bestmöglichen“*.[191] Aus diesem Grund ist ein gewisses Grundverständnis aus Sicht des Anwenders unabdingbar, da es in Bezug auf die Aktualität von Variable zu Variable Unterschiede geben kann: So verändert sich die Rentnerquote eines Dorfes bei weitem langsamer als dessen relevante Kaufkraftquote.[192]

Neben der Genauigkeit und der Aktualität ist auch die *Vollständigkeit* von großer Bedeutung. Unter Vollständigkeit wird nicht nur verstanden, dass alle Merkmale vorhanden sind, die für die Analyse benötigt werden, sondern auch die Tatsache, dass die vorhandenen Merkmale vollständig, im Sinne von flächendeckend vorliegen. *„Weiße Flecken“* hinsichtlich einiger Variablenwerte sind nicht nur unansehnlich auf den ausgegebenen Karten, sondern können auch in erheblichem Maße Einfluss auf die statistischen Analysen nehmen.[193] Dieses Problem trat insbesondere nach der Wiedervereinigung auf, da eine Vielzahl von Daten für die neuen Bundesländer noch nicht erhoben worden war. Mittlerweile hat sich dieser Problembereich jedoch verringert, da die meisten Daten nun bundesweit erhoben wurden und deshalb auch für Geomarketing-Analysen zur Verfügung stehen.[194]

Als weiterer Problembereich in Bezug auf die Datenqualität kann die *Kleinräumigkeit* der Daten, d.h. die Datentiefe, gesehen werden, wobei diese stark von der jeweiligen Anwendung abhängig ist. So werden für Anwendungen im Privatkundenbereich Daten auf einer wesentlich kleineren Ebene benötigt, als dies im Business-to-Business-Bereich der Fall ist. Diese Tatsache begründet den Zielkonflikt zwischen der Kleinräumigkeit und den anderen Qualitätsmerkmalen, da mit zunehmender Kleinräumigkeit der Aufwand für eine adäquate Absicherung der Genauigkeit, Aktualität und Vollständigkeit der Daten enorm ansteigt. Diese Tatsache zwingt den Anwender dazu,

---

[190] In der Bundesrepublik Deutschland zieht jährlich jeder zehnte deutsche Haushalt um, ca. 880.000 Deutsche heiraten und etwa genauso viele Menschen sterben jedes Jahr. Vgl. hierzu Hermes, T.: GIS-basierte Konzepte zum Geomarketing, Münster 1996, S. 38.

[191] Leiberich, P./ Pal, E.: Thematische Daten für das Business Mapping, in: Leiberich, P. (Hrsg.): Business Mapping im Marketing, Heidelberg 1997, S. 84.

[192] Vgl. Schüssler, F. (2000), S. 41.

[193] Werden für nicht vorhandene Werte im Programm keine „null values“ (= Wert nicht vorhanden) vergeben, sondern die Integer-Zahl „Null“ (= 0), so kann das Ergebnis einer bivariaten oder multivariaten Analyse erheblich verfälscht werden. Vgl. Schüssler, F. (2000), S. 41.

[194] Vgl. Nitsche, M. (1998), S. 48 f.

sich möglichst im Vorfeld darauf festzulegen, welche geographische Ebene aus seiner Sicht für die jeweilige Geomarketing-Analyse die geeigneteste ist.[195]

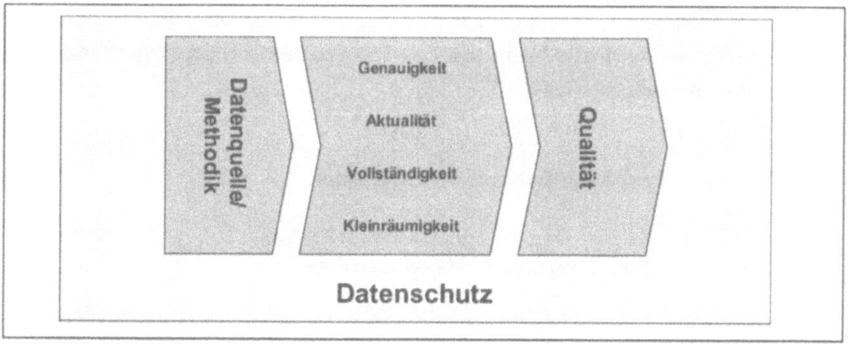

Abbildung 9: Bestimmende Kriterien der Datenqualität[196]

Neben den genannten geht SCHÜSSLER noch auf weitere Aspekte in diesem Zusammenhang ein, die zwar keinen direkten Einfluss auf die Qualität der Daten haben, jedoch datenbezogene Fehlerquellen darstellen und aus diesem Grund genannt werden müssen. So führt er zusätzlich die Relevanz der implementierten Daten, die räumliche und inhaltliche Genauigkeit sowie die Referentielle Integrität[197] als mögliche Fehlerquellen in Bezug auf den zu untersuchenden Datensatz an.[198]

Um den Missbrauch personenbezogener Daten zu unterbinden, existiert in Deutschland ein sehr restriktives Datenschutzgesetz. Diesem Gesetz zufolge ist die Verarbeitung und Nutzung von Einzelangaben über persönliche und sachliche Verhältnisse natürlicher Personen nur bei schriftlicher Einwilligung der Betroffenen erlaubt. In allen anderen Fällen muss sichergestellt sein, dass keine Zuordnung der Information zu ihrem Träger möglich ist.[199] Um diese Vorgaben zu erfüllen, werden die auf Individualebene (Personen und Haushalte) gesammelten Daten auf die nächst höheren Ebenen aggregiert. Hierbei kann es vorkommen, dass auch auf der nächst höheren Ebene nur eine oder wenige Personen innerhalb eines Gebietes leben und deshalb aus diesen Daten Rückschlüsse auf einzelne Personen gezogen werden können.

195 Vgl. Nitsche, M. (1998), S. 49.
196 Eigene Darstellung in Anlehnung an Nitsche, M. (1998), S. 38.
197 Unter Referentieller Integrität wird in der Kybernetik ein System von Regeln verstanden, welches das Ziel hat, Redundanzen im Datensatz zu vermeiden.
198 Schüssler, F. (2000), S. 48.
199 Vgl. Leiberich, P./ Pal, E. (1997), S. 86. Diese Eingrenzung gilt lediglich für personenbezogene Daten, um das Persönlichkeitsrecht natürlicher Personen auf diese Art und Weise zu schützen. Bei nicht personenbezogenen Daten, wie beispielsweise Informationen über Unternehmen, hat diese Einschränkung keine Gültigkeit.

Deshalb müssen solche Daten so lange aggregiert werden, bis eine personenbezogene Zuordnung der Informationen nicht mehr möglich ist.[200] Hiermit wird ein weiterer Problembereich verdeutlicht, da die gewünschte Kleinräumigkeit der Daten nicht nur mit der Genauigkeit, der Aktualität und der Vollständigkeit in einem Zielkonflikt steht, sondern auch mit dem Recht des Einzelnen auf den Schutz seiner Privatsphäre und seiner persönlichen Daten.[201]

2.4 Geographische Informationssysteme

2.4.1 Einleitung, Definition und Systematisierung

In seiner einfachsten Form ist ein Informationssystem ein *Frage-Antwort-System* auf einem Datenbestand[202] oder gemäß dem praxisorientierten Sprachgebrauch ein interaktives System. Ausgangspunkt für jede Interaktion mit dem Informationssystem ist der Benutzer selbst, der explizit oder auch nur abwartend Fragen stellt, welche dann entweder beantwortet werden oder auf Verlangen präzisiert werden müssen.[203] Streng genommen würde jeder Büro- oder Verwaltungsbetrieb ein Informationssystem darstellen, jedoch soll im weiteren Verlauf dieser Arbeit ein Informationssystem als ein Instrument in der Wirtschaft[204] verstanden werden, das für die Dokumentation von Sachverhalten aber vor allem auch als wichtiges Hilfsmittel bei der strategischen Unternehmensplanung sowie der Entscheidungsfindung zur Verfügung steht. SENKO charakterisierte bereits 1975 ein Informationssystem, indem er sagte, dass *„the purpose of an information system is to provide a relatively exact, efficient, unambigous model of the signifikant resources of a real world enterprise“.*[205] GÖPFERT stellt in seiner Definition eines Informationssystems fest: *„Eine digitale Information über ein Objekt wird als Datensatz bezeichnet. Fachlich und sachlich zusammengehörige Datensätze, die eine rechnergestützte Bearbeitung der enthaltenen Informationen gestatten, werden mit dem Ausdruck Datenbank belegt. Die Gesamtheit mehre-*

---

200 Vgl. Nitsche, M. (1998), S. 50. Die momentan verwendeten Verfahren fassen in der Regel mindestens fünf Haushalte zusammen. Vgl. Sandberg, B. (1995), S. 44; sowie auch Steingrube, W. (1997), S. 50.

201 Vgl. hierzu Tügel, H.: Der gläserne Mensch, in: GEO, Heft 6, 1996, S. 16 f.; Rautenberg, K.: Konsumentenstriptease, in: werben&verkaufen, Heft 9, 1996, S. 130 f.; Jacob, J.: Geodaten – (k)ein Fall für den Datenschutz?, in: Geobit, Heft 4, 1996, S. 4 f.

202 Vgl. Bill, R./Fritsch, D. (1991), S. 37.

203 Vgl. Zehnder, C.A.: Informationssysteme und Datenbanken, Stuttgart 1985, S. 64.

204 Diese Arbeit konzentriert sich primär auf die Wirtschaft. Selbstverständlich kann dieses Begriffsverständnis auch auf andere Bereiche wie z.B. die Verwaltung oder Gesellschaft angewendet werden. Vgl. Lother, G.: Konzeptionelle Aspekte eines landesweiten Fachgeoinformationssystems für die Bestandsdokumentation forstlicher Geodaten, München 2003, S. 7.

205 Senko, M.: Information Systems – Records, Relations, Sets Entities, and Things, in: Information Systems, Vol. 1, No. 1, 1975, S. 3-13.

rer Datenbanken in Verbindung mit geeigneten Datenverwaltungs- und Datenbearbeitungsprogrammen bilden ein Informationssystem."[206] Hierbei gilt es jedoch anzumerken, dass sich diese Definition allgemein auf Informationssysteme bezieht und deshalb neben den raumbezogenen Anwendungen auch für Bereiche wie z.B. die Fertigungstechnik, die Prozesssteuerung oder die Materialverwaltung Gültigkeit hat.

Informationssysteme, die den Schwerpunkt haben, Daten bzw. Informationen über unseren Lebensraum zu verarbeiten, werden in der Regel unter dem Begriff Geographische Informationssysteme (GIS)[207] subsumiert.[208] Im Unterschied zu herkömmlichen Informationen, die sich z.B. nur auf Alter, Größe, Geschlecht etc. einer Person beziehen, beinhalten *„geographische"* Informationen eine direkte räumliche Zuordnung. Diese Art von Informationen weist die Besonderheit auf, dass sie sich auf einen bestimmten Ort beziehen, d.h. sie können auf einer Karte und folglich auch in der Realität eindeutig zugeordnet werden.[209] GIS dienen in ihren Grundfunktionen der Erfassung, Verarbeitung, Verwaltung sowie der Analyse von raumbezogenen Daten. Aufgrund der Komplexität dieses *„Werkzeuges"* ist es zu Beginn dieses Abschnitts erforderlich, die unterschiedlichen Begriffe, die im Zusammenhang mit GIS genannt werden, zu systematisieren und eine dieser Arbeit zugrunde liegende Definition zu liefern.

In der wissenschaftlichen Literatur lässt sich, insbesondere im deutschsprachigen Raum, eine ganze Reihe von verschiedenen Begriffen finden, die häufig synonym benutzt werden, teilweise jedoch große Unterschiede hinsichtlich des Inhalts bzw. der Zielsetzung aufweisen. So lassen sich unter anderem folgende Begriffe anführen:[210]

- Rauminformationssystem (RIS),
- Raumbezogenes Informationssystem (RBIS),
- Landinformationssystem (LIS),
- Umweltinformationssystem (UIS),
- Netzinformationssystem (NIS).
- Geographisches Informationssystem (GIS) oder
- Geoinformationssystem (GIS).

---

206 Göpfert, W.: Raumbezogene Informationssysteme: Datenerfassung – Verarbeitung – Integration – Ausgabe auf der Grundlage digitaler Bild- und Kartenverarbeitung, Karlsruhe 1987, S. 185 f.

207 Im englischen Sprachgebrauch werden häufig synonym die Begriffe *„Geographic Information System"* oder *„Geographical Information System"* verwendet.

208 Vgl. Lother, G. (2003), S. 14.

209 Vgl. Kappas, M.: Geographische Informationssysteme, Braunschweig 2001, S. 10.

210 Vgl. Saurer, H./ Behr, F.-J.: Geographische Informationssysteme – Eine Einführung, Darmstadt 1997, S. 6; vgl. auch Kappas, M. (2001), S. 44 f.

Rauminformationssysteme (RIS) bzw. *raumbezogene Informationssysteme* (RBIS) sind Instrumente, welche insbesondere im Bereich der Erarbeitung von regionalen Entwicklungsprogrammen eingesetzt werden.[211]

Ein *Landinformationssystem* (LIS) findet seine Anwendung häufig im Rahmen der Abschätzung von ökologischen Folgen von Planungsvorhaben, z.B. bei einer Umweltverträglichkeitsprüfung. Es stellt folglich ein Instrument dar, welches, in Anlehnung an die Definition des FIG, der Entscheidungsfindung in den Bereichen Recht, Verwaltung und Wirtschaft dient.[212]

Umweltinformationssysteme (UIS) sind sehr spezifische GIS, die in der Regel aus einer Vielzahl von Umweltdatenbanken mit unterschiedlichen Umweltdatenbeständen bestehen.

Ein *Netzinformationssystem* (NIS) ist ein Werkzeug zur Erfassung, Verwaltung, Analyse sowie Präsentation von so genannten Betriebsmitteldaten. Dies können zum einen Daten über Anlagen zur Ver- und Entsorgung zum anderen aber auch Daten über Leitungssysteme sein.

Für den Begriff *Geographisches Informationssystem* bzw. Geoinformationssystem (GIS) existiert eine Vielfalt an Definitionen. Dies ist darauf zurückzuführen, dass GIS in vielen Bereichen, in unterschiedlichsten Disziplinen sowie von sehr heterogenen Benutzergruppen angewendet wird.[213] Die nachfolgend aufgeführten Definitionen sollen dazu dienen, den Begriff GIS in seiner Vielfalt darzustellen, erheben jedoch keinen Anspruch auf Vollständigkeit:

HAKE definiert, dass ein GIS „ *[...] alle raumbezogenen Daten der Erdoberfläche, der Lithosphäre und Atmosphäre bis hin zu den fachthematischen Sachverhalten der Wirtschafts- und Sozialgeographie*“[214] umfassen soll. In seiner Definition geht HAKE jedoch nicht darauf ein, dass ein GIS im Bereich der Forschung ebenfalls von großer

---

211 Vgl. hier sowie im Folgenden Kappas, M. (2001), S. 45.

212 Gemäß der Definition der Fédération Internationale des Géomètres (FIG) ist ein Landinformationssystem „ein Instrument zur Entscheidungsfindung in Recht, Verwaltung und Wirtschaft sowie ein Hilfsmittel für Planung und Entwicklung. Es besteht einerseits aus einer Datensammlung, welche auf Grund und Boden bezogene Daten einer bestimmten Region enthält, andererseits aus Verfahren und Methoden für die systematische Erfassung, Aktualisierung, Verarbeitung und Umsetzung dieser Daten. Die Grundlage eines LIS bildet ein einheitliches, räumliches Bezugssystem für die gespeicherten Daten, welches eine Verknüpfung der im System gespeicherten Daten mit anderen bodenbezogenen Daten erleichtert.“ Bähr, H.-P./ Vögtle, T.: Digitale Bildverarbeitung: Anwendung von Photogrammetrie, Kartographie und Fernerkundung, Karlsruhe 1991, S. 244.

213 Vgl. Schüssler, F. (2000), S. 43.

214 Hake, G.: Kartographie II, Berlin 1985, S. 268.

Bedeutung ist. Ferner ist zu kritisieren, dass seiner Meinung nach der Hauptzweck eines GIS in der Datensammlung liegt, jedoch stellen die Datenaufbereitung und die Datenanalyse ebenfalls ein zentrales Element eines GIS dar, weshalb eine reine Fixierung auf die Datensammlung als nicht sinnvoll angesehen werden kann.[215]
Die folgenden Definitionen von ARONOFF, GROSSMANN und BARTELME legen ihren Schwerpunkt auf die technologischen Aspekte eines GIS:

„A GIS is designed for the collection, storage, and analysis of objects and phenomena where geographic location is an important characteristic or critical to the analysis."[216]

„Das Instrumentarium der Geographischen Informationssysteme ist wesentliches Handwerkszeug einer modernen Geographie für die systematische Erfassung, Verknüpfung, Bewertung und Darstellung räumlich differenzierter Information."[217]

„Ein GIS dient der Erfassung, Speicherung, Analyse und Darstellung aller Daten, die einen Teil der Erdoberfläche und die darauf befindlichen technischen und administrativen Einrichtungen sowie geowissenschaftliche, ökonomische und ökologische Gegebenheiten beschreiben."[218]

BURROUGH ergänzt in seiner Definition noch den Aspekt, dass der Einsatz von GIS immer auf ein konkretes Ziel ausgerichtet sein sollte:

„A GIS is constituted by a powerful set of tools for collecting, storing, retrieving at will, transforming and displaying spatial data from the real world for a particular set of purposes."[219]

COWEN sieht die Entscheidungsunterstützung als den wichtigsten Aspekt eines GIS:

„A GIS is a decision support system involving the integration of spartially referenced data in a problem-solving environment."[220]

---

215 Vgl. Saurer, H./ Behr, F.-J. (1997), S. 5 f.
216 Aronoff, S.: Geographical Information Systems – A Management Perspective, WDL Publications, Ottawa 1989, S. 17.
217 Grossmann, H.: GIS in der Geographie, in: Geo-Informations-Systeme, Heft 2, Karlsruhe 1989, S. 2.
218 Bartelme, N.: Geoinformatik – Modelle, Strukturen, Funktionen, Berlin 1995, S. 12.
219 Burrough, P.A.: Principles of Geographical Information Systems for Land Resources Assessment, Oxford 1986, S. 6.
220 Cowen, D.J.: GIS versus CAD versus DBMS: whát are the differences?, in: Photogrammetric Engineering and Remote Sensing, Heft 54, 1988, S. 1554.

CHRISTIANSEN lehnt sich in seiner Definition stark an COWEN an, grenzt aber die Entscheidungsunterstützung auf den Planungs- und Managementbereich ein:

„A GIS is a system, consisting of hardware, software, data, procedures and a proper organisational context which compiles, stores, manipulates, analyses, models and visualises spatial data, to solve planning and management problems."[221]

Eine für die weitere Arbeit relevante und zudem die treffendste *Definition* ist die von WILKINSON et al., welche neben der Analyse auch die Präsentation der Daten betont, was insbesondere im Zusammenhang mit Geomarketing von besonderer Bedeutung ist:

„A Geographic Information System (GIS) can be defined as a system containing a spatial database representing aspects of the cultural and physical environment of a particular geographic region together with procedures for analysing combinations of attributes and generating graphical or statistical products."[222]

Anhand dieser Definitionen kann festgehalten werden, dass GIS Instrumente darstellen, die der inhaltlichen Entscheidungsfindung bei konkreten Problemstellungen unterschiedlichster Thematiken dienen.[223] Basierend auf den bisherigen Ausführungen, lassen sich vier konstituierende Merkmale von GIS festhalten:

- Das Datenmodell ist geeignet, räumliche Beziehungen und Konsistenzbeziehungen abzubilden, wobei die Konsistenz der Datenbasis im Vorfeld der Untersuchung zu prüfen ist.
- Gemeinsame Aggregations-, Selektions- und Transformationsverfahren für sachliche und räumliche Eigenschaften der dargestellten Objekte.
- Verfügbarkeit räumlicher Analyseverfahren.
- Ausgabe von Informationen aus der Datenbasis sowie Analyseergebnissen in Kartenform.[224]

---

221 Christiansen, T.: Geographical Information Systems for regional Rural Development Projects in Developing countries, Band 75 der Gießener Geographischen Schriften, Gießen 1998, S. 1.

222 Wilkinson, G.G./ Fischer, P./ Jackson, M./ Menz, G./ Wickett, M. (1986), S. 17 f.

223 Vgl. Schüssler, F. (2000), S. 44.

224 Vgl. Greve, K.: Geo-Informationssystem oder Geographisches Informationssystem, in: KGR, 10. Jg., Heft 18, 1996, S. 18 f.

Neben den beschriebenen konstitutiven Merkmalen lassen sich in Anlehnung an die Definitionen von ARONOFF, GROSSMANN und BARTELME für ein GIS in der praktischen, wirtschaftsbezogenen Anwendung fünf Systemkomponenten konstatieren:[225]

- *Dateneingabesystem:* Das Dateneingabesystem zielt auf die Einbindung von vorhandenen analogen und digitalen Daten in das GIS ab. Als analoge Eingabemedien fungieren dabei Karten, Tabellen, Luft- und Satellitenbilder, Geländebeobachtungen und Messwerte. Digitale Daten, welche heutzutage vermehrt genutzt werden, können über CDs, ZIP-Medien oder andere Wechseldatenträger eingelesen oder direkt über das Internet bezogen werden.[226]

- *Datenverwaltungssystem:* Das Datenverwaltungssystem, häufig auch Datenbank-Management-System genannt, wird zur Speicherung und Verwaltung von Daten genutzt, um einen schnellen und flexiblen Zugriff auf die Daten zu ermöglichen.

- *Datenanalysesystem:* Die Datenverarbeitung sowie die Datenanalyse dienen zum einen der Bereinigung, Aktualisierung und Analyse der Daten, zum anderen aber auch der Erzeugung gänzlich neuer Daten.

- *Datenausgabesystem:* Das Datenausgabesystem dient der Ausgabe bzw. Präsentation der Daten in der gewünschten Form. Dies kann sowohl in Form von Karten, Tabellen, Diagrammen als auch in Mischformen dieser Kategorien geschehen. Häufig werden diese Daten auch in andere GIS übernommen, weshalb aus technischer Sicht Schnittstellen vorhanden sein sollten.[227]

- *Datenbestand:* Im Gegensatz zu den vier anderen genannten Systemkomponenten umfasst der Datenbestand keine Hardware- oder Softwarekomponenten. Dennoch muss diesem ebenfalls besondere Aufmerksamkeit gewidmet werden, da ein optimaler GIS-Einsatz stark von der Güte, dem Umfang und der Dokumentation abhängt.[228]

Die besondere Betonung einer der eben genannten Komponenten führt zu drei individuellen Blickwinkeln, aus denen GIS betrachtet werden können.[229] Liegt das

---

225 Vgl. Saurer, H./ Behr, F.-J. (1997), S. 6; sowie auch Schüssler, F. (2000), S. 45.

226 In der Vergangenheit wurden hierfür auch Disketten und Magnetbänder verwendet, jedoch werden diese heutzutage fast gänzlich von anderen Datenträgern ersetzt. Vgl. Schüssler, F. (2000), S. 45.

227 Vgl. Schüssler, F. (2000), S. 45.

228 Vgl. Saurer, H./ Behr, F.-J. (1997), S. 6.

229 Vgl. Maguire, D.J. (1991), S. 13 f.

Hauptaugenmerk des Anwenders auf der Möglichkeit der Datenverwaltung, spricht man vom *„Database View"*. Wird dagegen die Datenanalyse in den Vordergrund der Nutzung gestellt, handelt es sich um einen *„Analysis View"*. Der dritte Blickwinkel, der so genannte *„Map View"*, basiert auf einer Betonung der Darstellungsoptionen in Form von Karten, Diagrammen oder Tabellen. Als positiv gilt es anzumerken, dass die einzelnen Sichtweisen keine Konflikte hervorrufen: Zum einen können Anwender bereits mit einer dieser Optionen zufrieden gestellt werden, zum anderen können aber alle drei Aspekte auch simultan in einem GIS realisiert werden.[230]

2.4.2 Entstehungsgeschichte

Um ein besseres Verständnis von GIS zu erlangen ist es notwendig die historische Entwicklung dieser Systeme, die als Grundlage des Geomarketing fungieren, kurz darzustellen. Auch wenn die ersten Entwicklungen, die später zum Entstehen der ersten GIS führten, bereits Ende der 50er Jahre stattfanden, so kann dennoch von einer relativ neuen Technologie gesprochen werden. Noch in den 60er und 70er Jahren war die Computerkartographie als Methode zur Darstellung und Analyse räumlicher Informationen weitgehend auf Großrechner und dadurch auf Universitäten oder große Forschungseinrichtungen beschränkt.[231] Zwei Entwicklungen haben allerdings in der Folgezeit zu einer erheblichen Verbreitung von GIS auf unterschiedlichsten Gebieten geführt:[232]

- Im Laufe der Zeit hatten sich GIS zu einem vielseitigen und umfangreichen Analyseinstrument entwickelt, welche stets in neue Anwendungsgebiete vordrangen.

- Von dem *„Durchbruch"* des PC profitierte insbesondere der Bereich der GIS-Entwicklungen, da es nun möglich war, verschiedenste GIS auf technisch hohem Niveau hervorzubringen.

Rückblickend betrachtet lässt sich in Anlehnung an COPPOCK & RHIND die Entwicklung von GIS in vier, sich teilweise überlappende Abschnitte unterteilen.[233] Die

230 Vgl. Schüssler, F. (2000), S. 45.
231 Vgl. Olbrich, G./ Quick, M./ Schweikart, J. (1996), S. 16.
232 Vgl. Frühling, J./ Steingrube, W. (1995), S. 184-198.
233 Vgl. hier sowie im Folgenden Coppock, J.T./ Rhind, D.W.: The history of GIS, in: Maguire, D.J./ Goodchild, M.F./ Rhind, D.W, (Hrsg.): Geographical Information Systems – Principles and Applications, Band 1, New York 1991, S. 21-43.

erste Phase[234] begann in den 50er Jahren und dauert etwa bis 1975, wobei sie sich geographisch gesehen nahezu ausschließlich auf die USA und Kanada beschränkte. Charakteristisch für diese erste Phase waren individuelle Entwicklungen, begrenzte internationale Kontakte sowie die Verwendung von Software, die die damals vorhandenen Möglichkeiten der Hardware häufig überstieg. Auch wenn es über die Entstehungsgeschichte von GIS nahezu keine Informationen gibt, so kann es dennoch als gesichert angesehen werden, dass FISHER und STEINITZ vom Harvard Laboratory for Computer Graphics wichtige Schlüsselrollen in Bezug auf die GIS-Entwicklung innehatten.[235] Im Jahr 1966 führte STEINITZ in seinem Hochschulinstitut die erste universitäre GIS-Studie durch, in der er die Möglichkeit der Landschaftsplanung mit einem GIS untersuchte.[236] Neben FISHER und STEINITZ gehörte noch eine Reihe weiterer Personen zu ihrem Team, die in den folgenden Jahren die Weiterentwicklung von GIS erheblich beeinflussten.[237]

Nach dem Tod von FISHER 1974 gab es eine Vielzahl von staatlich geförderten Großforschungsprogrammen auf universitärer Basis, die für eine rasche Ausbreitung aber auch für eine zunehmende Akzeptanz in der Wissenschaft sorgten. Gleichzeitig ging dadurch der Einfluss einzelner Personen bei der Entwicklung von GIS zurück. Die Hauptentwicklungsregion war hierfür immer noch Nordamerika, jedoch waren auch erste Bemühungen in diese Richtung aus Europa, insbesondere der Niederlande und Großbritannien, zu erkennen.

Durch die Auflösung des Harvard Laboratory for Computer Graphics im Jahre 1981 kam es zu einer Verlagerung der Entwicklungstätigkeiten im GIS-Bereich hin zu privaten oder semi-privaten Anbietern. Diese Entwicklung wurde insbesondere durch die rasanten Fortschritte im Bereich der Informationstechnologie begünstigt. Die Existenz von dezentralen, leistungsfähigeren PCs machte es nicht mehr zwangsläufig erforderlich, auf einen Großrechner zurückzugreifen, was zum einen zu erheblichen Kosteneinsparungen führte und zum anderen den Wettbewerb einzelner Anbieter von GIS-Technologien erst ermöglichte.

---

234 Wird in der Literatur auch als *„research frontier period" bezeichnet.*

235 Vgl. hier sowie im Folgenden Schüssler, F. (2000), S. 46.

236 Das damalige Projekt trug den Namen „DELMARVA-Projekt" bezugnehmend auf die Gebiete Delaware, Maryland und Virginia, in welchen die Möglichkeiten der Landschaftsplanung geprüft wurden.

237 Zu dieser Personengruppe gehörten unter anderen ROGER TOMLINSON vom Canada Geographic Information System (CGIS), JACK DANGERMOND vom Environmental Systems Research Institute (ESRI), der *„Vater"* von ARCINFO, sowie DAVID SINTON, der Gründer von Intergraph. Hieran kann man erkennen, dass die drei kommerziell gesehen erfolgreichsten GIS alle den gleichen institutionellen Ursprung haben. Vgl. hierzu Schüssler, F. (2000), S. 46.

Ende der 80er Jahre konnten sich vielfach private Anbieter im GIS-Markt etablieren, indem sie sich die differenzierten Anforderungen der stark zunehmenden Zahl der Benutzer zunutze machten und immer komplexere, teilweise sogar maßgeschneiderte Anwendungen entwickelten. Der Kenntnisstand der einzelnen Anwender hinsichtlich der informationstheoretischen Grundlagen für eine effektive GIS-Nutzung nahm aufgrund der benutzerfreundlichen Schnittstellen, so genannte User-Interfaces, deutlich ab. Dies führte dazu, dass häufig eine Stagnation oder sogar ein Rückgang der Analysequalität zu verzeichnen war.[238] STEINITZ verdeutlicht diesen Aspekt in seiner Stellungnahme zum Fortschritt der Technologie im GIS-Bereich:

„I began my GIS work using Holerith cards and a line printer to make paper maps in black and white. My first large-area GIS map cost US$35 (in 1965 dollars) for computing time on a $2 million machine. How happy was I to produce it in 30 days of effort. But it was geographically primitive. Today, the same data might be mapped in less than a minute by pointing to English-language or graphic commands on a computer notebook, in a perspective view, with textured colour and shaded relief. It would certainly look better, but it would have absolutely no more information."[239]

Basierend auf den Erfahrungen von STEINITZ hat die technologische Entwicklung von GIS fünf Phasen durchlaufen. Insbesondere in den vergangenen zehn Jahren haben sich jedoch durch das Internet neue Möglichkeiten ergeben, welche zu einer nennenswerten Weiterentwicklung von GIS beigetragen haben. Aus diesem Grund wurden die bestehenden fünf Phasen durch eine sechste Phase ergänzt. Die nachfolgende Tabelle fasst sämtliche Phasen kurz zusammen (siehe S. 67).

Heutzutage haben sich GIS in vielen Bereichen der Wirtschaft etabliert und werden als wichtige Kartographie-, Planungs- aber vor allem Analysesysteme angesehen, wobei die Entwicklung in den 90er Jahren darauf abzielte, die GIS-Anwendungen im Internet zu integrieren. Der Funktionsumfang von GIS macht diese Informationssysteme zu einem adäquaten Instrument für eine Vielzahl von Aufgabenstellungen. Während zu Beginn der GIS-Entwicklung diese hauptsächlich in Bereichen zum Einsatz kam, die einen direkten *„Umwelt-Zusammenhang"* aufwiesen, werden sie heute für viele betriebswirtschaftliche Aufgabenstellungen herangezogen, wie z.B. zur Unterstützung der Touren- und Standortplanung, des Facility-Management sowie des

---

238 Vgl. Schüssler, F. (2000), S. 47.

239 Steinitz, C.: GIS: A personal historical perspective – Part 1, in: GIS EUROPE, No. 5, 1993, S. 21 f.

Marketing.[240] Zusätzlich haben Unternehmen die Möglichkeit, ihr Versorgungsgebiet sowie die räumliche Verteilung der einzelnen Niederlassungen/Filialen im Internet kartographisch darzustellen, so dass der Kunde über einfache Suchfunktionen die nächstgelegene Niederlassung/Filiale findet.[241]

1. Phase	Anfang der 60er Jahre wurde der Computer vermehrt dazu genutzt, Aufgaben zu bearbeiten, die vorher manuell erstellt wurden. Die Analysefähigkeiten bzw. -möglichkeiten zu dieser Zeit können als begrenzt angesehen werden, weshalb sie überwiegend auch mittels handgezeichneter Karten hätten durchgeführt werden können. STEINITZ charakterisiert diese Zeit folgendermaßen: "Spatial and statistical analysis were difficult; Professional acceptance was low and public cynicism was high."
2. Phase	Aufgrund der Möglichkeit der Durchführung komplexerer und anspruchsvollerer GIS-Analysen, stieg Ende der 60er Jahre die Annerkennung von GIS in der Öffentlichkeit.
3. Phase	Ab Mitte der 70er Jahre kam es zu einer Intensivierung der interdisziplinären Zusammenarbeit. Zusätzlich konzentrierten sich die Forschungsbemühungen und Analysen zunehmend auf die öffentlichen und privaten Belange.
4. Phase	Kennzeichnend für das Ende der 70er Jahre war die Einführung kleinerer, dezentraler und günstigerer Rechner gepaart mit einer benutzerfreundlichen Software, die ebenfalls für komplexe analytische Untersuchungen geeignet war.
5. Phase	Die nach STEINITZ letzte Phase, welche seit Mitte der 80er Jahre zu beobachten ist, lässt sich durch zwei Entwicklungen charakterisieren: Zum einen ist eine Konzentration auf die Grundlagenforschung im GIS-Bereich festzustellen, die darauf abzielt Software noch lernfähiger und benutzerorientierter zu gestalten. Ferner führt die enorme Entwicklung der Hardware-Komponenten dazu, dass immer aufwendigere und komplexere Untersuchungen durchgeführt werden können.
6. Phase	Seit Ende der 90er Jahre hat das Internet die Art und Weise der Informationssuche, des Austausches von Information und die Wege und Formen der Kommunikation verändert. Vielfältige interaktive Web-Anwendungen, die eine echte dynamische Interaktion des Nutzers mit dem System erlauben, haben statische Informationsangebote abgelöst, wobei insbesondere die Interaktivität und die erweiterten Funktionalitäten hervorzuheben sind.

Tabelle 4: Die technische Entwicklungsgeschichte von GIS[242]

2.4.3 Methodik und Funktionsweise von GIS

„Die einzelnen Methoden sind zwar schon älter und teilweise wurden sie außerhalb des Marketingbereichs entwickelt, aber die Idee der räumlichen Marktbearbeitung mit einem GIS – das Karten, Daten und Methoden zusammenführt – stellt eine echte Innovation dar.“[243]

Ein GIS benötigt für seine vollständige Funktionsfähigkeit verschiedene Methoden, die sich einerseits mit der Erfassung und Verwaltung von Daten, andererseits mit der Analyse und Präsentation der Informationen beschäftigen. Die hierfür erforderlichen

---

240 Vgl. Mennecke, B.E.: Understanding the Role of Geographic Information Technologies in Business: Applications and Reserach Directions, in: Journal of Geographic Information and Decision Analysis, Vol. 1, Nr. 1, S. 44-68.

241 Vgl. Schüssler, F. (2000), S. 48.

242 Eigene Darstellung in Anlehnung an Steinitz, C. (1993), S. 21 f.

243 Frühling, J./ Steingrube, W. (1995), S. 196.

Grundlagen stammen sowohl aus der Mathematik (z.B. numerische Geometrie, Graphentheorie, digitale Bildverarbeitung) und der Informatik (z.B. Methoden zur Datenstrukturierung und -verwaltung) als auch aus dem Vermessungswesen, der Bodenkunde und der Kartographie.[244]

GIS-Methoden werden dazu gebraucht, Geodaten so zu nutzen, dass GIS und Geomarketing zu anwendungsorientierten Instrumenten der strategischen Unternehmensführung bzw. Entscheidungsunterstützung werden.[245] Durch die gezielte Anwendung von GIS-Methoden auf Basis der existierenden Daten können in der Praxis häufig neue Perspektiven der Unternehmens- und/oder Kundenbetrachtung entdeckt werden. Dies verdeutlicht den Stellenwert von Geomarketing als einen der potenzialträchtigsten Anwendungsbereiche für raumbezogene Analysemethoden.[246]

GIS bilden eine notwendige Grundlage für das Geomarketing, da insbesondere bei diesen Analysen die Verarbeitung von großen Datenmengen im Vordergrund steht.[247] In der Regel ist es notwendig, die teilweise unterschiedlichen Daten aneinander anzupassen, d.h. sie zu transformieren, um sie anschließend nach räumlichen Mustern analysieren zu können.[248] Hierfür ist nach Meinung von OPENSHAW der Einsatz von fortgeschrittenen Methoden oft nicht erforderlich, da sich häufig schon mit den einfachsten Mitteln wichtige Erkenntnisse gewinnen lassen:

„Seemingly, few organisations have as yet made much money out of applying sophisticated rather than simple spatial analysis technology in a marketing context."[249]

In den folgenden Abschnitten dieses Kapitels werden die für das Geomarketing relevanten Methoden dargestellt und kurz erläutert, wobei zu betonen ist, dass dies lediglich ein Querschnitt sein kann und keinen Anspruch auf Vollständigkeit erhebt:[250]

- *Generalisierung:* Die Generalisierung von Geometrie- und Attributdaten kann als elementarer Schritt in Richtung der graphischen Abbildung von Daten be-

---

244 Vgl. Grünreich, D.: Geo-Informationssysteme – Grundlagen und Realisierungsstand, in: Grünreich, D./ Buziek, G. (Red.): Gewinnung von Basisdaten für Geo-Informationssysteme, Schriftenreihe des DVW, Stuttgart 1992, S. 7 f.

245 Vgl. Openshaw, S.: Marketing and spatial analysis: a review of prospects and technologies relevant to marketing, in: Longley, P./ Clarke, G. (Hrsg.): GIS for business and service planning, Cambridge 1995, S. 159.

246 Vgl. Schüssler, F. (2000), S. 49.

247 Vgl. Maguire, D.J.: Implementing spatial analysis and GIS applications for business and service planning, in: Longley, P./ Clarke, G. (Hrsg.): GIS for business and service planning, Cambridge 1995, S. 173.

248 Vgl. hierzu Kap 2.3.3.

249 Openshaw, S. (1995), S. 150.

250 Vgl. hierzu sowie für die folgenden Punkte ausführlich: Schüssler, F. (2000), S. 49 f.

zeichnet werden. Die grundlegende Zielsetzung ist hierbei, *„jene Inhalte, die für die Vermittlung eines bestimmten Themas selektiert wurden, so zu akzentuieren, dass diese Vermittlung möglichst wirkungsvoll und störungsfrei wird"*.[251] Aus diesem Grund steht die Interpretierbarkeit der Informationen, die aus den Daten gewonnen werden, im Vordergrund, wobei ein bewusstes Herabsetzen des Informationsgehaltes durchaus gebilligt wird. Nach BARTELME stehen grundsätzlich vier Generalisierungsverfahren zur Auswahl: Die Vereinfachung (Generalisierung im engeren Sinne), die Zusammenfassung (Aggregation), die Auswahl (Selektion) sowie die zusätzliche Betonung und Verdrängung.[252]

- *Abfragen:* Mit Hilfe von Abfragen ist der Benutzer in der Lage, aus den vorhandenen Daten anhand von selbst festgelegten Kriterien genau diejenigen herauszufiltern, die für ihn relevant sind. Hierbei kann grundsätzlich zwischen raumbezogenen und attributbezogenen Abfragen oder aber einer Kombination aus beiden unterschieden werden. Erstere beziehen sich ausschließlich auf geometrische Objekte eines GIS, wobei sich sämtliche Funktionen aus der Nähe von mindestens zwei Objekten ableiten lassen. Im Rahmen der attributbezogenen Abfragen können durch die Eingabe von Kriterien gezielt einzelne Daten herausgefiltert werden. Durch die Kombination beider Abfragen können die Ergebnisse erheblich stärker präzisiert werden.

- *Analyse:* Wesentliches Unterscheidungsmerkmal von Analysen im Vergleich zu Abfragen ist die Tatsache, dass Letztere lediglich Daten auswerten, jedoch keinesfalls neue Daten generieren. Unter einer Analyse kann hingegen jede Operation verstanden werden, bei der aus bereits existierenden Daten Informationen generiert werden, die zu Beginn der Operation nicht vorhanden waren. Aus diesem Grund kann die Analysefähigkeit auch als Grundvoraussetzung für ein GIS gesehen werden. Hinsichtlich der Art der Analyse kann zwischen einer Analyse anhand von Geometriedaten und einer Analyse anhand von Attributdaten unterschieden werden. Die Analyse von Geometriedaten bezieht sich direkt auf die räumliche Zuordnung der gesammelten

---

251 Bartelme, N. (1995), S. 383.

252 Für eine ausführliche Beschreibung der vier Generealisierungsverfahren vgl. Bartelme, N. (1995), S. 384.

Daten und beinhaltet neben selbiger ebenfalls so genannte Nachbarschaftsanalysen, Netzwerke, Verschneidungen, Pufferzonen und Korridore sowie Interpolationen.[253]

- *Visualisierung:* Die Visualisierung stellt einen der wichtigsten Bestandteile von GIS, aber insbesondere auch von Geomarketing, dar.[254] Denn nur durch die Darstellung sämtlicher geographischer Aspekte auf Karten können alle Informationen sowie Analyseergebnisse mit einem Blick erfasst und gewinnbringend umgesetzt werden.[255] In diesem Zusammenhang lässt sich festhalten, dass die Visualisierung von Geometriedaten in GIS zu weiten Teilen mit dem Begriff und den Inhalten der digitalen Kartographie übereinstimmt. Nach HAKE kann zwischen sechs kartographischen Gestaltungsmitteln bzw. Darstellungsformen unterschieden werden, welche Einfluss auf die Umwandlung von raumbezogenen Daten zu Informationen nehmen können: Größe (z.B. von Punkten oder die Breite von Linien), Dichte (z.B. Graustufen), Farbe (wird als effektivstes, aber auch am häufigsten falsch eingesetztes Gestaltungsmittel bezeichnet),[256] Form (z.B. Symbole), Muster (alternativ zur farblichen Unterscheidung) oder Ausrichtung.[257]

- *Fuzzy Logic:* Obwohl sich viele Aussagen durch ein hohes Maß an Ungewissheit und Unschärfe (engl. *„fuzziness“*) auszeichnen, basierte noch in der jüngeren Vergangenheit die Mehrzahl der GIS auf so genannten *„Wahr“*- oder *„Falsch“*-Aussagen und ließ keine Unschärfe zu.[258] Dieses *„Zwei-Werte-Logik“*-Prinzip macht die Betrachtung von Überlappungen, Klassen und Gruppen unmöglich, da eine partielle Zugehörigkeit zu einer Klasse nicht

---

253 Im Rahmen der Analyse der Attributdaten können einzelne Merkmale charakterisiert und miteinander verglichen werden. Je nach Abhängigkeit der Anzahl der betrachteten Variablen unterscheidet man hier zwischen univariaten, bivariaten und multivariaten mathematisch-statistischen Methoden.Für eine ausführliche Erläuterung der Analysen von Geometriedaten und der von Attributdaten vgl. Schüssler, F. (2000), S. 56 f.

254 Vgl. Buttenfield, B.P./ Mackaness, W.A.: Visualization, in: Maguire, D.J./ Goodchild, M.F./ Rhind, D.W. (Hrsg.): Geographical Information Systems – Principles and Applications, Bd. 1, New York 1991, S. 427-443.

255 Vgl. Kreutzwald, L.: Mit Gebietsanalyse zum Erfolg in Außendienst und Franchising, in: GeoBIT, 1. Jg., Nr. 4, 1996, S. 18-20.

256 Vgl. Bernhardsen, T. (1992), S. 215 f.

257 Hake, G.: Kartographie I – Allgemeines, Erfassung der Informationen, Netzentwürfe, Gestaltungsmerkmale, topographische Karten, Berlin 1982, S. 210 f.

258 Vgl. Openshaw, S. (1995), S. 161.

vorgesehen ist.[259] Wird jedoch eine solche Unschärfe, d.h. „Nichteindeutigkeit", zugelassen, so spricht man von einer Fuzzy Logic. Stellt das GIS solch eine Unschärfe fest, fragt es den Benutzer nach der richtigen Zuordnung oder akzeptiert die *„unscharfe"* Eingabe. Auf Basis dieses interaktiven Vorgehens kalibriert sich das System durch das Herausfinden des „optimalen Unschärfegrades" für jede Geomarketing-Aktion selbst.[260] Folglich ist es also möglich, mit naturgemäß auftretenden Inkonsequenzen und Widersprüchen (engl. *„flaws"*) zu arbeiten und diese in die Analyse bewusst miteinzubeziehen.

- *Expertensysteme:* Expertensysteme zeichnen sich dadurch aus, dass sie in der Lage sind in bestimmten Bereichen das menschliche Denken zur zielgerichteten Lösung von Problemen zu imitieren.[261] Die Basis für diese Funktionsfähigkeit legen einerseits elementare Fakten (Daten) und andererseits gewisse Regeln (*„rule tables"*), die vorab durch *„Meta-Regeln"* miteinander in Beziehung gesetzt werden.[262] Bei der Bearbeitung einer Aufgabe versucht das System diese anhand der vorgegebenen Meta-Regeln in kleinere Teilaufgaben zu zerlegen. Diese Zerlegung wird vom System so lange durchgeführt, bis es die Aufgaben mit *„wahr"* oder *„falsch"* beantworten oder auf mathematische Weise lösen kann. Dieser Vorgang kann wie beschrieben deduktiv oder umgekehrt, d.h. von den Teilaufgaben ausgehend nach oben, erfolgen.[263]

---

259 Bei der Betrachtung der Größe von Menschen können wir beispielsweise postulieren, dass Menschen über 1,90 m groß und unter 1,60 m klein sind. Welcher Klasse ist jedoch ein Mensch zuzuordnen, der 1,85 m groß ist? Im sprachlichen Gebrauch behelfen wir uns hier mit der Ausweisung neuer Klassen, welche sukzessive so lange durchgeführt wird, bis das Einteilungsprinzip zufrieden stellende Ergebnisse liefert. Der Begriff „fuzzy" beschreibt in diesem Zusammenhang die Unschärfe von Klassengrenzen und erlaubt eine Teilzugehörigkeit von Objekten zu verschiedenen Klassen. Vgl. hierzu ausführlich Kappas, M. (2001), S. 215 f.

260 Vgl. Openshaw, S. (1995), S. 161.

261 Vgl. Cresswell, P.: Customised and proprietary GIS: past, present and future, in: Longley, P./ Clarke, G. (Hrsg.): GIS for business and service planning, Cambridge 1995, S. 222.

262 Vgl. Bartelme, N. (1995), S. 176 f.

263 Vgl. ebenda (1995), S. 179.

Die folgende Abbildung fasst die Funktionsweise eines GIS beispielhaft zusammen:

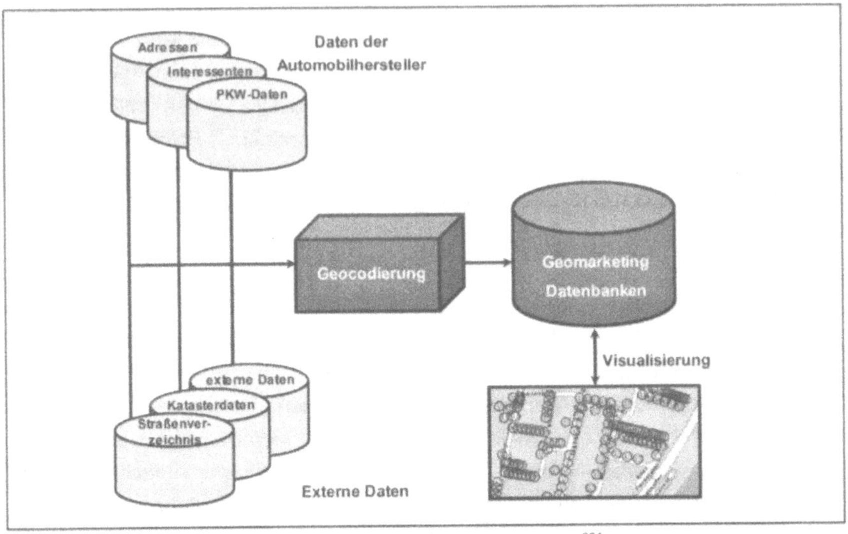

Abbildung 10: Beispielhafte Darstellung der Funktionsweise eines GIS[264]

2.4.4 *Kritikpunkte*

GIS werden sowohl in der wissenschaftlichen Forschung als auch in der praktischen Anwendung an verschiedenen Stellen kritisiert. Obwohl einzelne Kritikpunkte aus Unkenntnis oder gar prinzipieller Ablehnung gegenüber neuen Technologien resultieren, existiert dennoch eine fundierte und sachbezogene Problematisierung einzelner Aspekte der GIS. Auf diese Aspekte soll im folgenden Abschnitt kurz eingegangen werden.[265]

Der erste und in der Praxis sehr häufig vorgetragene Kritikpunkt adressiert das Kosten- und Nutzenverhältnis von GIS. Oft wird in diesem Zusammenhang reklamiert, dass sich der Einsatz von teuren high-end GIS auf Workstations im Verhältnis zu Desktop-GIS auf PCs nicht lohnt, da diese die gleichen oder zumindest ähnliche Aufgaben erfüllen können. Dieser Vorwurf ist jedoch insofern zu entkräften, als dass es Aufgabe des Anwenders ist, sich über die aktuell (unter Umständen auch zukünftig) benötigten Funktionen zu informieren und das entsprechende GIS anhand dieser Kriterien auszuwählen. Mit Hilfe dieser Vorgehensweise kann in den meisten Fällen

---

264 Eigene Darstellung.
265 Vgl. hier sowie auch im Folgenden: Schüssler, F. (2000), S. 81 f.

sichergestellt werden, dass sich die Anfangsinvestitionen schon nach kurzer Zeit amortisieren. In diesem Zusammenhang wird ebenfalls die aggressive Werbung für GIS-Anwendungen kritisiert, bei der die Schwächen der einzelnen Systeme nicht ordnungsgemäß aufgedeckt werden. Zusätzlich werfen unerfahrene Endanwender den GIS-Entwicklern vor, dass ihnen Systeme verkauft werden, die für die angestrebten Aufgaben zu teuer, zu komplex oder zu wenig geeignet sind. Die Ursache für diese Kritikpunkte ist jedoch wie eingangs beschrieben darin zu sehen, dass aus Sicht des Anwenders die Grundlagen der Anwendung und Bedienung im Vorfeld nur unzureichend bearbeitet wurden und aus diesem Grund die eigenen Unzulänglichkeiten gerne auf das eingesetzte Programm übertragen werden. AANGEENBRUG verdeutlich diesen Vorwurf folgendermaßen:

„Vendors and researchers must also avoid the use of jargon and avoid hype if GIS are to be taken up and applied succesfully.“[266]

Ein ernstzunehmender Kritikpunkt umfasst die Aussage, dass GIS nicht in erwartetem Maße dazu beigetragen haben, substantiell vorhandene Probleme, insbesondere in den Bereichen der Wirtschafts- und Sozialgeographie, adäquat zu lösen.[267] Hiermit konform geht ebenfalls die Auffassung, dass sich die in GIS enthaltenen Methoden zur Raumanalyse bei weitem langsamer entwickelt haben, als dies beim allgemeinen Fortschritt im IT-Bereich, vor allem der Hard- und Software, der Fall gewesen ist. Bezogen auf diesen Kritikpunkt ist anzumerken, dass die Führungspersonen eines Unternehmens in der Regel nicht im Kontakt mit der Technologie stehen und deshalb deren Anwendungsproblematik nicht kennen. Dies führt häufig dazu, dass Ansprüche an den Einsatz von GIS gestellt werden, die kaum zu erfüllen sind.

Ein weiterer Vorwurf richtet sich an die Methodik. Hier wird kritisiert, dass den Ergebnissen von GIS-Analysen, z.B. in Form einer Karte, ein hohes Maß an Glaubwürdigkeit entgegengebracht wird, obwohl die angewandten Methoden, welche das Ergebnis maßgeblich beeinflussen, nicht in ausreichender Art und Weise erläutert bzw. dargestellt werden. Diesem Kritikpunkt kann nur insofern Genüge getan werden, als dass sämtliche Schritte auf dem Weg zur Modellbildung detailliert wiedergegeben werden. Eine geeignete Form der Darstellung ist in diesem Fall z.B. das Flussdiagramm, welches die einzelnen Schritte zur Modellbildung leicht verständlich und

---

[266] Aangeenbrug, R.T.: A critique of GIS, in: Maguire, D.J./ Goodchild, M.F./ Rhind, D.W. (Hrsg.): Geographical Information Systems – Principles and Applications, Band 1, New York 1991, S. 106.

[267] Vgl. Schüssler, F. (2000), S. 81; sowie auch Aangeenbrug, R.T. (1991), S. 103.

nachvollziehbar abbildet.[268] Ferner kann entgegnet werden, dass jeder Versuch, sozioökonomische Daten in einem GIS darzustellen, von einer impliziten oder expliziten Modellbildung begleitet bzw. gar hervorgerufen wird.[269] Die dabei entstehenden Folgen, insbesondere die der Abstraktion der Wirklichkeit, müssen den beteiligten Personen bewusst sein. Bei der Nutzung von GIS bleibt stets zu berücksichtigen, dass die Realität nicht 1:1 abgebildet werden kann und zudem der Computer letztendlich nur die Befehle ausführt, die der Anwender eingegeben hat. Folglich hängt der Erfolg oder Misserfolg eines GIS einerseits von der sachgemäßen Wahl der Software und des Modells, andererseits aber auch in hohem Maße von den korrekten Überlegungen, Entscheidungen und Aktionen der Benutzer, welche sich nicht allein auf die Logik des Systems verlassen dürfen, ab.

Abschließend kann in Bezug auf die genannten Kritikpunkte gesagt werden, dass sich die Anwendungsgebiete der GIS und damit auch die Ansprüche an deren Anwender in den letzten Jahrzehnten stark verändert haben. Während in den 80er Jahren die Nutzung eines GIS eine eher technische Aufgabe war, so lässt sich doch heute festhalten, dass der Erfolg des GIS-Einsatzes stark vom organisatorischen Sachverstand und der *„Informationskultur"* der beteiligten Personen und Institutionen abhängt.[270] Die konkreten Anwendungsbereiche von Geomarketing und damit verbunden auch von GIS sind Bestandteil des folgenden Kapitels und werden dort ausführlich dargestellt.

---

268 Vgl. Albrecht, J.: Universal GIS-Operations – A Task-Oriented Systematization of Data Structure-Independent GIS Functionality Leading Towards a Geographic Modeling Language, in: Mitteilungen des Instituts für Strukturforschung und Planung in agrarischen Intensivgebieten, Heft 23, Vechta 1996, S. 43 und S. 76.

269 Vgl. Martin, D.: Censuses and the modelling of population in GIS, in: Longley, P./ Clarke, G. (Hrsg.): GIS for business and service planning, Cambridge 1995, S. 59.

270 Vgl. Cresswell, P. (1995), S. 225.

3. Anwendungsbereiche von Geomarketing in der Automobilindustrie

Aufbauend auf der inhaltlichen Bestimmung der theoretischen Grundlagen des Geomarketing erfolgt im Rahmen dieses Kapitels eine umfassende Beschreibung und Erläuterung der konkreten Anwendungsbereiche von Geomarketing aus Sicht der deutschen Automobilhersteller. Diese dient einerseits der Ergänzung der bisherigen theoretischen Ausführungen zu diesem Themengebiet und stellt andererseits die Grundlage für die im Rahmen der explorativen Expertenbefragung analysierten Anwendungsbereiche dar. Auf Basis der Literatur konnten vier Anwendungsbereiche identifiziert werden, welche im Folgenden vorgestellt werden.

3.1 Zielgruppenanalyse auf Basis von geographischen Merkmalen

Die deutschen Automobilhersteller agieren mit ihren Produkten auf einem sehr weitläufigen Markt, welcher sich durch eine Vielzahl an Produktvarianten und Kundensegmente auszeichnet. Aus diesem Grund ist es nahezu nicht möglich, alle potenziellen Kunden dieses Marktes gleichermaßen bedienen zu können, da diese zum einen zu zahlreich sind und zum anderen zu unterschiedliche Kaufinteressen aufweisen.[271] Deshalb streben Automobilhersteller wie auch jedes andere Unternehmen danach, die für sie attraktivsten Marktsegmente zu ermitteln und diese erfolgreich zu bearbeiten.

Wie bereits eingangs im Rahmen der Mikrogeographischen Marktsegmentierung erwähnt, ist es das Ziel von Segmentierungsstrategien, den Gesamtmarkt in Gruppen von Konsumenten mit möglichst gleichen oder ähnlichen Bedürfnissen aufzuteilen (Nachbarschaftsprinzip).[272] Hierbei wird der ungleichmäßigen Verteilung von Bevölkerungsgruppen innerhalb einer Region Rechnung getragen, wobei die Verbindung von sozioökonomischen und demographischen Daten eine relativ einfache und gleichzeitig effektive Möglichkeit zur Zielgruppenanalyse darstellt.[273]

In den folgenden Abschnitten soll anhand einiger Beispiele darauf eingegangen werden, wie interne und externe Marketinginformationen mit Hilfe von Geomarketing bezüglich einer Analyse von Absatzmärkten aufbereitet werden können, wobei stets die Beschreibung der Nachfrager sowie des Nachfrageverhaltens im Vordergrund steht. Obwohl die einzelnen Analysen logisch aufeinander aufbauen, können sie prinzipiell

---

271 Vgl. Graul, C. (2000), S. 13.
272 Vgl. Nitsche, M. (1997), S. 358.
273 Vgl. Schüssler, F. (2000), S. 133.

auch unabhängig voneinander durchgeführt werden. Es sei jedoch darauf hingewiesen, dass jede einzelne Analyse an Aussagekraft gewinnt, wenn die erzielten Ergebnisse in den jeweiligen Untersuchungen im Gesamtzusammenhang betrachtet werden.[274] Die nachfolgende Graphik dient zur Verdeutlichung dieses Zusammenhangs:

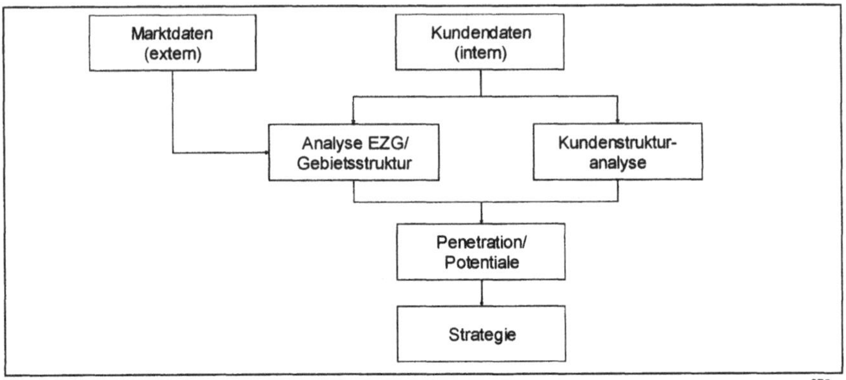

Abbildung 11: Methodische Vorgehensweise einer Zielgruppenanalyse mit Hilfe von Geomarketing[275]

3.1.1 Analyse des Einzugsgebietes

Im Rahmen der Analyse des Einzugsgebietes ist es für das jeweilige Unternehmen von großem Vorteil, bereits über interne Kundendaten zu verfügen. Zwar ist eine Ermittlung des Einzugsgebietes auch ohne diese Daten möglich, jedoch muss in einem solchen Fall auf die Ermittlung mit Hilfe von Pufferzonen, Fahrdistanzen und Fahrzeiten ausgewichen werden. Durch das Vorhandensein von internen Kundendaten sind die deutschen Automobilhersteller in der Lage, die aktuelle Ist-Situation sehr gut darstellen zu können, was eine effektive Analyse des Einzugsgebietes erheblich vereinfacht.[276]

Zur Bestimmung des Einzugsgebietes muss das Unternehmen lediglich die geocodierten (z.B. auf Basis der fünfstelligen Postleitzahlengebiete) Kundendatensätze auf einer thematischen Karte darstellen, um einen Überblick darüber zu bekommen, aus welchen Regionen die Kunden im betrachteten Zeitraum stammen. Hierbei besteht ebenfalls die Möglichkeit, weitere Kriterien (z.B. Alter, Umsatz pro Kunde, Kunden pro 1.000 Einwohner etc.) für die kartographische Darstellung in die Untersuchung miteinfließen zu lassen. Neben der Analyse des Einzugsgebietes von bereits existie-

---

274 Vgl. Sandberg, B. (1995), S. 46.
275 Eigene Darstellung in Anlehnung an Schüssler, F. (2000), S. 135.
276 Vgl. Schüssler, F. (2000), S. 138.

renden Kunden ist für ein Unternehmen von nicht minderer Relevanz, wie das Einzugsgebiet so genannter *„akquisitionsgeeigneter Nichtkunden“* aussieht.[277] Hierbei wird analog zur mikrogeographischen Marktsegmentierung die Bevölkerung der betrachteten Region in einzelne Segmente gegliedert, wobei sich diese intern durch ein hohes Maß an Homogenität auszeichnen, nach außen hin aber sehr heterogen im Vergleich zu den anderen Segmenten sind.[278]

Auf Grundlage der internen und externen Daten, die dem Unternehmen zur Verfügung stehen, lässt sich feststellen, dass mit zunehmender Dauer des Segmentierungsprozesses sowohl die Menge als auch die Qualität der internen Daten zunimmt. Dies hat zur Folge, dass immer weniger externe Daten benötigt werden, auch wenn unter Umständen zu Beginn lediglich externe Daten vorhanden waren, da zu diesem Zeitpunkt noch keine Kunden existierten.[279] Es zeigt sich, dass der Aufbau und die permanente Pflege einer Kundendatenbank eine wichtige Entscheidungsgrundlage für ein Unternehmen darstellt, wobei ebenfalls berücksichtigt werden muss, dass für eine Erweiterung der Einzugsgebietsanalyse, z.B. auf Basis anderer Kriterien, in der Regel wieder neue externe Daten benötigt werden.

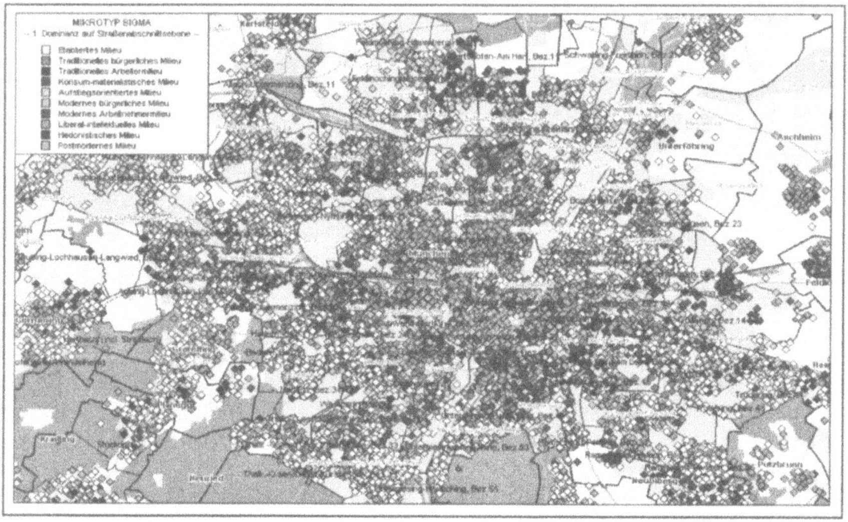

Abbildung 12: Analyse der Einzugsgebietes mit Hilfe von Geomarketing[280]

[277] Vgl. Hübner, W.: Zielgruppen-Marketing mit GIS, in: INSTITUTE FOR INTERNATIONAL RESEARCH (Hrsg.): Unveröffentlichte Tagungsunterlagen zur Konferenz *„Geomarketing“*, Frankfurt a.M. 1996, S. 3.

[278] Vgl. Schüssler, F. (2000), S. 141.

[279] Vgl. ebenda, S. 143.

[280] Müller, J. (2005), S. 25.

3.1.2 Kundenstrukturanalyse

Analysen der Kundenstruktur verfolgen grundsätzlich das Ziel, die Eigenschaften, die Bedürfnisstruktur und das Kaufverhalten der aktuellen Kunden eines Unternehmens zu erläutern und diese dann anschließend anhand ihrer Merkmale zu einzelnen Kundengruppen zusammenzufassen.[281] Mit Hilfe von Geomarketing kann das Nachfrageverhalten hinsichtlich eines Leistungsangebotes anhand von Wohngebietstypen erklärt werden, indem analysiert wird, wie sich die aktuellen Nachfrager auf die einzelnen Wohngebietstypen verteilen. Anhand dieser Häufigkeitsverteilung wird dann auf soziodemographische und psychographische Merkmale der Bewohner rückgeschlossen und abschließend ein Kundenprofil erstellt.[282] Neben einer rein zeitpunktbezogenen Analyse können auch Strukturveränderungen von Zielgruppenprofilen ermittelt und prognostiziert werden, womit sich direkte Anknüpfungspunkte für die Marketingplanung und -kontrolle ergeben.[283] Die nachfolgende Graphik veranschaulicht, welche Daten eine Kundenstrukturanalyse (in diesem Fall auf Individualbasis) beinhalten kann:

Abbildung 13: Kundenstrukturanalyse am Beispiel von Profildaten[284]

[281] Vgl. Franzen, O.: Kundenstrukturanalyse als Instrument zur Informationsgewinnung für Managemententscheidungen im Bereich des Direktmarketing, Göttingen 1990, S. 39 f.

[282] Vgl. Hölzel, R.-D./ Seibert, C. (1987), S. 53 f.; vgl. auch Munier Lee, P.: The Micro-Marketing Revolution, in: Small Business Reports, Vol. 15, Nr. 2, 1990, S. 73 f.

[283] Vgl. Martin, M. (1992), S. 285 f.

[284] Müller, J. (2005), S. 9.

Im Idealfall basiert eine Kundenstrukturanalyse auf den internen Kundendaten des jeweiligen Unternehmens. Die internen Daten können mit den Informationen aus einer mikrogeographischen Datenbank abgeglichen und über die Adressbestandteile Ort, Straße und Hausnummer den einzelnen Marktzellen zugeordnet werden. Diese können dann wiederum zu Wohngebietstypen aggregiert werden, um einen Aufschluss über die Häufigkeit der Kunden in den jeweiligen Wohngebietstypen und den prozentualen Anteil an der Gesamtkundenzahl des Unternehmens zu erlangen.[285] Verfügt das Unternehmen nicht über interne Kundendaten, so müssen diese Daten von einem externen Anbieter bezogen werden. Hierbei gilt es darauf zu achten, dass die gekauften Daten eine möglichst große Übereinstimmung mit der Zielgruppe des Unternehmens aufweisen, wobei das eigentliche Analyseverfahren analog zu selbiger mit internen Daten durchgeführt wird.[286]

In Abhängigkeit vom Informationsbedarf eines Unternehmens kann die Kundenstrukturanalyse sowohl den Gesamtmarkt umfassen als auch auf einzelne regionale Teilmärkte beschränkt werden. Bei Analysen, die sich auf einzelne Teilmärkte bzw. Regionen beziehen, können die strukturellen Unterschiede einzelner Märkte aufgezeigt werden, indem die Gebietsprofile untereinander oder mit dem Profil des Gesamtmarkts verglichen werden. Der Grad der Abweichung vom Gesamtmarkt kann dabei durch folgenden Index dargestellt werden:[287]

$$\text{Strukturvergleichsindex} = \frac{\text{Segmentspezifischer Anteil der Haushalte in \%}}{\text{Segmentspezifischer Anteil der Haushalte im Gesamtmarkt in \%}} \times 100$$

Im Allgemeinen verfügen die deutschen Automobilhersteller über eine Vielzahl an internen Daten, welche zur Durchführung einer Kundenstrukturanalyse geeignet scheinen. Allerdings hat sich in der Vergangenheit gezeigt, dass das vorhandene Datenmaterial nicht ausreicht, um eine fundierte Kundenstrukturanalyse durchführen zu können. Erst durch die Kombination des internen Datenmaterials mit soziodemographischen und psychographischen Daten, welche in der Regel von externen Datenanbietern hinzugekauft werden, wird eine umfangreiche und aussagekräftige Analyse des aktuellen Kundenstamms ermöglicht. Diese Analysen können in einem wei-

285 Vgl. Hölzel, R.-D./ Seibert, C. (1987), S. 64; sowie auch Schüring, H.: Database Marketing – Einsatz von Datenbanken für Direktmarketing, Verkauf und Werbung, Landsberg/Lech 1991, S. 442.

286 Vgl. Sandberg, B. (1995), S. 47.

287 Vgl. Hölzel, R.-D./ Seibert, C. (1987), S. 54 f. Ein Index von 200 sagt beispielsweise aus, dass der regionale Anteil der Haushalte eines Wohngebietstyps doppelt so hoch ist wie im Gesamtmarkt für den ein Vergleichswert von 100 angesetzt wird.

terführenden Schritt auf einzelne Fahrzeugmodelle beschränkt werden, so dass die Zusammensetzung der Kundenstruktur bezogen auf ein bestimmtes Modell detailliert analysiert werden kann.[288] Für die Darstellung und Spezifizierung der Kundenstrukturen wird dabei auf die so genannten Sigma-Mileus[289] zurückgegriffen.

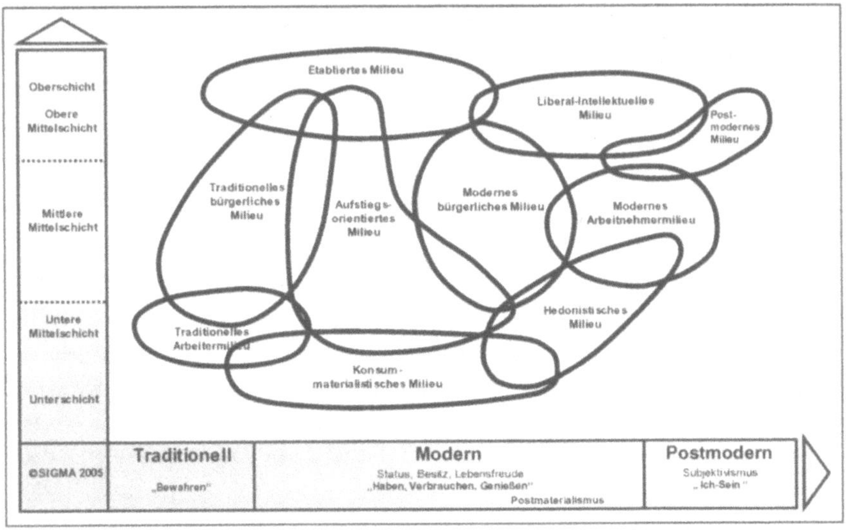

Abbildung 14: Darstellung der Sigma-Mileus in Deutschland[290]

3.1.3 Penetrationsanalyse

Liegen die Ergebnisse der Kundenstruktur- sowie der Einzugsgebietsanalyse vor, so können durch die Kombination beider aussagekräftige Angaben zur Penetration und Marktdurchdringung der betrachteten Region gemacht werden.[291] Demnach können Penetrationsanalysen als Analysen bezeichnet werden, bei denen die Marktdurchdringung mit einem direkten Raumbezug ausgewertet wird, wobei in jedem Fall un-

288 Dies ist aus Sicht der deutschen Automobilhersteller insbesondere bei einem Modellwechsel bzw. bei der Einführung eines neuen Modells von besonderer Bedeutung.

289 Der 1980 von der Firma Sigma entwickelte Forschungsansatz der „Sozialen Milieus" systematisiert die lebensweltliche Vielfalt. Hierbei beschreiben Milieus die Menschen in ihren charakteristischen Einstellungen und Lebensorientierungen und fassen diese zu sozialen Gruppen zusammen, deren Wertorientierung, Lebensziele, Lebensweisen – und damit auch zentrale Konsummuster – ausreichend ähnlich sind.

290 Eigene Darstellung in Anlehnung an Müller, J. (2005), S. 20.

291 Vgl. Hölzel, R.-D./ Seibert, C. (1987), S. 144.

ternehmenseigene Daten mit einem geographischen Bezug zur Verfügung stehen müssen.[292]

In Verbindung mit Potenzialanalysen liefern Penetrationsanalysen die Grundlage für Entscheidungen hinsichtlich zukünftiger Wachstumsstrategien sowie für die konkrete Ausgestaltung der Marketingaktionsinstrumente.[293] Ziel ist dabei die Bestimmung von produkt- und zielgruppenspezifischen Marktanteilen, welche mit Hilfe einer Gegenüberstellung von absoluten bzw. relativen Kunden- und Einwohnerzahlen ermittelt werden können.[294] Eine Penetrationsanalyse auf Basis von Geomarketing beinhaltet die Ermittlung der Kundenpenetration und Kundendichte in den jeweiligen Wohngebietstypen sowie einen Vergleich der Typen untereinander.[295] Dabei kann die Segmentierung entweder auf die verschiedenen Wohngebietstypen oder auf geographische Regionen ausgerichtet sein, da die notwendigen Merkmalsdaten beiden zugeordnet werden können.[296] Eine Analysevariante ist hierbei die Zahl der Haushalte durch die Zahl der potenziellen Kunden zu ersetzen, analog der Berechnung des Absatzpotenzials, und so die Penetration zu ermitteln. Hinsichtlich der taktischen Marktbearbeitungsüberlegungen sind jene Märkte oder Segmente zu priorisieren, bei denen die Penetration am geringsten ist, da hier im Umkehrschluss das höchste unausgeschöpfte Potenzial vorhanden ist.[297]

NITSCHE unterteilt in diesem Zusammenhang die Ermittlung der Penetration in drei Stufen.[298] Die erste Stufe stellt dabei die Zahl der Kunden in der betrachteten Teilregion des Einzugsgebietes der absoluten Zahl der Privathaushalte gegenüber:

1. Stufe: Penetration = Kunden/Privathaushalte x 100

Die zweite Stufe der Penetration betrachtet nicht die Anzahl der Privathaushalte im Gesamtmarkt, sondern konzentriert sich lediglich auf die Zahl der Haushalte, die in dem jeweiligen Einzugsgebiet auch als Zielgruppe definierten wurden:

2. Stufe: Penetration = Kunden/Privathaushalte in der Zielgruppe x 100

---

292 Vgl. Graul, C. (2000), S. 18.
293 Vgl. Sandberg, B. (1995), S. 49.
294 Vgl. Hölzel, R.-D./ Seibert, C. (1987), S. 64.
295 Vgl. Schüring, H. (1991), S. 443.
296 Vgl. Meyer, A.: Computergestützte Marktsegmentierung – Das Beispiel der mikrogeographischen Marktsegmentierung, in: Hermanns, A./ Flegel, V. (Hrsg.): Handbuch Electronic Marketing, Funktionen und Anwendungen der Informations- und Kommunikationstechnik im Marketing, München 1992, S. 345.
297 Vgl. Martin, M. (1992), S. 307.
298 Vgl. hier sowie im Folgenden Nitsche, M. (1998), S. 151 f.

Die dritte Stufe bezieht sich nicht mehr auf die gesamte Zielgruppe des betrachteten Einzugsgebietes, sondern konzentriert sich auf diejenigen Privathaushalte, die sowohl in der Zielgruppe sind als auch das jeweilige Produkt bzw. die jeweilige Produktgruppe besitzen:

3. Stufe: *Penetration = Kunden/Privathaushalte mit Produktbesitz x 100*

Bei der dritten Stufe der Penetrationsanalyse gilt es zu beachten, dass diese lediglich bei sehr exakter quantitativer Marktkenntnis sowie einer gleichzeitig konkret abgrenzbaren Produktgruppe bzw. einem Produkt zu einem aussagefähigen Ergebnis kommen kann.[299] NITSCHE weist in diesem Zusammenhang explizit darauf hin, dass es sich erst bei der dritten Stufe um den Marktanteil eines Unternehmens handele und bei der Interpretation von Penetrationsanalysen stets auf die Bezugsbasis geachtet werden sollte: *„Vielfach wird bereits bei der Penetration der ersten oder zweiten Stufe von einem Marktanteil gesprochen, was aber falsch ist, da die Bezugsbasis bei einem Marktanteil die verkauften bzw. verwendeten Produkte sind. Die Penetration der ersten und zweiten Stufe wird daher auch mit Marktausschöpfung und ähnlichen Begriffen belegt.“*[300]

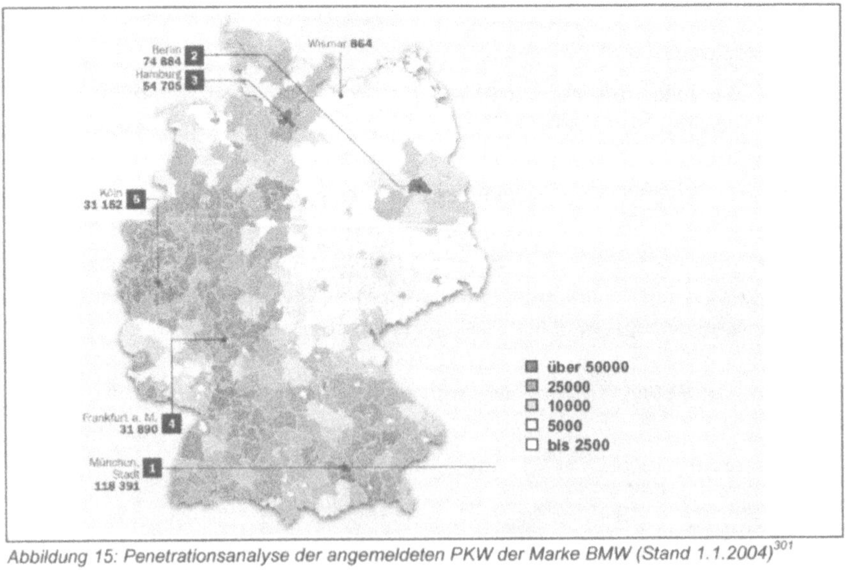

Abbildung 15: Penetrationsanalyse der angemeldeten PKW der Marke BMW (Stand 1.1.2004)[301]

---

[299] Vgl. Schüssler, F. (2000), S. 146.

[300] Nitsche, M. (1998), S. 152.

[301] Müller, J. (2005), S. 47.

3.1.4 Potenzialanalyse

Grundsätzlich bezeichnet das *„Marktpotential (...) die unter Berücksichtigung der Kaufkraft gegebene Aufnahmefähigkeit des Marktes"*,[302] demnach also *„die Absatzmenge eines Produktes oder einer Dienstleistung (...), die vom Markt (...) aufgenommen werden könnte"*.[303] Folglich stellt das Absatzpotenzial die für ein einzelnes Unternehmen realisierbare Absatzmenge dar.[304]

Bei der Anwendung von Geomarketing wird das Markt- bzw. Absatzpotenzial durch eine Analyse der Abnehmergruppen und durch Analogieschluss ermittelt.[305] Basierend auf dem in der Kundenstrukturanalyse erstellten Kundenprofil wird für jeden Wohngebietstyp im untersuchten Markt die Anzahl der potenziellen Abnehmer bestimmt, wobei diese mit dem vorab definierten Zielgruppenprofil übereinstimmen müssen. Hierbei dienen die in der Vergangenheit erzielten Kundenzahlen als Indikator für das Marktpotenzial.[306] Konkret bedeutet das, dass anhand der Kundendichte innerhalb jedes einzelnen Wohngebietstyps und der durchschnittlichen Kundenzahl im Gesamtmarkt so genannte Normkundenzahlen für ein bestimmtes Gebiet bestimmt werden können.[307] Demnach kann das Absatzpotenzial basierend auf diesen Ausführungen auf folgende Art und Weise berechnet werden:

Absatzpotenzial[308] = *Absolute Zahl der Haushalte pro Segment x prozentuale Penetrationsrate der Kunden pro Segment innerhalb eines Vergleichsmarktes (z.B. Bundesgebiet, Region, Durchschnitt aller Außendienstdistrikte)*[309]

Bei diesem Ansatz wird für jedes Teilgebiet ein Erwartungswert (Sollpenetration) an Kunden ermittelt, welcher dann mit den aktuellen Ist-Kundenzahlen abgeglichen werden kann. Anhand dieser Berechnung lassen sich Über- und Unterdeckungen

---

302 Hüttner, M.: Grundzüge der Marktforschung, 4. Aufl., Berlin/New York 1989, S. 282.

303 Green, P.E./ Tull, D.S.: Methoden und Techniken der Marketingforschung, 4. Aufl., Stuttgart 1982, S. 472.

304 Vgl. Hüttner, M. (1989), S. 282.

305 Vgl. Hüttner, M.: Markt- und Absatzprognosen, Stuttgart 1982, S. 43.

306 Vgl. Hanssmann, F./ Ruhland, J.: Geographische Marktsegmentierungen für das DATA-BASE-Marketing, in: ZP, 2. Jg., Heft 1, 1991, S. 5.

307 Vgl. Wilde, K.D. (1986), S. 155 f.; sowie auch Martin, M. (1992), S. 306 f.

308 Das Absatzpotenzial wird allgemein definiert als der Anteil am Marktpotenzial, der für das Unternehmen maximal erreichbar wäre. Vgl. Meffert, H.: Marketing, 7. Aufl., Wiesbaden 1986, S. 216. In diesem Zusammenhang ist es definiert als die Zahl an Kunden, die pro Segment erreichbar sein müssten, wenn man die gleiche Kundenausschöpfung wie innerhalb des Vergleichsmarktes zugrunde legt.

309 Vgl. Martin, M. (1992), S. 307.

feststellen, wobei insbesondere Unterdeckungen das vorhandene Potenzial in dem jeweiligen Teilmarkt deutlich hervorheben.[310]

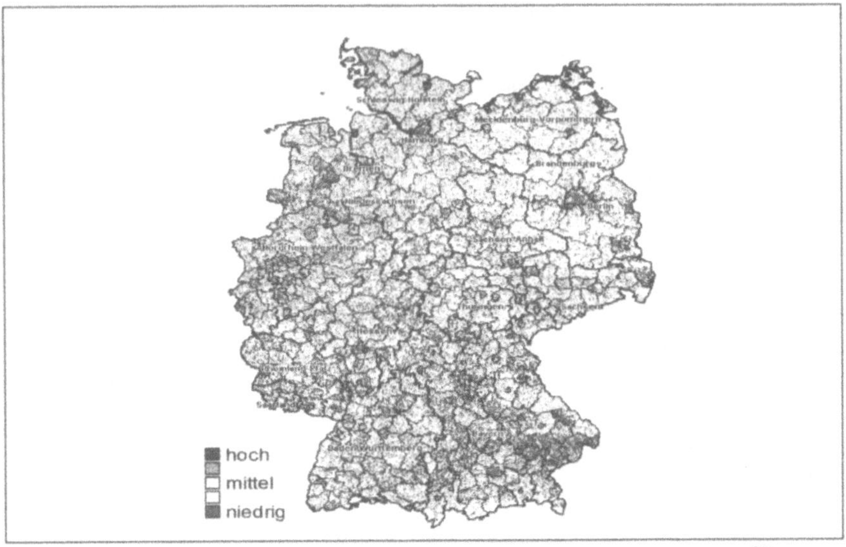

Abbildung 16: Potenzialanalyse am Beispiel der Bundesrepublik Deutschland (40-54 Jahre)[311]

3.2 Mediaselektion auf Basis von geographischen Informationen

3.2.1 Betriebswirtschaftliche Grundlagen der Mediaselektion

In der Betriebswirtschaftslehre wird unter dem Begriff *Marktkommunikation* die *„[...] planmäßige und zielgerichtete Übermittlung von Botschaften zum Zwecke der Beeinflussung anderer Einzelwirtschaften"*[312] verstanden. Folglich richtet sich die Betrachtung im Rahmen dieser Arbeit auf den Versuch der gezielten Beeinflussung des Verhaltens potenzieller Konsumenten durch die Automobilhersteller. Zu den klassischen Instrumenten der Marktkommunikation werden neben der Werbung auch die Öffentlichkeitsarbeit, die Verkaufsförderung und das Direktmarketing gezählt.[313] Zusätzlich zu den genannten Instrumenten haben sich in den letzten Jahren noch weitere Formen der Kommunikationspolitik etabliert, wie zum Beispiel das Event-

310 Vgl. Martin, M. (1992), S. 306.
311 Müller, J. (2005), S. 43.
312 Mattmüller, R. (2004), S. 242.
313 Bruhn, M.: Kommunikationspolitik – Systematischer Einsatz der Kommunikation für Unternehmen, 2. Aufl., München 2003, S. 234.

Marketing und das Sponsoring. Im Folgenden erfolgt jedoch eine Konzentration auf den Bereich der Werbung sowie des Direktmarketing, da die Mediaselektion zum einen als Bestandteil der Werbeplanung gesehen werden kann und zum anderen, weil Geomarketing insbesondere auf dem Gebiet des Direktmarketing einen erheblichen Beitrag zur Effizienzsteigerung leisten kann.[314]

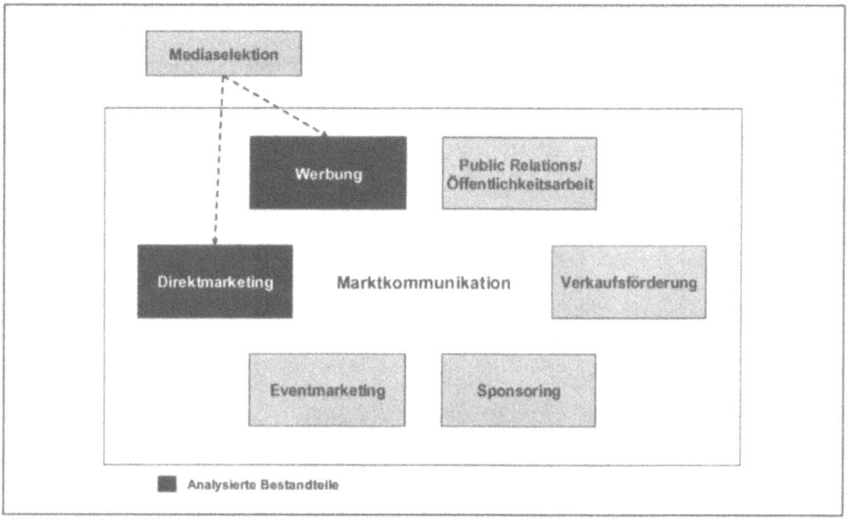

Abbildung 17: Konstituierende Elemente der Marktkommunikation[315]

Eine zusätzliche Begründung für die Konzentration der Untersuchung auf die Werbung bzw. das Direktmarketing kann dadurch geliefert werden, dass in diesem Bereich die räumliche Komponente am stärksten ausgeprägt ist. Zwar existieren auch im Bereich der Verkaufsförderung raumbezogene Ansätze, jedoch beschränken sich diese nahezu ausschließlich auf die Erfassung und Darstellung von Kundenbewegungen und sind folglich für die vorliegende Arbeit nicht von besonderem Interesse. Gleiches gilt für die Öffentlichkeitsarbeit, welche nur marginal von raumbezogenen Aspekten tangiert wird und aus diesem Grund vernachlässigt werden darf.[316]

Wie bereits beschrieben wurde, ist die Mediaselektion ein Bestandteil der Werbeplanung. Selbige stellt die Grundlage für jede Werbekampagne dar und setzt sich aus

---

314 Vgl. Berndt, R.: Kommunikationspolitik im Rahmen des Marketing, in: Berndt, R./ Hermanns, A. (Hrsg.): Handbuch Marketing-Kommunikation – Strategien – Instrumente - Perspektiven, Wiesbaden 1993, S. 13; Schweiger, G./ Schrattenecker, G.: Werbung: Eine Einführung, Jena 1995, S. 19 f.; Bruhn, M. (2003), S. 234.

315 Eigene Darstellung in Anlehnung an Berndt, R. (1993), S. 12.

316 Vgl. Schüssler, F. (2000), S. 152.

einer Reihe von Einzelplänen zusammen, die der übergeordneten Marketingstrategie zuzuordnen sind. Bedingt durch starke Interdependenzen zwischen den einzelnen Teilplänen gilt es diese kontinuierlich aufeinander abzustimmen. Zusätzlich müssen Änderungen der sozialen Rahmenbedingungen, z.B. gesetzliche und soziale Vorgaben, sowie das Verhalten der direkten Konkurrenten in die planerischen Überlegungen miteinbezogen werden.[317] Zielsetzung aller kommunikativen Aktivitäten ist der Austausch von Informationen, demnach also der Prozess der Bedeutungsvermittlung zwischen dem Sender und dem Empfänger einer Botschaft.[318] Die nachfolgende Graphik verdeutlicht nochmals die zur Zielerreichung notwendigen Maßnahmen des Werbeplanungsprozesses und ordnet die Aufgabengebiete der Mediaselektion in selbigen ein:

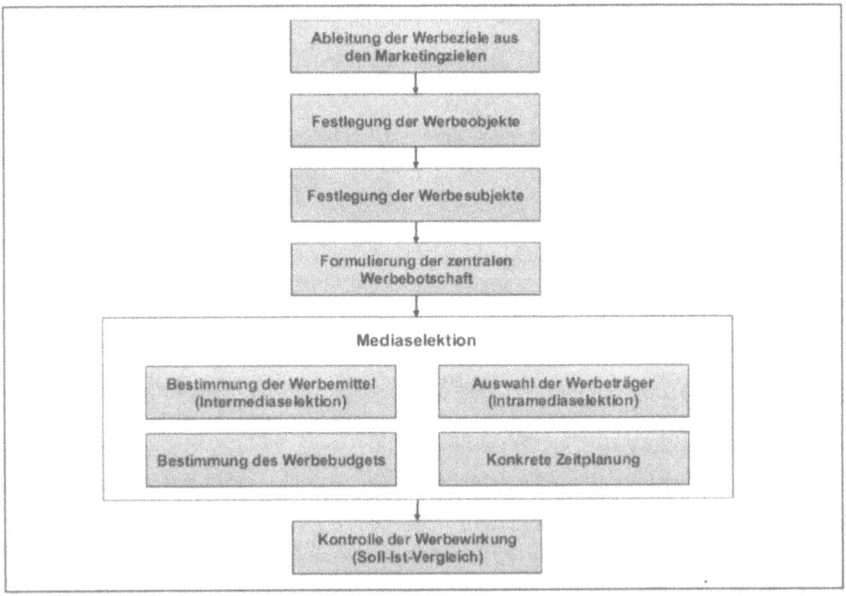

Abbildung 18: Einordnung der Mediaselektion in den Prozess der Werbeplanung[319]

---

317 Vgl. Schweiger, G./ Schrattenecker, G. (1995), S. 47 f.

318 Vgl. Berndt, R. (1993), S. 11; Hermanns, A./ Püttmann, M.: Integrierte Marketing-Kommunikation, in: Berndt, R./ Hermanns, A. (Hrsg.): Handbuch Marketing-Kommunikation – Strategien – Instrumente – Perspektiven, Wiesbaden 1993, S. 21. Die grundlegenden Ziele der Werbung können in ökonomische und außerökonomische unterteilt werden. Während ökonomische Ziele direkt auf die Verbesserung der Umsatz- bzw. Gewinnsituation ausgerichtet sind, zielen außerökonomische Ziele darauf ab, das Kaufverhalten der Konsumenten zu beeinflussen, indem deren Kaufmotivation durch die Verbesserung des Bekanntheits- oder Informationsgrades erhöht, eine gewisse Sympathie geschaffen oder die Einstellung geändert wird. Vgl. hierzu Nieschlag, R./ Dichtl, E./ Hörschgen, H.: Marketing, 17. Aufl., Berlin 1994, S. 579.

319 Eigene Darstellung in Anlehnung an Meyer, A./ Mattmüller, R. (1999), S. 850 f.

Trotz der einvernehmlichen Einordnung der Mediaselektion als Teilbereich der Werbeplanung herrscht in der Fachliteratur weitgehend Uneinigkeit darüber, welche Entscheidungssachverhalte der Mediaselektion direkt zuzuordnen sind. Während FRETER die Mediaselektion als *„[...] die Entscheidung über die Art und den Umfang der in einem Streuplan zusammenzufassenden Werbeträger, welche die Werbemittel an die Zielpersonen heranführen“*[320] definiert, ordnet SCHMALEN der Mediaselektion auch die Auswahl der Einschaltzeitpunkte, im Sinne des *„Timings“*, zu.[321] Basierend auf dieser der vorliegenden Arbeit zugrunde gelegten Definition wird die Mediaselektion in zwei große Entscheidungsfelder gegliedert: die Intermediaselektion und die Intramediaselektion.

Im Bereich der Intermediaselektion muss zunächst die Auswahl der geeigneten Werbeträger[322], z.B. Zeitungen, Zeitschriften oder Radio, getroffen werden. Diese Entscheidung kann durchaus als *„strategisch“* bezeichnet werden, da sie für einen längeren Planungszeitraum, normalerweise ein Jahr, Gültigkeit besitzt. Die Auswahl der Werbeträger erfolgt dabei unter Berücksichtigung mehrerer Kriterien, z.B. dem Produkttyp, der Verfügbarkeit, der Kostenstruktur, der Mediennutzung der Zielgruppe usw. Entsprechend der angestrebten Werbeziele werden die unterschiedlichen Werbeträger durch Abwägung ihrer spezifischen Vor- und Nachteile vor dem Hintergrund der Marketingzielsetzung, der Produktkategorie sowie der Zielgruppe untersucht.[323] Wesentliche qualitative und quantitative Kriterien für einen Vergleich und eine abschließende Beurteilung der einzelnen Werbeträger sind die Kosten der Belegung, der Verbreitungsgrad und die jeweilige Reichweite der Medien sowie ihre individuelle Zielgruppenneigung. Hierbei sollte schon bei der Definition der Zielgruppen berück-

---

320 Freter, H.: Mediaselektion – Informationsgewinnung und Entscheidungsmodelle für die Werbeträgerauswahl, Schriftenreihe Unternehmensführung und Marketing, 4. Bd., Wiesbaden 1974, S. 21.

321 Vgl. Schmalen, H.: Mediaselektion, in: Berndt, R./ Hermanns, A. (Hrsg.): Handbuch Marketing-Kommunikation – Strategien – Instrumente – Perspektiven, Wiesbaden 1993, S. 465.

322 Werbeträger seien in diesem Zusammenhang definiert als die „personellen und stofflichen Medien, durch die die Werbemittel an die Werbesubjekte herangeführt werden“. Vgl. Tietz, B./ Zentes, J.: Die Werbung der Unternehmung, Reinbek 1980, S. 58. Verschiedene Werbeträger, die eine ähnliche Struktur aufweisen, können in so genannten Werbeträgergattungen zusammengefasst werden. So werden beispielsweise Zeitungen und Zeitschriften als „Insertionsmedien“ und Fernsehen, Radio sowie Film als „elektronische Medien“ bezeichnet. Seit Mitte der 90er Jahre ist als weiterer bedeutender Werbeträger das Internet hinzugekommen. Vgl. hierzu Wessbacher, H.E./ Unger, F.: Mediapraxis – Werbeträger, Mediaforschung und Mediaplanung, Heidelberg 1991, S. 1; sowie auch Berndt, R.: Marketing 2 – Marketing-Politik, Berlin 1992, S. 258.

323 Vgl. Bruhn, M. (2003), S. 229; Schmalen, H. (1993), S. 465; Kotler, P./ Bliemel, F.: Marketing-Management – Analyse, Planung und Verwirklichung, 10. Aufl., Stuttgart 2001, S. 151 f.; Busch, K./ Von den Brinken, C.: Radar ortet Konsumenten – Antworten auf die Fragmentierung: Initiative Media bietet neue Ansätze zur Mediaselektion, in: Horizont – Zeitung für Marketing, Medien und Werbung, Nr. 37, 1999, S. 135; Möller, D./ Rosar, P.: Media-Planung, in: Dallmer, Heinz (Hrsg.): Das Handbuch Direct Marketing & more, 8. Aufl., Wiesbaden 2002, S. 489 und S. 493.

sichtigt werden, dass selbige wirtschaftlich und ohne große Streuverluste erreichbar sein müssen.[324]

Während es sich bei der Intermediaselektion um eine strategische Entscheidung handelt, hat die Intramediaselektion eher taktisch-operativen Charakter. Im Rahmen der Intramediaselektion wird aus der bereits vorher ausgewählten Mediengattung ein spezieller Werbeträger, wie im Bereich der Zeitungen z.B. Süddeutsche oder Frankfurter Allgemeine Zeitung, selektiert bzw. mittels mikrogeographischer Analysen bewertet.[325] Das Ergebnis der Intramediaselektion ist ein Streuplan oder auch Mediaplan, der eine detaillierte Aufteilung des vorgegebenen Werbebudgets auf die Werbemedien ausweist.[326]

Basierend auf einer bereits durchgeführten, insbesondere räumlichen, Zielgruppenbestimmung, kann Geomarketing als Instrument zur Mediaselektion eingesetzt werden. Hierfür stehen grundsätzlich elektronische Medien, Insertionsmedien und die Außenwerbung als potenzielle Werbeträgergattungen zur Verfügung. Allerdings können die Möglichkeiten von Geomarketing mit einigen Medien nicht vollständig ausgeschöpft werden, da sie für eine hochgradig differenzierte Marktbearbeitung ungeeignet sind.[327] Auch wenn Geomarketing durchaus auf überregionale bzw. nationale Medien anwendbar ist, so ist die Anwendung im Bereich der Fernseh- und Rundfunksender begrenzt. Trotz der Tatsache, dass vereinzelt regionale Fernsehsender existieren, werden diese in der Regel nicht zur Aussteuerung von regionalen Kampagnen genutzt. Gleiches gilt für den Bereich des Hörfunks, bei welchem ebenfalls

---

324 Vgl. Nieschlag, R./ Dichtl, E./ Hörschgen, H. (1991), S. 520 f.; Freter, H. (1983), S. 94 und S. 138.

325 Vgl. Martin, M. (1989), S. 81; sowie Nieschlag, R./ Dichtl, E./ Hörschgen, H. (1991), S. 544.

326 Vgl. Bruhn, M. (2003), S. 229 f.; Kotler, P./ Bliemel, F. (2001), S. 962 f.; sowie auch Roth, P.: Die Methoden der Werbeplanung, in: Tietz, B. (Hrsg.): Die Werbung – Handbuch der Kommunikations- und Werbewirtschaft, Rahmenbedingungen, Sachgebiete und Methoden der Kommunikation und Werbung, 1. Bd., Landsberg am Lech 1981, S. 635. Als besonders wichtige Größe für die Mediaselektion ist in diesem Zusammenhang der Tausend-Kontakt-Preis (TKP) zu nennen, welcher den Werbe-Bruttopreis mit der Zahl der Werbeträger-Kontakte pro 1.000 Personen in Relation setzt und folglich angibt, wie viel es kostet, 1.000 Personen der betrachteten Zielgruppe durch die Belegung eines bestimmten Werbeträgers zu erreichen. Hierbei sind auch zeitliche und räumliche Faktoren von Bedeutung, da mit der Selektion von Werbeträgern automatisch auch Entscheidungen über Frequenz, Verbreitung und Reichweite der Werbung getroffen werden Vgl. Gerczikow, A.: Zeitungs-TKP: „Mehr ökonomische Vorteile“, in: Horizont - Zeitung für Marketing, Werbung und Medien, Nr. 37, 1994, S. 90; Pepels, W.: Werbung und Absatzförderung: Kommunikationsprozess, Kommunikationsstrategie, Werbeziel, Werbeobjekt, Absatzquelle, Zielpersonengruppe, Positionierung, Kampagnenformat, Marktsegmentierung, Werbeeffizienzmessung, Klassische Werbemedien, Nicht-klassische Werbemedien, Wiesbaden 1994, S. 156. Neben dem TKP können auch die reine Auflage eines Mediums, die Brutto- bzw. Nettoreichweite sowie die kumulierte Nettoreichweite als Beurteilungskriterium für die Mediaselektion herangezogen werden. Vgl. hierzu Schmalen, H. (1993), S. 465-476; Schweiger, G. Mediaselektion – Daten und Modelle, Betrieb und Markt, 18. Bd., Wiesbaden 1975, S. 33; Schweiger, G.: Mediaplanung (Streuplanung), in: Diller, H. (Hrsg.): Vahlens Großes Lexikon, 2. Aufl. München 2001, S. 1094.

327 Vgl. Martin, M. (1989), S. 78.

Regional- bzw. Städtesender existieren. Beide Werbeträger können jedoch aufgrund der ungenauen Zielgruppenbestimmung sowie der nicht vorhandenen Möglichkeit der trennscharfen Eingrenzung des Verbreitungsgebietes nicht effizient mit Geomarketing bearbeitet werden. Aus diesem Grund werden sie für die nähere Betrachtung ausgeklammert. Dies gilt ebenso für die Analyse der Anwendungsmöglichkeiten von Geomarketing im Bereich der Verteilung von Prospekten und Haushaltswerbung, da diese für die werblichen Tätigkeiten der Automobilhersteller nicht von Bedeutung sind.

Aus den beschriebenen Determinanten einer zielgerichteten Marktkommunikation, im vorliegenden Fall speziell die Werbung sowie das Direktmarketing, lässt sich schnell ein enormer Informationsbedarf zur Planung und Koordination selbiger ableiten. Hierbei ist eine profunde Kenntnis der aktuellen Nachfragersituation sehr hilfreich, da Marketingziele, Zielgruppen und Mediaselektion je nach Unternehmensstandort sehr stark voneinander abweichen können.[328] Demnach besteht die Aufgabe der Mediaplanung vornehmlich darin, die Personen der richtigen Zielgruppe mit einer ausreichenden Anzahl an Werbestößen zu kontaktieren, wobei dies zum richtigen Zeitpunkt und mit möglichst geringen Kosten geschehen sollte. Im weiteren Verlauf wird nun explizit auf die Anwendungsmöglichkeiten von Geomarketing im Bereich der Insertionsmedien, der Außenwerbung sowie des Direktmarketing eingegangen.

3.2.2 Ausgewählte Anwendungsgebiete von Geomarketing im Bereich der Mediaselektion

3.2.2.1 Belegung von Zeitungen

Das nahezu unüberschaubare Angebot an Zeitungen, insbesondere Tageszeitungen und lokalen sowie regionalen Abonnementzeitungen, erschwert deren Auswahlprozess im Rahmen der Belegung von Zeitungen. Grundsätzlich existiert eine Vielzahl an möglichen Belegungseinheiten, die bei der Planung berücksichtigt werden müssen.[329] Folglich wurde für die regionale Planung und Steuerung von Printmedien eine Reihe von Anwendungen entwickelt, die auf einem GIS basieren und es erlauben, eine auf räumlicher Basis optimierte Auswahl der relevanten Titel im Einzugsgebiet

---

328 Vgl. Martin, M. (1992), S. 154.

329 Insgesamt stehen hier ca. 600 Titel mit nahezu 2.000 möglichen Ausgaben, Teilausgaben, Unterausgaben, Beilagen sowie Tarifkombinationen zur Auswahl. Vgl. Zeitungs-Marketing-Gesellschaft: Verbreitungsatlas 2004/05 – Verbreitungsgebiete und verbreitungsanalytische Daten der Tageszeitungen und Programm-Supplements mit Ortsregister, 2005, S. 7-11; sowie auch Schüssler, F. (2000), S. 155.

eines Händlers zu treffen. Als Beispiel für eine solche Anwendung kann der Verbreitungsatlas der Zeitungs-Marketing-Gesellschaft (ZMG) genannt werden.[330]

Nachdem in einem ersten Planungsschritt das gewünschte Zielgebiet festgelegt wurde, kann mit der Analyse der Titel und deren regionalen Unterausgaben begonnen werden. Als Datengrundlage für die Analyse der Auflagen im betrachteten Einzugsgebiet dient die IVW-Verbreitungsanalyse (Informationsgemeinschaft zur Feststellung der Verbreitung von Werbeträgern). Diese wird alle zwei Jahre erhoben und untersucht die Verbreitungsgebiete verkaufter Auflagen von Printtiteln auf Gemeindeebene.[331] Neben einer Rangreihung gemäß dem Prozentsatz der erreichten Haushalte im Einzugsgebiet, weist das Programm auch eine Gebietsauflage der erscheinenden Printtitel aus. Aus dem Verhältnis der Gesamtauflage eines Gebietes zur Gebietsauflage lässt sich bereits eine erste Bedeutung dieses Titels für das betrachtete Gebiet ableiten, wobei die abschließende Beurteilung des Gebietsauflagenanteils sowie des Titels der subjektiven Einschätzung des Mediaplaners unterliegt.

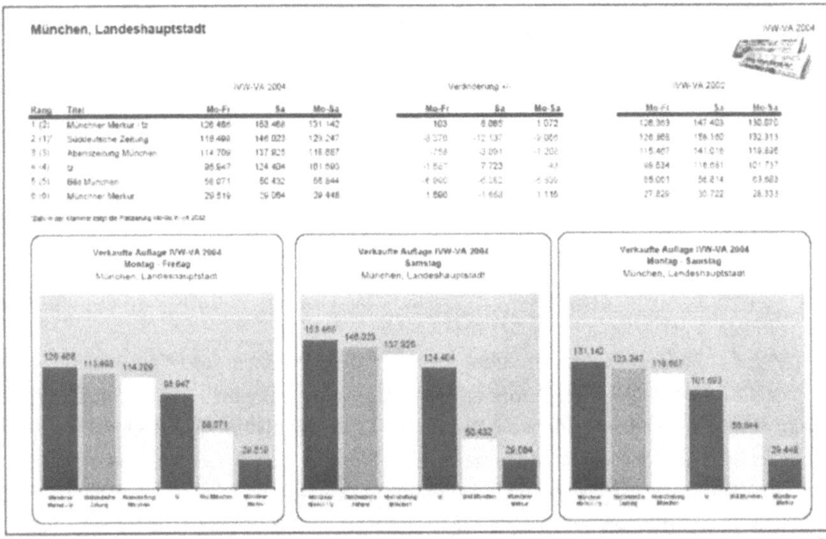

Abbildung 19: IVW-Verbreitungsanalyse Münchner Tageszeitungen am Beispiel der Stadt München[332]

330 Vgl. Zeitungs-Marketing-Gesellschaft (2005), S. 7-11.

331 Hierbei ist festzuhalten, dass Auflagen unter 50 Exemplaren an einem Ort keine Berücksichtigung finden und sich alle Angaben auf Werktagsausgaben beziehen. Vgl. Jäger, H.-H.: Selektion von Tageszeitungen für die Werbung, in: Leiberich, P. (Hrsg.): Business Mapping im Marketing, Heidelberg 1997, S. 267-268.

332 IVW-Verbreitungsanalyse 2004: Hauptverbreitungsgebiete Münchner Tageszeitungen im Vergleich, S. 17.

Die analysierte Auflagenstruktur lässt sich neben der tabellarischen Auswertung auch grafisch durch unterschiedliche Flächenfärbung des Einzugsgebiets darstellen. Da in dem System auch die möglichen Tarifkombinationen der ZMG integriert sind, ist neben der Auflagenauswertung auch eine Analyse der Kosten unterschiedlicher Tarifkombinationen möglich.[333] Abschließend werden die Betrachtung des Leseverhaltens[334] der werblichen Zielgruppe sowie die Kosten der Anzeigenausstattung in die Mediaanalyse integriert. Auf Basis dieser Informationen können unterschiedliche Mediapläne evaluiert und miteinander verglichen werden, wobei die grafische Darstellung der Reichweiten die Hinzu- bzw. Wegnahme eines einzelnen Titels einfach verdeutlicht und folglich eine schnelle sowie effiziente Beurteilung ermöglicht.

3.2.2.2 Belegung von Zeitschriften

Analog zum Planungsprozess bei Tageszeitungen, wird auch im Bereich der Zeitschriften in der Regel mit einer integrierten Softwarelösung gearbeitet. Hierbei ist jedoch zu berücksichtigen, dass es sich bei Zeitschriften im Gegensatz zu Zeitungen nicht um klassische regionale Medien handelt, da diese lediglich auf Ebene der Nielsen-Gebiete regionale Teilbelegungen anbieten.[335] Folglich müssen andere Ansätze gewählt werden, um dennoch regionale Kriterien in die Planung miteinbeziehen zu können.[336]

Die Leserschaft eines Werbeträgers gilt im Printbereich als wichtigster Indikator für die Auswahl eines bestimmten Werbeträgers. Folglich gilt es diejenigen Werbeträger auszuwählen, bei denen die Leserschaft eine möglichst hohe Übereinstimmung mit

---

333 Vgl. Schüssler, F. (2000), S. 157 f.

334 Für eine ausführliche Darstellung der Mediaanalyse sowie der darin enthaltenen Ergebnisse hinsichtlich der Mediennutzung der deutschen Bevölkerung vgl. Schüssler, F. (2000), S. 162 f.

335 Vgl. Hofsäss, M./ Engel, D.: Praxishandbuch Mediaplanung, Berlin 2003, S. 324.

336 Das System Regio Select der AZ Bertelsmann Direct Marketing GmbH bietet mit 49 Marktsegmenten, differenziert nach sieben Ortsgrößenklassen und sieben Wohngebietstypen, eine umfassende Datengrundlage zur weiteren Analyse. Aufbauend auf der Kundenprofilerstellung lassen sich die eigenen Kunden entsprechend der Wohngebietstypologien charakterisieren. Beispielsweise würden die Kunden eines Premiumherstellers, entsprechend den zugrunde liegenden Annahmen, eine hohe Affinität zur Upper Class und zu aufstiegsorientierten Mittelschichtsmilieus aufweisen. Um eine Analyse der Medien zu ermöglichen, müssen neben der eigenen Datenstruktur auch die Informationen aus der Mediaanalyse mikrogeographisch aufbereitet werden. Hierfür werden die Daten aus repräsentativen Interviews den sieben Wohngebietstypen zugeordnet. Durch die Integration dieser Daten lassen sich folglich mikrogeographische Profile der einzelnen Werbeträger, respektive deren Zielgruppen erarbeiten und somit die Reichweite der einzelnen Zeitschriften kennzeichnen. Vgl. Nitsche, M. (1998), S. 219; Köhler, B.: Mediaplanung – Der Teufel steckt noch im Detail, in: Copy – Magazin für Medien, Kommunikation und Kreation, 9. Jg., Nr. 22, 1988, S. 44; sowie auch Martin, M. (1989), S. 80.

der werblichen Zielgruppe aufweist.[337] Ausgehend vom eigenen ermittelten Zielgruppenprofil müssen die aufgrund quantitativer und qualitativer Kriterien vorselektierten Zeitschriften bewertet werden. Dabei wird die Marktpenetration in den einzelnen Segmenten, beispielsweise bei Luxuswagen, Sportwagen usw., im Vergleich zum bundesdeutschen Durchschnitt als quantitatives Beurteilungskriterium herangezogen. Die Kandidatenzeitschriften können mit Hilfe von Rangreihen auf Basis ihres Affinitätsmaßes bewertet werden. Dabei wird das Affinitätsmaß aus der Summe der positiven und negativen Abweichungen der Marktdurchdringungsindizes in den einzelnen Segmenten zwischen der Zielgruppenstruktur des Herstellers und der Leserschaft der Werbeträger, hier der Zeitschriften, gebildet.[338]

Es gilt kritisch anzumerken, dass dieser Verrechnungsmodus in keiner Weise theoretisch fundiert ist. In der Praxis hat sich gezeigt, dass eine Beurteilung des Werbeträgers nicht ausschließlich auf Basis des Affinitätsindexes vorgenommen werden sollte. Insbesondere Wirtschaftlichkeitsaspekte müssen bei der Bewertung Berücksichtigung finden. Neben einer Beurteilung selbiger sollte beispielsweise auch eine Bewertung der Zeitschriften auf Basis ihrer Transportqualität, d.h. der kommunikativen Leistungsfähigkeit, die der Werbeträger zur Unterstützung der darin geschalteten Werbung selbständig liefert, stattfinden.[339] Auf diese Art und Weise haben die deutschen Automobilhersteller die Möglichkeit diejenigen Zeitschriften auszuwählen, bei denen zum einen die Leserschaft eine hohe Übereinstimmung mit der werblichen Zielgruppe aufweist, zum anderen aber wird gleichzeitig die Wirtschaftlichkeit bzw. Transportqualität der einzelnen Zeitschriften nicht außer Acht gelassen.

3.2.2.3 Planung von Standorten für die Außenwerbung

Im Bereich der Außenwerbung, genauer der stationären Außenwerbung, wird in Analogie zur Selektion eines Titels im Printbereich der zur Ansprache der werblichen Zielgruppe am besten geeignete Standort ausgewählt. Mit über 370.000 Außenwerbungsstellen, darunter ca. 200.000 Großflächen, 90.000 City Light Poster, 50.000 Allgemeinstellen, 17.000 Ganzsäulen usw. ist auch diese Entscheidung durch eine vielfältige Auswahlmöglichkeit geprägt.[340] Im Rahmen der Plakat-Media-Analyse (PMA), welche seit 1994 jährlich durchgeführt wird, erfolgt analog zu den anderen

---

[337] Vgl. Freter, H.: Zielgruppenbestimmung in der Mediaselektion, in: Meffert, H. (Hrsg.): Marketing heute und morgen – Entwicklungstendenzen in Theorie und Praxis, Wiesbaden 1975, S. 87-105; Martin, M. (1992), S. 332 f.

[338] Vgl. Martin, M. (1989), S. 84 f.

[339] Vgl. Martin, M. (1992), S. 350.

[340] Vgl. Horizont: Informationsbroschüre – Außenwerbung, Frankfurt am Main 2004, S. 9. Es sei an dieser Stelle darauf hingewiesen, dass sich alle Angaben bezüglich der verfügbaren Medien auf das Jahr 2004 beziehen.

Streumedien der Ausweis klassischer Leistungswerte,[341] die als Planungsgrundlage herangezogen werden können. Neben der Berücksichtigung dieser klassischen Bewertungskriterien, bieten insbesondere Plakate als typisch regional steuerbare Medien die Möglichkeit des Einsatzes von Geomarketing im Planungsprozess.[342]

Mikrogeographische Systeme können als Planungsinstrument zur Selektion und Klassifizierung von Großflächen oder Ganzstellen herangezogen werden, sofern die Werbeträger georeferenziert sind. Diese Systeme ermöglichen es hierbei, die im unmittelbaren Umfeld eines Standortes lebende Bevölkerung anhand ihrer Konsum- und Arbeitsgewohnheiten, sowie ihrer Lifestyle-Präferenzen zu klassifizieren.[343] Das Planungstool ASS Web Dispo der ASS Werbe-Gruppe Köln ist ein Beispiel für ein solches System und basiert auf einer Datenbank mit rund 500.000 kartographisch und fotografisch abgelichteten Werbeträgern der Außenwerbung. Neben empirischen amtlichen Statistiken auf Basis des Kreisgemeindeschlüssels, weist das System 13.000 Gemeinden mit Bewegungsmustern und Pendlerstrukturen aus. Anhand dieser können differenzierte Wegstrecken berechnet werden, die eine Person innerhalb eines gewählten Umkreises zurücklegen kann, wobei der gesamte Planungsprozess online dokumentiert und verfolgt werden kann.[344]

Wenn man diesen Prozess auf die Automobilindustrie überträgt, so können in einem ersten Planungsschritt auf Grundlage der amtlichen Statistik Gebiete kartographisch dargestellt werden, in denen beispielsweise besonders hohe Zulassungszahlen für Cabrios oder Roadster vorliegen. Darauf basierend kann dann das zu analysierende Gebiet oder die zu analysierende Stadt genauer betrachtet und auf das Potenzial in dem jeweiligen Stadtgebiet bzw. der Region geschlossen werden. Aus Sicht des Mediaplaners gilt es jedoch zu berücksichtigen, wie das Pendlerverhalten in der betrachteten Region/Stadt ist, weil einzelne Teile bzw. Gemeinden mit sehr hohem Pendleranteil in der Plakatierung vernachlässigt werden können, da die umworbene Zielgruppe die Werbeplakate in der Regel im Stadtgebiet sehen kann.[345] Auf mikrogeographischer Ebene ist es von Bedeutung, dass neben den eigenen Händlerstandorten auch die der Konkurrenz lokalisiert und visualisiert werden können. Folg-

---

341 Hierunter fallen beispielsweise die Reichweite, der TKP, die Kontaktdichte (OTS) sowie der Werbedruck (GRP).

342 Vgl. Fösken, S.: Medien 2005 – Vorsprung durch Mikromarketing, in: Absatzwirtschaft – Zeitschrift für Marketing, 47. Jg., Nr. 9, 2004, S. 140.

343 Vgl. Oltmanns, B.: Außenwerbung – Die Kraft des statischen Bildes, in: shops & stores, Nr. 4, 2003, S. 31; Raschendorfer, U.: Mikromarketing – die neue Planungsdimension in der Außenwerbung, in: Direkt Marketing, 39. Jg., Nr. 5, 2003, S. 23; Gebauer, M.: Vorsprung durch Wissen – Mikrogeographische Daten im Brennpunkt, in: Direkt Marketing, 39. Jg., Nr. 5, 2003, S. 20.

344 Vgl. Winter, K.: Zielgruppen auf der Spur, in: Horizont – Zeitung für Marketing, Medien und Werbung, Nr. 45, 2004, S. 67.

345 Vgl. Raschendorfer, U. (2003), S. 23.

lich ist der Mediaplaner in der Lage, georeferenzierte Großflächenstandorte unter Berücksichtigung der eigenen Standorte, derjenigen der Konkurrenz und beispielsweise der Cabrio-Dichte innerhalb einer Stadt zu selektieren. Durch dieses Vorgehen kann die Zielgruppenorientierung deutlich erhöht werden.[346]

3.2.2.4 Direktmarketing

Im eigentlichen Sinne stellt das Direktmarketing kein eigenes Kommunikationsinstrument, wie beispielsweise die Werbung, dar.[347] Es handelt sich hierbei vielmehr um eine Methode, die den Bereich der Werbung überlappt und aufgrund der besonderen Möglichkeiten im Rahmen von Geomarketing-Analysen einen hohen Stellenwert einnimmt. Dieser wird unter anderem dadurch deutlich, dass das Direktmarketing häufig als klassisches Kommunikationsinstrument bezeichnet wird,[348] obwohl es sich wie anfangs beschrieben lediglich um eine Methode handelt.

Das Direktmarketing zeichnet sich durch eine direkte Kommunikation mit dem Empfänger einer Werbebotschaft in Form einer gezielten Einzelansprache aus. Gemäß DALLMER umfasst das Direktmarketing *„[...] alle Marktaktivitäten, die sich einstufiger (direkter) Kommunikation (...) bedienen, um Zielgruppen in individueller Einzelansprache direkt zu erreichen“.*[349] Es beinhaltet dabei *„[...] ferner solche marktgerichteten Aktivitäten, die sich mehrstufiger Kommunikation bedienen, um einen direkten individuellen Kontakt herzustellen“.*[350] Die Kommunikationsbeziehung ist folglich immer durch eine gezielte Kontaktaufnahme und durch eine individualisierte Ansprache gekennzeichnet,[351] wobei das Hauptaugenmerk aus Sicht der Automobilhersteller darauf liegt, einen Dialog mit dem Kunden anzustoßen.[352] Die Automobilhersteller haben mit dieser direkten Kommunikation sowohl die Möglichkeit Neukunden zu gewinnen als auch den vorhandenen Kundenstamm im Rahmen von CRM-

---

346 Vgl. Graf, J.: Optimierung des Werbeerfolges, in: Leiberich, P. (Hrsg.): Business Mapping im Marketing, Heidelberg 1997, S. 296; Oltmans, B. (2003), S. 30; Winter, K.: Basismedium vor Ort, in: Horizont – Zeitung für Marketing, Kommunikation und Medien, Nr. 80, 1999, S. 80.

347 Vgl. Meffert, H. (1986), S. 443 f.

348 Vgl. Berndt, R. (1993), S. 13; Schweiger, G./ Schrattenecker, G. (1995), S. 19 f.; Bruhn, M. (2003), S. 234.

349 Dallmer, H.: Das System des Direct Marketing – Einwicklungsfaktoren und Trends, in: Dallmer, H. (Hrsg.): Das Handbuch: Direct Marketing & More, 8. Auflage, Wiesbaden 2002, S. 11.

350 Dallmer, H. (2002), S. 11. In diesem Zusammenhang muss darauf hingewiesen werden, dass das Direktmarketing nicht wie von Dallmer definiert auch den Direktabsatz beinhaltet, sondern sich lediglich auf die direkte, personifizierte Ansprache des Umworbenen konzentriert. Vgl. Mattmüller, R. (2004), S. 273.

351 Vgl. ebenda, S. 4.

352 Vgl. Prüß, K.: Topaktuelle Adressen nach Ihren Wünschen, in: Direkt Marketing, 39. Jg., Nr. 6, 2003, S. 16-19; Harneit, D.: Bestellung oder Filialbesuch – Optimierung des Einsatzes von Werbematerialien im Versandhandel mittels Geo-Analysen, in: GeoBIT, 8. Jg., Nr. 7, 2003, S. 36 f.

Maßnahmen individuell anzusprechen und zu betreuen.[353] Als Grundvoraussetzung für ein erfolgreiches Direktmarketing kann die planmäßige und zielgruppenspezifische Ansprache gesehen werden, welche allerdings heutzutage aufgrund der enormen Datenmengen ohne EDV-Unterstützung nicht mehr zu bewältigen ist. Das bedeutet, dass ein enger Zusammenhang zum so genannten Database Marketing existiert, der sich dadurch belegen lässt, dass sich die Definitionen der beiden Begriffe teilweise decken. So kann das Database Marketing *„[...] als die EDV-gestützte, individualisierte Kundengewinnung und -betreuung definiert werden“*,[354] was die Ähnlichkeit mit dem Direktmarketing verdeutlicht.

Bei der Neukundengewinnung stellt weniger die Generierung von neuen Adressen ein Problem dar, sondern vielmehr das oftmals fehlende Wissen über die Personen, die sich hinter den Adressen verbergen. Um im Direktmarketing dennoch erfolgreich zu sein, ist das genaue Wissen um den Empfänger der zu kommunizierenden Botschaft entscheidend. Durch die Integration von mikrogeographischen Marktdaten sind Unternehmen in der Lage, ihre eigenen Unternehmensdaten mit zusätzlichen Informationen anzureichern. Aufbauend auf der Kundenstrukturanalyse erlauben mikrogeographische Systeme Flächenzielgruppen für gezielte Werbemaßnahmen zu identifizieren. Folglich können vor dem Hintergrund der erarbeiteten Kundenstruktur hinzugekaufte oder durch Online-Aktivitäten generierte Adressen für Mailing-Aktionen qualifiziert werden. Dies kann beispielsweise auf Basis der Wohngebietstypologien geschehen. Je nach Genauigkeit und Aktualität der Datengrundlage variiert die Responsequote und somit die Effizienz der Aktion.[355]

Während bei der Interessentenqualifizierung und Neukundenakquisition kaum interne Daten zur Verfügung stehen, muss der Fokus bei der Intensivierung der Kundenbeziehung auf einer intelligenten Kombination von internen und externen Daten liegen. Hierbei gilt es aus dem aktuellen Kundenstamm diejenigen herauszufiltern, die für ein bestimmtes Angebot zu einem bestimmten Zeitpunkt in Frage kommen. Zu diesem Zwecke bedient man sich in der Praxis so genannter Scoring-Verfahren. Auf Basis der Kundenprofilanalyse und der Analyse der dazugehörigen Kaufzeitpunkte, können mittels Scoring-Verfahren jedem Kunden für jedes Produkt Kaufwahrscheinlichkeiten zugeordnet werden.[356]

---

353 Vgl. Kreutzer, R.T.: Zielgruppen-Management mit Kunden-Datenbanken, in: DBW, 52. Jg., Heft 3, 1992, S. 327.

354 Kreutzer, R.T. (1992), S. 328.

355 Vgl. Hornikel, S.: Internationale Adressbeschaffung – Tipps für Einsteiger und Profis, in: Direkt Marketing, 40. Jg., Nr. 3, 2004, S. 18.

356 Vgl. Nitsche, M. (1998), S. 161.

Im Verlauf einer Kundenbeziehung kann es dazu kommen, dass der Kunde inaktiv wird und/oder sogar abwandert. Da die Kosten für die Reaktivierung eines Kunden in der Regel geringer sind als die Kosten für eine Neukundenakquisition, ist es durchaus sinnvoll zu versuchen inaktive Kunden zu reaktivieren. Generell steht aus der beendeten Kundenbeziehung eine Vielzahl von Daten zur Verfügung, die analysiert werden können. Dazu können mikrogeographische Systeme hilfreiche Zusatzinformationen liefern, wenn entweder die Daten keine ausreichende Tiefe aufweisen oder Fehler im Datenbestand vorliegen.[357] Grundsätzlich stehen den jeweiligen Automobilherstellern in diesem Zusammenhang die gleichen Möglichkeiten des Direktmarketing zur Verfügung wie bei der Neukundengewinnung.

Insbesondere bei der Einführung neuer Fahrzeugmodelle bedienen sich die deutschen Automobilhersteller der unterschiedlichen Möglichkeiten des Direktmarketing. Wie bereits im Rahmen der Kundenstrukturanalyse erläutert können für einzelne Fahrzeugmodelle mit Hilfe von Profilanalysen so genannte Zielgruppenprofile erstellt werden. Diese Zielgruppenprofile beziehen sich dabei nicht nur auf die vorhandenen Kunden, sondern können auch auf potenzielle Kunden der relevanten Wettbewerber übertragen werden. Auf diese Art und Weise können bspw. Probefahrtaktionen gezielt auf die Wohngebiete ausgerichtet werden, in denen eine hohe Übereinstimmung mit dem identifiezierten Zielgruppenprofil zu finden ist. Neben der Qualifizierung von Adressen bzw. Wohngebieten gibt es jedoch auch die Möglichkeit einzelne Kunden für Direktmarketingaktionen zu qualifizieren. Insbesondere durch das Internet sind die deutschen Automobilhersteller in der Lage neue Adressen von potenziellen Kunden zu generieren. Ähnlich wie im Zusammenhang mit der Kundenstrukturanalyse bereits erläutert, können auch hier durch die Verknüpfung der durch das Internet gewonnen Daten mit soziodemographischen bzw. psychographischen Merkmalen neue Erkenntnisse über die potenziellen Kunden gewonnen und daran anknüpfend die Direktmarketingaktivitäten gezielt auf diese abgestimmt werden.

---

[357] Vgl. Nitsche, M. (1998), S. 166 f.

3.3 Vertriebsplanung auf Basis von geographischen Informationen

Das angestrebte Wachstum, unter anderem erzeugt durch die Aufnahme neuer Zielgruppen, die tiefere Potenzialausschöpfung sowie die zunehmende Wettbewerbsintensität zwingen die Automobilhersteller, ihre Verkaufsregionen fortwährend anzupassen.[358] Der Vertrieb bzw. die Planung der Verkaufsregionen ist die klassische Domäne für den Einsatz von GIS, da sich sowohl die Steuerung des Außendienstes, die Vertriebsgebietseinteilung als auch die des Direktvertriebs in Form von Mailings oder einem Call-Center optimal durch die Daten und Methoden des Geomarketing unterstützen lassen.[359]

3.3.1 Geomarketing zur Planung und Optimierung von Vertriebsgebieten

Aufgrund der Tatsache, dass die Produkte der miteinander in Konkurrenz stehenden Automobilhersteller immer homogener sind, werden diese zunehmend dazu gezwungen, sich stärker durch ihre Service- und Kommunikationsfähigkeit voneinander abzugrenzen, als durch das Produkt an sich. Ein wichtiger Erfolgsfaktor ist dabei die sinnvolle Aufteilung der Zuständigkeiten.[360] Der effiziente Einsatz von unternehmenseigenen Regional- bzw. Gebietsleitern im Allgemeinen sowie die Aufteilung der Marktverantwortungsregionen (Verkaufsregionen) der rechtlich selbständigen Vertragshändlern im Besonderen, stellt aktuell noch immer einen wettbewerbsentscheidenden Faktor für die Automobilhersteller dar.

GOEHRMANN und SKIERA definieren die Einteilung der Verkaufsbezirke als eine der wichtigsten Planungsaufgaben des Vertriebsmanagements.[361] Hierbei besteht die Möglichkeit diese anhand von geographischen Kriterien, Produktkriterien, Kundenkriterien oder Funktionskriterien zu differenzieren. Die einfachste und am weitesten verbreitete Form der Verkaufsorganisation ist die Einteilung des Gesamtmarktes nach Regionen. Dies beinhaltet, dass die einzelnen Vertragshändler innerhalb eines

358 Vgl. Kamm, V.: Planung optimaler Verkaufsregionen, in: Leiberich, P. (Hrsg.): Business Mapping im Marketing, Heidelberg 1997, S. 168.

359 Vgl. Nitsche, M. (1998), S. 154. Es gilt jedoch zu beachten, dass dem Direktvertrieb aus Sicht der deutschen Automobilhersteller aktuell keine besondere Bedeutung beigemessen wird, wobei zu erwarten ist, dass diese Bedeutung in Zukunft zunehmen wird.

360 Vgl. Kuhlmann, E.: Industrielles Vertriebsmanagement, München 2001, S. 183.

361 Vgl. Goehrmann, K.: Verkaufsmanagement, Stuttgart 1984, S. 57; sowie Skiera, B.: Wieviel Deckungsbeitrag verschenkt man durch eine gleichartige Einteilung der Verkaufsgebiete?, in: Zeitschrift für Betriebswirtschaft, 49. Jg., 1997, S. 723.

Bezirks mit dem gesamten Produktsortiment für alle aktuellen und potenziellen Kunden zuständig sind.[362]

Die Erweiterung des unternehmerischen Tätigkeitsfeldes um neue Zielgruppen und Produkte sowie der steigende Wettbewerbsdruck erfordern die regelmäßige Neustrukturierung der Verkaufsregionen.[363] Dem *„Gleichartigkeitansatz"*[364] kommt in diesem Zusammenhang eine besondere Bedeutung zu, da dieser aussagt, dass die jeweiligen Verkaufsgebiete hinsichtlich des Umsatzpotenzials, der Arbeitsbelastung oder anderer Faktoren optimalerweise identische Merkmale aufweisen sollten.[365] In der Praxis findet in Deutschland das Kriterium des Umsatzpotenzials die stärkste Anwendung.[366]

Verkaufsregionen wurden früher – und teilweise heute noch – nach dem Prinzip des *„trial and error"* anhand vergangenheitsorientierter Kriterien sowie geographischer Grenzen wie Autobahnen, Flüsse und Stadtgrenzen aufgeteilt. Oftmals wurden diese über einen langen Zeitraum hinweg von den einzelnen Vertragshändlern verteidigt und blieben dementsprechend unverändert.[367] Jedoch zeigt sich heute deutlich, dass eine effiziente Marktausschöpfung eine regelmäßige Reorganisation von Vertriebsstrukturen erfordert und teilweise, wie in der jüngsten Vergangenheit zu beobachten, eine Konsolidierung einzelner Vertragshändler mit sich bringt. Geomarketing kann in diesem Zusammenhang ein effizientes Instrument bei der Vertriebsstruktur- und Vertriebsmitarbeiteroptimierung sein,[368] da mit Hilfe von GIS die *„[...] notwendigen Daten, Auswertungen und Analysen zur Verfügung (stehen), um die Anforderungen und Ansprüche einer optimierten (...) Vertriebsplanung zu erfüllen".*[369] Ein GIS kann dabei einen wesentlichen Beitrag bei der Beantwortung von Fragestellungen wie unter anderem der Identifizierung potenzieller Kunden und brachliegender Gebiete, der Ortung von Wettbewerbern und der Analyse von Gebieten mit den höchsten potenziellen Umsätzen liefern.[370] Voraussetzung für eine aussagekräftige Umstrukturierung der Marktverantwortungsregionen sind lediglich detaillierte, digitale Karten sowie eine Datenbasis mit den notwendigen unternehmensinternen und -externen Daten.[371]

---

362 Vgl. Mattmüller, R. (2004), S. 343 f.; Kuhlmann, E. (2001), S. 163 f.
363 Vgl. Schüssler, F. (2000), S. 175 f.
364 Kuhlmann, E. (2001), S. 183.
365 Vgl. Kuhlmann, E. (2001), S. 183; Kamm, V. (1997), S. 169.
366 Vgl. Kuhlmann, E. (2001), S. 182 f.
367 Vgl. Kamm, V. (1997), S. 168; Schüssler, F. (2000), S. 176.
368 Vgl. Kreutzwald, L. (1996), S. 18.
369 Feix, C./ Meissner, A./ Stirl, A./ Troch, R.: Filialnetzplanung und Vertriebsoptimierung mit GIS bei der Deutschen Post AG, in: Fally, M./ Strobl, J. (Hrsg.): Business Geographics: GIS in der Wirtschaft, Heidelberg 2000, S. 72.
370 Vgl. Feix, C./ Meissner, A./ Stirl, A./ Troch, R (2000), S. 72.
371 Vgl. ebenda, S. 73.

Geomarketing kann nicht nur als Mittel zur Vertriebsstrukturreorganisation verwendet werden, sondern dient auch dazu, Verantwortungsbereiche von Vertragshändlern bzw. unternehmenseigenen Niederlassungen neu zu definieren. In diesen Fällen können die Daten eines GIS zur Analyse von unbearbeiteten Gebieten (so genannten *„weißen Flecken"*), Nachfrageunterschieden, Marktchancen und Umsatzprognosen genutzt werden, wobei die optimale Planung bzw. Reorganisation eines Vertriebsgebietes in mehreren Teilschritten erfolgt. Zunächst gilt es die vorhandene Aufteilung der Regionen anhand digitaler Karten zu visualisieren, wodurch unbearbeitete Zonen, Überschneidungen und mangelnde Abgrenzungen sofort deutlich werden. In einem zweiten Schritt werden dann die individuellen Konditionen vorgegeben, die die optimalen Marktverantwortungsregionen erfüllen sollen, wie beispielsweise das gleiche Marktpotenzial in jedem Gebiet. Eine optimale Regionalstruktur wird demnach dem bereits erwähnten Gleichartigkeitsansatz gerecht.

Auf Basis eines GIS erfolgen nun die weiteren Schritte der Reorganisation: Um die vorhandenen internen Unternehmensdaten und die externen Marktdaten miteinander verknüpfen zu können, muss eine geographische Bezugseinheit festgelegt werden (Geocodierung). Wie bereits ausführlich erläutert, werden Gemeindegebiete und Postleitzahlen am häufigsten als räumliche Bezugseinheit herangezogen, da sie problemlos mit internen und externen Sachdaten verknüpft werden können.

Sind interne und externe Sachdaten im Rahmen eines GIS miteinander verknüpft, so werden diese Datenstrukturen auf die vorherige Marktverantwortungsregion übertragen. Dadurch wird deutlich, ob und inwieweit die alte Gebietszuteilung die gesetzten Bedingungen erfüllen oder nicht. In einem nächsten Schritt gilt es vorherrschende Ungleichgewichte im Rahmen des *„Balancing"* oder *„Redistricting"* zu beseitigen und hinsichtlich des Potenzials aneinander angeglichene Regionen zu schaffen. Die Umstrukturierung der Bezirke kann je nach genutztem GIS manuell oder automatisch erfolgen. Die automatische Gebietsplanung erfolgt unabhängig von den bisherigen Bezirken und erlaubt gleichzeitig mehrere vorgegebene Optimierungskriterien gewichtet zu berücksichtigen (z.B. die Standorte der einzelnen Vertragshändler). Ist eine der möglichen Strukturierungsalternativen gewählt und idealerweise mit den betroffenen Gruppen abgesprochen, so folgt die organisatorische Umsetzung der veränderten Bezirkseinteilung. Basierend auf den Rückmeldungen der Betroffenen ist es im Folgenden nötig, Modifikationen für die nächste Reorganisationsrunde vorzunehmen.[372] Die folgende Abbildung fasst den eben beschriebenen Prozess graphisch zusammen:

---

[372] Vgl. Schüssler, F. (2000), S. 177 f.

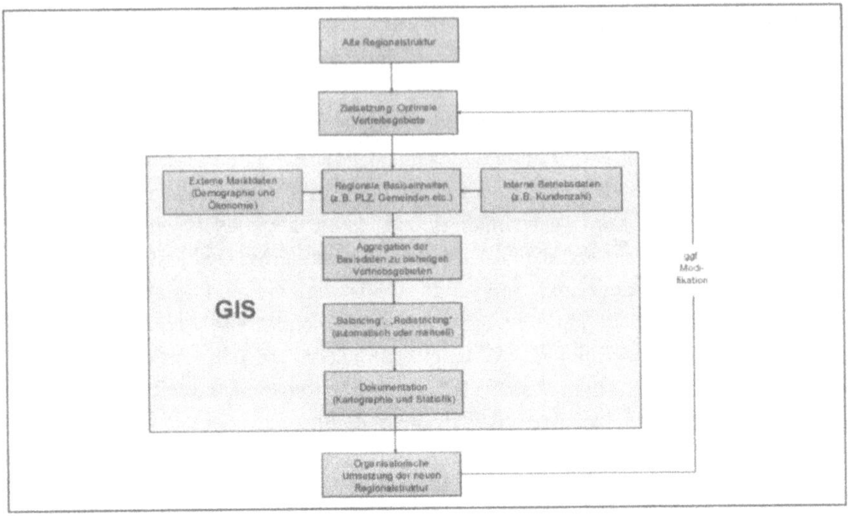

Abbildung 20: Ablauf der Planung optimaler Vertriebsgebiete[373]

3.3.2 Optimierung des Einsatzes von Servicefahrzeugen

Aus Sicht der Automobilhersteller stellt die Pflege der Kundenbeziehung einen Schwerpunkt im After-Sales-Bereich dar. Technische Störungen werden vom Kunden heutzutage zwar nicht als besonders positiv empfunden, jedoch wird ihnen im Gegensatz zu früheren Zeiten ein gewisses Maß an Verständnis entgegengebracht, sofern sich der Hersteller vorbehaltlos bemüht, diese so schnell wie möglich zu beheben. Insbesondere bei Produkten, die der Mobilität des Kunden dienen, wie dies beim Auto der Fall ist, ist die Zeitspanne bis zur Beseitigung der Störungen von enormer Bedeutung. Aus Sicht des Kunden muss der eingetretene Schaden sofort beseitigt werden, wobei der dafür erforderliche Aufwand für ihn nicht von Interesse ist.[374] Der Hersteller muss jedoch an dieser Stelle berücksichtigen, dass nicht alles, was technisch machbar, auch kaufmännisch sinnvoll ist.

Einige der europäischen Autohersteller haben mittlerweile einen eigenen mobilen Bereitschaftsdienst etabliert, der an 365 Tagen im Jahr und 24 Stunden am Tag für die jeweiligen Kunden zur Verfügung steht, sofern diese ein Problem mit ihrem Auto haben. In der Regel ruft der Betroffene über eine Rufnummer bei der zuständigen Servicezentrale an und schildert dort sein Problem. Während früher in einem müh-

373 Eigene Darstellung in Anlehnung an Schüssler, F. (2000), S. 178.

374 Vgl. Quitter, H.: Einsatzsteuerung von Servicefahrzeugen, in: Leiberich, P. (Hrsg.): Business Mapping im Marketing, Heidelberg 1997, S. 200.

samen Prozess zunächst der Pannenort auf einer Karte gesucht werden musste, dieser dann dem zuständigen Servicemobil mitgeteilt wurde und selbiges dann wiederum eigenständig Kontakt mit dem betroffenen Kunden aufnahm, kann heutzutage der Ablauf mit Hilfe von Geomarketing erheblich vereinfacht werden.

Bereits während des Gesprächs mit dem betroffenen Kunden kann sich der Mitarbeiter in der Servicezentrale den Pannenort geographisch auf einer Karte anzeigen lassen. Neben dem Pannenort sieht er ebenfalls die in diesem Gebiet aktiven Servicemobile (mit Hilfe von GPS) und kann so zielgerichtet das Servicemobil benachrichtigen, welches zurzeit zur Verfügung steht und am schnellsten am Pannenort eintreffen kann. Hierbei wird nicht nur die reine Entfernung, sondern vor allem auch die geschätzte bzw. errechnete Fahrzeit berücksichtigt. Gleichzeitig können dem Servicemobil sämtliche relevanten Daten, z.B. Kundenname, Modell und Baujahr des PKWs, aufgetretenes Problem etc., direkt auf einen Monitor übertragen werden, so dass der Mitarbeiter im Servicemobil unter Umständen den eingetretenen Schadensfall bereits im Vorfeld eingrenzen kann, in jedem Fall jedoch schon informiert beim Kunden eintrifft.

Vorteile der Nutzung von Geomarketing bzw. insbesondere von GIS liegen darin, dass die Servicemobile und ihre Fahrer zieloptimiert eingesetzt und lange, kostenintensive Anfahrtswege vermieden werden können. Gleichzeitig verringern sich durch den gezielten Einsatz des nächstgelegenen Servicemobils auch die Wartezeiten für den betroffenen Kunden. Zusätzlich kann auf der einen Seite die Anzahl der fehlgeleiteten Einsätze erheblich minimiert werden, und auf der anderen Seite können herstellerseitig die einsatzabhängigen Kosten (gefahrene Kilometer und Zeit) stark reduziert werden, was zu einer effizienteren Nutzung der Servicemobile beiträgt.[375]

Ähnlich zu der Gebietsaufteilung des Außendienstes von Konsumgüterunternehmen gelten für den effizienten Einsatz von Servicemobilen der Automobilhersteller ähnliche Kriterien für eine optimale Gebietsabdeckung. Eines der Ziele besteht darin, die Gesamtzeit bzw. die Gesamtstrecke für jedes Servicemobil so zu minimieren, dass von einem annähernd ausgeglichenen Pensum (Arbeitszeit, Anzahl der Pannenfälle, Fahrtstrecke etc.) ausgegangen werden kann. Zusätzlich zu dieser *„strategischen"* Zielsetzung geht es bei der *„operativen"* Umsetzung darum, die einzelnen Strecken bzw. Fahrtzeiten individuell für jedes einzelne Fahrzeug zu optimieren. In diesem Zusammenhang können neben einer reinen Optimierung der Fahrtstrecke auch andere Variablen (z.B. Fahrtkosten) für den Hersteller von Bedeutung sein. Auch diese Anforderungen können mit einem GIS bewältigt werden.

---

[375] Vgl. Quitter, H. (1997), S. 205-208.

3.4 Der Einsatz geographischer Daten bei der Standortplanung und Händlernetzoptimierung

Vor dem Hintergrund überbesetzter Händlernetze vieler Hersteller, die sich größtenteils historisch entwickelt haben, sind nicht nur Standortneugründungen im Fokus der Automobilhersteller, sondern vielmehr auch das aktive Management des bereits bestehenden Händlernetzes. Insbesondere in den alten EU-Ländern der 15 Mitgliedstaaten besteht momentan das Problem der Überversorgung der Märkte. Die zu hohe Distributionsdichte und der damit verbundene Intra-Brand-Wettbewerb führen zu hohen Vertriebskosten und ruinösen Umsatzrenditen von unter 1%.[376] Entsprechend stellt sich für den jeweiligen Hersteller neben der Frage der Standortneuplanung ebenfalls die Frage nach Instrumenten zur Optimierung des bestehenden Händlernetzes. Auf diese beiden Aspekte soll im folgenden Abschnitt konkret eingegangen werden.

3.4.1 Systematisierung der Vorgehensweise bei der Standortneuplanung

Dieser Abschnitt befasst sich zunächst mit dem typischen Prozess der Standortsuche, welcher primär die zwei Hauptphasen Makroanalyse und Mikroanalyse umfasst. Die Standortneuplanung stellt einen mehrstufigen Entscheidungsprozess dar, der die Suche, Bewertung und Auswahl der bestgeeigneten Standortalternativen beinhaltet. Zur Analyse der Eignung eines Standortes werden lediglich unternehmensexterne Daten verwendet, da unternehmensinterne Daten in der Regel nicht vorliegen.[377]

Eine anschauliche und systematische Phasenunterteilung der Standortplanung liefert BIENERT, der diesen Prozess in eine Makro- und Mikroanalyse aufteilt.[378] Dabei wird *„[...] ähnlich einer Trichterung eine immer detailliertere Analyse immer kleinerer Untersuchungseinheiten durchgeführt“.*[379] In diesem Zusammenhang werden – soweit notwendig – der übergeordnete Wirtschaftsraum für einen potenziellen neuen Standort festgelegt und Gebiete vorselektiert (Makroanalyse). Innerhalb der Mikroanalyse kann dann zwischen der vorgeschalteten Einzugsgebietsabgrenzung und

---

376 Vgl. Landmann, R.: Mitten in einer Revolution – Herausforderungen und Lösungsansätze für den Automobilvertrieb der Zukunft, in: Wolters, H./ Landmann, R. (Hrsg.): Die Zukunft der Automobilindustrie – Herausforderungen und Lösungsansätze für das 21. Jahrhundert, Wiesbaden 1999, S. 76 f.

377 Vgl. Salvaneschi, L.: Location, location, location: how to select the best site for your business, Grants Pass 1996, S. 175.

378 Vgl. Bienert, M.L.: Standortmanagement: Methoden und Konzepte für Handels und Dienstleistungsunternehmen, Wiesbaden 1996, S. 113-165; ähnlich auch Nattenberg, O.: Filiale am richtigen Platz: Vielfältige Möglichkeiten für die Standortplanung und -optimierung, in: GeoBIT, 6. Jg., Nr. 1, 2001, S. 18-21.

379 Heinritz, G./ Klein, K./ Popp, M.: Geographische Handelsforschung, Berlin 2003, S. 92.

der darauf folgenden punktuellen Standortanalyse – oder auch Detailanalyse – differenziert werden.

3.4.1.1 Makroanalyse

Aufgrund der multinationalen Ausrichtung nahezu aller Automobilhersteller und der gerade in Europa mit der EU-Osterweiterung voranschreitenden Öffnung der Märkte, ist die *Makroanalyse* die Basis des Standortneuplanungsprozesses. Für den Automobilhersteller besteht das Ziel dieser Makroanalyse in der Reduktion eines anfänglich großen Suchgebiets, beispielsweise Europa, einzelne Länder oder Bundesländer, auf wenige für Standortneuansiedlungen potenziell gewinnbringende Teilgebiete.[380] Dem Standortplaner dienen festgesetzte Management-Vorgabekriterien als erste Orientierungshilfe zur Eingrenzung dieses Suchgebietes. Diese Vorgaben können aus der allgemeinen strategischen Unternehmensplanung abgeleitete Teilziele sein, wie bspw. Umsatz-, Marktanteilsziele oder die Anzahl verkaufter Neuwagen. Es können aber auch genaue Rahmenvorgaben gemacht werden, wie beispielsweise im Hinblick auf die Länder oder Regionen, die verstärkt bearbeitet werden sollen, den Betriebstyp (Niederlassung vs. Vertragshändler; Neuwagenhändler vs. Servicewerkstatt), der eröffnet werden soll, oder die Anzahl neuzugründender Standorte.

Voraussetzung für die Auswahl einer Region ist darüber hinaus die Vorabdefinition bestimmter Auswahlkriterien, wobei man sich hier auf die Auswertung sekundärstatistischen Datenmaterials beschränken muss.[381] Die Auswertung sozioökonomischer, soziodemographischer, geographischer und automobilbezogener Daten wird wesentlich durch die Funktionalitäten von GIS zur Datenintegration, -verarbeitung und -präsentation unterstützt. Zur besseren Visualisierung kann in diesem Zusammenhang ein von GHOSH und MCLAFFERTY entwickeltes Portfolio des Makrostandorts aufgestellt werden, welches die Regionen in neun verschiedene Regionstypen kategorisiert, die sich hinsichtlich ihrer Attraktivität in Bezug auf die Standortneugründung unterscheiden.[382] Die Anzahl der in Frage kommenden Gebiete kann durch die Eliminierung der weniger attraktiven Regionen bereits wesentlich reduziert werden, wodurch gleichzeitig auch gezeigt wird, welche Länder oder Landesteile besonders viel Potenzial für Neugründungen von Händlerstandorten bieten.

---

380 Vgl. Bienert, M.L. (1996), S. 116; Berekoven, L. (1990), S. 352; Ghosh, A./ McLafferty, S.: Location Strategies for Retail and Service Firms, Lexington 1987, S. 34.

381 Vgl. Heinritz, G./ Klein, K./ Popp, M. (2003), S. 93.

382 Vgl. Ghosh, A./ McLafferty, S. (1987), S. 34.

Daran anknüpfend findet eine detailliertere Gebietsvorauswahl statt, in der die potenziell lukrativen Regionen auf der Gebietsebene, oftmals anhand von Postleitzahlen- oder Zensusgebieten, geographisch feiner analysiert werden. Grundsätzlich sind sowohl die Ziele als auch die Vorgehensweise in dieser Stufe der Makroanalyse identisch mit der der Regionenauswahl. Am Ende der Analyse ist die anfänglich große Ausgangsregion auf wenige lukrative Regionen und diese wiederum auf lukrative Subregionen reduziert worden.

Abschließend gilt es anzumerken, dass im Rahmen der Makroanalyse Geomarketing nur sehr eingeschränkt zur Auswahl der Vorgabekriterien beitragen kann; je nachdem wie die Standortplanung unternehmensintern organisiert ist, obliegt diese der Unternehmensleitung bzw. der nationalen Vertriebsleitung. Sobald die Vorgaben der Standortplanung vom *„Anwender"* bestimmt sind, kann ein GIS als eigentliches Analyseinstrument diese Vorgaben im Rahmen der Auswertung der sekundärstatistischen Daten berücksichtigen und umsetzen. Entsprechend kann die Regionen- und Gebieteauswahl mittels eines GIS operationalisiert werden, so dass präzise und schnell potenziell lukrative Areale identifiziert werden.

3.4.1.2 Mikroanalyse

Die *Mikroanalyse* lässt sich genau wie der Prozess der Standortneuplanung an sich in zwei Prozessschritte unterteilen, nämlich in die Einzugsgebietsabgrenzung und die punktuelle Standortbewertung.

„Notwendige Voraussetzung einer differenzierten Bewertung potentieller Einzelstandorte, die im Rahmen einer systematischen Standortplanung aus einer (mehrstufigen) makroanalytischen Gebieteselektion abgeleitet werden, ist eine möglichst exakte Abgrenzung des jeweils relevanten Einzugsgebiets."[383] Unter einem Einzugsgebiet ist ein (theoretisch) klar abgegrenzter Raum zu verstehen, dessen Einwohner potenzielle Kunden des für eine Neugründung in Erwägung gezogenen Standorts sind.[384] Auch wenn die konkrete Abgrenzung des Einzugsgebiets zunächst leicht zu bestimmen erscheint, liegt hier in Wirklichkeit die Ursache für eine Vielzahl an möglichen Problemen. Ein zunächst geeignet erscheinender Standort muss hinsichtlich

---

383 Bienert, M.L. (1996), S. 122.

384 Vgl. Mattmüller, R./ Tunder, R. (2004), S. 321 f.; Heinritz, G./ Klein, K./ Popp, M. (2003), S. 93; Theis, H.-J.: Handels-Marketing: Analyse- und Planungskonzepte für den Einzelhandel, Frankfurt a.M. 1999, S. 315; Lewison, D.: Retailing, New Jersey 1997, S. 323. Synonym werden in der Literatur häufig die Begriffe Marktgebiet, Marktfeld, Absatzregion, Absatzradius, Absatzreichweite, Absatzgebiet, Absatzregion und Vertriebsreichweite verwendet. Vgl. hierfür eine Aufstellung in Bienert, M.L. (1996), S. 122; ähnlich auch: Hörschgen, H./ Froböse, M. (1991), S. 21.

der Fragen, wer von wo für welche Einkäufe zum geplanten Händler am geplanten Standort kommen wird, bewertet werden. Da die Größe und Form eines Einzugsgebiets von vielen verschiedenen Einflussfaktoren bestimmt wird, ist es fast unmöglich, bei der Einzugsgebietsabgrenzung die reale Komplexität durch theoretische Modelle vollständig abzubilden.[385] Man stützt sich aus diesem Grund bei der Abgrenzung von Einzugsgebieten auf heuristische Verfahren, welche wesentliche Einflussfaktoren berücksichtigen und bestimmte Grundannahmen über allgemein zutreffende Verhaltensweisen der Konsumenten treffen.[386]

Dem Anwender bzw. Planer steht eine Vielzahl mehr oder minder komplexer Verfahren zur Einzugsgebietsabgrenzung zur Verfügung: Trotz differierender begrifflicher Unterscheidungen werden in der Standortforschung weitgehend die gleichen Verfahren beschrieben.[387] In Anlehnung an die Unterscheidungen von PEPELS, THEIS, MÜLLER-HAGEDORN und BIENERT können zur Abgrenzung von Einzugsgebieten drei grundlegend verschiedene Ansätze gewählt werden: Empirisch-induktive Verfahren, theoretisch-deduktive Verfahren und das so genannte Customer Spotting.

Empirisch-induktive Verfahren grenzen Einzugsgebiete mit Hilfe von Erfahrungswerten ab, wobei insbesondere die Kreis-, Fahrtweg- und Fahrtdauermethode zu nennen sind.[388] Im Rahmen der Kreismethode wird das Einzugsgebiet abgegrenzt, indem um einen potenziellen Standort konzentrische Kreise gelegt werden (= Luftlinie).[389] Die Fahrtwegmethode misst hingegen den effektiven räumlichen Abstand zwischen dem Standort und seiner räumlichen Umgebung, wobei auch topographische Gegebenheiten sowie die spezifische Verkehrserschießung einbezogen werden. *„Zonen gleicher Wegstrecke werden zusammengefaßt und von einer Indifferenzkurve umgeben."*[390] Analog dazu kann im Rahmen der Fahrtdauermethode eine geplante maximale Fahrtzeit des Kunden bis zum nächsten Händlerstützpunkt Ausgangsbasis für die Abgrenzung des Einzugsgebiets sein. Fahrtweg- und Fahrtdauermethode unterscheiden sich vor allem dort, wo Straßen einer hohen Klasse wie Bundesstraßen

---

385 Vgl. Bienert, M.L. (1996), S. 123 f.

386 Vgl. Berekoven, L. (1990), S. 356.

387 Vgl. die Unterscheidungen der Verfahren von Pepels, W.: Handelsmarketing, Wiesbaden 1995, S. 78; Theis, H.-J. (1999), S. 316; Müller-Hagedorn, L.: Der Handel, Wiesbaden 1998, S. 390; Hörschgen, H./ Froböse, M. (1991), S. 21 f.; Heinritz, G./ Klein, K./ Popp, M. (2003), S. 94; Bienert, M.L. (1996), S. 125.

388 Von anderen Verfahren, die lediglich eine Variation bzw. Weiterentwicklung der genannten Modelle darstellen, wird an dieser Stelle abstrahiert. Für eine Aufstellung anderer theoretisch-deduktiver Modelle sei auf die Ausführungen von Bienert, M.L. (1996), S. 135 verwiesen. In der Literatur werden im Zusammenhang mit theoretisch-deduktiven Verfahren insbesondere die Einzugsgebietsmodelle von Reilly, Converse und Huff sowie das ökonometrische Modell der GfK Nürnberg diskutiert. Letzteres wird nicht genauer betrachtet, da es sich nicht zur Standortbeurteilung bei Neugründungen eignet. Vgl. Theis, H.-J. (1999), S. 329.

389 Vgl. Mattmüller, R./ Tunder, R. (2004), S. 327-329.

390 Pepels, W. (1995), S. 81.

oder Autobahnen zu einer *„Ausbuchtung"* der Fahrzeitdistanz führen. Bei allen genannten Methoden kann das gesamte Einzugsgebiet basierend auf Erfahrungen, Befragungen und branchenüblichen Werten in Zonen mit unterschiedlich hoher Kundenanziehungskraft eingeteilt werden. In der Praxis findet insbesondere die Fahrtdauermethode Anwendung, was in der Tatsache begründet liegt, dass die Fahrtzeit eine wesentliche Determinante für die Marktausschöpfung darstellt.[391]

Neben den eben beschriebenen empirisch-induktiven Verfahren können auch *theoretisch-deduktive Methoden* zur Abgrenzung des Einzugsgebiets potenzieller Standorte herangezogen werden. Basierend auf Determinanten, von denen angenommen wird, dass sie das Kaufverhalten der Kunden beeinflussen, werden mathematische Formeln hergeleitet, anhand derer die potenziellen Kunden den in Betracht gezogenen Gebieten und Standorten entweder deterministisch (Gravitationsgesetz nach REILLY[392] und das erweiterte Gravitationsmodell nach CONVERSE[393]) oder probabilistisch (Gravitationsmodell von HUFF[394]) zugeordnet werden. Als Einflussfaktoren werden dabei die Entfernung des Kunden zu den beiden Händlern, die Einwohnerzahl der Städte, in denen der Händler angesiedelt sein könnte und die Attraktivität der Händler herangezogen. Der Grundgedanke jedes Modells erscheint plausibel und hilfreich für die Entscheidungsfindung. Hinsichtlich der Beurteilung des praktischen Nutzens für die Standortfindung liefert die deutsch- und englischsprachige Literatur jedoch unterschiedliche Meinungen.[395] Während das Gesetz von REILLY und das Modell von CONVERSE im Hinblick auf ihre empirischen Ergebnisse umstritten sind, hat sich das Gravitationsmodell von HUFF hingegen in der Praxis durchaus bewährt.[396]

Im Rahmen des *Customer Spottings* kann eine Einzugsgebietsabgrenzung durch die Verwendung von Kundendaten erfolgen, wobei Primärbefragungen von Kunden sowie Auswertungen kundenbezogener Sekundärdaten unterschieden werden können. Hierbei werden Kunden bspw. an der Kasse konkret nach ihrem Wohnort gefragt, um auf diese Art und Weise eine Einzugsgebietsabgrenzung vorzunehmen.[397] Es gilt bei dieser Methode jedoch abzuwägen, inwieweit die Gewährleistung einer realitätsna-

---

391 Vgl. Lademann, R.: Customer preferences for existing and potential Sales and Servicing Alternatives in Automotive Distribution, Studie im Auftrag der Europäischen Kommission, 2001, S. 9.

392 Vgl. Reilly, W.J.: The law of retail gravitation, New York 1931; zitiert nach: Theis, H.-J. (1999), S. 322.

393 Vgl. Converse, P. D.: New Laws of Retail Gravitation, in: Journal of Marketing, 14. Jg., Nr. 3, 1949, S. 379 f.

394 Vgl. Huff, D.L.: Defining and Estimating a Trading Area, in: Journal of Marketing, 28. Jg., Nr. 3, 1964, S. 36 f.

395 Vgl. Berekoven, L. (1990), S. 362; Ghosh, A.: Retail Management, Chicago 1990, S. 272.

396 Für eine ausführliche Beschreibung der genannten Modelle bzw. Gesetze vgl. Müller-Hagedorn, L.: Handelsmarketing, 3. Aufl., Stuttgart et al. 2002, S. 133-147.

397 Vgl. Müller-Hagedorn, L. (2002), S. 131.

hen Einzugsgebietsabgrenzung den vergleichsweise großen Aufwand und die hohen Kosten rechtfertigt.

Alle empirisch-induktiven und theoretisch-deduktiven Modelle bzw. Methoden zur Abgrenzung von Einzugsgebieten sind mit einem GIS ausführbar. Zwar kann die eigentliche Befragung im Rahmen des Customer Spotting nicht mit GIS durchgeführt werden, die Ergebnisse können jedoch mittels GIS abgespeichert, verarbeitet und visualisiert werden. Der Anwender muss allerdings selbst festlegen, ob er die Marktgebiete der potenziellen Einzelstandorte der Händler eher auf Erfahrungen beruhend vornehmen will, auf Basis theoretisch angenommener Gesetzmäßigkeiten oder anhand von Befragungen. Die Wahl einer Methode wird dabei entscheidend durch den finanziellen Aufwand für die Beschaffung der Daten, den zeitlichen Restriktionen und das nötige Know-how für die Durchführung der Analysen sowie die Genauigkeit der Ergebnisse beeinflusst.

Neben der Einzugsgebietsabgrenzung stellt die punktuelle Standortanalyse einen wichtigen Aspekt im Rahmen der Mikroanalyse dar. *„Am Ende des Standortplanungsprozesses steht die detaillierte Bewertung eines spezifischen Einzelstandorts – die punktuelle Standortanalyse.“*[398] Sofern dem Anwender bzw. Planer bereits ein konkreter Standort vorgeschlagen wurde, z.B. von einem Immobilienmakler oder einem Händler, kann die Detailanalyse auch Ausgangspunkt einer lediglich einstufigen Standortbewertung sein. In der Literatur finden sich sehr viele und gleichzeitig unterschiedliche Verfahren der punktuellen Standortanalyse. BIENERT liefert einen vollständigen methodischen Überblick, in dem er die für die punktuelle Standortanalyse zur Verfügung stehenden Verfahren in Einfachverfahren, Punktbewertungsverfahren, Analogverfahren, Investitionsrechenverfahren, Regressionsanalyse, Gravitationsmodelle, Location-allocation-models und sonstige Verfahren unterteilt, wobei diese Analysen sowohl isoliert als auch kombiniert zu einer finalen Entscheidung für eine Standortalternative herangezogen werden können. Oftmals stellen Umsatzprognosen und Vergleichsverfahren einen Bestandteil der Standortbewertung dar, wobei hier teilweise auf Techniken zur Einzugsgebietsabgrenzung zurückgegriffen wird.[399] Im Folgenden werden für eine Standortneugründung relevante Ansätze vorgestellt und die Möglichkeiten von Geomarketing, insbesondere eines GIS, zur Umsetzung dieser Methoden erörtert.

Zu den *Einfachverfahren*, die für die Bewertung von Händlerstützpunkten der Automobilindustrie herangezogen werden können, gehört die Anwendung der *„Daumen-*

---

[398] Bienert, M.L. (1996), S. 139.
[399] Vgl. ebenda, S. 139-141.

regel". Dabei wird die Erfüllung einfacher Minimalvoraussetzungen überprüft und auf umfangreiche Standortanalysen verzichtet. Ein Hersteller kann beispielsweise festlegen, dass ein Händlerstützpunkt nur in einem Ort eröffnet werden soll, sofern dort mindestens 15.000 PKW in einem Umkreis von 2 KM registriert sind. Inwiefern solche einfachen Regeln vor dem Hintergrund risikobehafteter Standortentscheidungen in der Praxis angewandt werden, ist fraglich. Grundsätzlich verfügt ein GIS jedoch über solche Funktionalitäten.[400]

Punktbewertungsverfahren, worunter insbesondere die Checklisten-Methode und das Rangreihenverfahren fallen, versuchen, die Standortalternativen durch die Bewertung und Gewichtung aller relevanten Standortfaktoren vergleichbar zu machen und anhand dessen die geeignete Standortalternative zu identifizieren.[401] Die zur Bewertung der Standortfaktoren notwendigen demographischen, sozioökonomischen, infrastrukturellen, konkurrenzbezogenen und objektspezifischen Daten können in einem GIS integriert werden. Die Auswahl, Bewertung und Gewichtung der Standortfaktoren muss jedoch vom Anwender bzw. Planer subjektiv festgelegt werden.

Bei der *Analog-Methode* hingegen wird versucht, über die in der Vergangenheit realisierten Umsätze eines oder mehrerer bereits bestehender, möglichst strukturidentischer Händlerstützpunkte(s) auf das Umsatzpotenzial eines Neustandorts zu schließen.[402] *„Entscheidend für die Güte der Umsatzprognose ist der Grad der Ähnlichkeit zwischen Neu- und Vergleichsstandort."*[403] GIS können hierbei die für die Berechnung der potenziellen Verkaufszahlen notwendigen internen Kunden- und Umsatzdaten mit den externen Bevölkerungsdaten kombinieren.

Im Rahmen von *standortspezifischen Investitionsrechenverfahren* wird ein geeigneter Standort ermittelt, indem der potenzielle Umsatz anhand handelsspezifischer Kosten und Erlöse bzw. Aus- und Einzahlungen errechnet wird. Da GIS jedoch auf die Analyse geographischer Zusammenhänge spezialisiert sind, sind deren Anwendungsmöglichkeiten für statische und dynamische Investitionsrechenverfahren stark eingeschränkt; Tabellenkalkulationsprogramme stellen hier eine geeignetere Software dar.

Im Gegensatz dazu können *standortbezogene Regressionsanalysen* zur Identifikation der Standortfaktoren, die den Umsatz am stärksten beeinflussen, und zur Erfolgsprognose für potenzielle Neustandorte mit Hilfe von GIS-Daten und GIS-

---

400 Vgl. Jones, K./ Simmons, J.: The retail environment, London/New York 1990, S. 323 f.
401 Vgl. Müller-Hagedorn, L.: Handelsmarketing, Stuttgart 1993, S. 120-127.
402 Vgl. Pepels, W. (1995), S. 78.
403 Bienert, M.L. (1996), S. 147.

Statistikfunktionalitäten durchgeführt werden.[404] So können Daten über die den Geschäftserfolg am stärksten beeinflussenden Faktoren, z.B. Einwohner und Wettbewerber innerhalb des Einzugsgebiets, aus der Datenbank entnommen werden und die Grundlage für eine Regression bilden.

Die bereits erwähnten *Gravitationsmodelle* von REILLY, CONVERSE und HUFF dienen nicht nur der Einzugsgebietsabgrenzung, sondern auch der Umsatzprognose für in Betracht gezogene Einzelstandorte.[405] Dieses ist *„[...] ein ergänzendes Element von Gravitationsmodellen, das die konsequente Weiterführung des Standortbewertungsprozesses (ohne Methodenwechsel) erlaubt“.*[406] Die geschätzten Umsatzvolumina der potenziellen Neustandorte werden ermittelt, indem für jedes vorab definierte Einzugsgebiet die in einem GIS verfügbaren Daten zu Einwohnerzahlen und Kaufkraftkennziffern multipliziert werden.

Location-allocation-Modelle als weiteres Verfahren der punktuellen Standortanalyse ermöglichen die Überwindung der Einzelstandortbetrachtung, da bei der Bewertung alternativer Standorte simultan die (Umsatz- oder Gewinn-) Auswirkungen einer Standortneugründung für bereits bestehende Händler berücksichtigt werden. Dadurch kann der Forderung nach optimaler Marktausschöpfung bei gleichzeitiger Vermeidung von Kannibalisierungseffekten Rechnung getragen werden. Die in einem GIS integrierten Daten und Methoden ermöglichen dabei die Ermittlung eines Netzoptimums.

Von sonstigen Verfahren, wie dem *Standortprofilvergleich,* der *break-even Analyse* sowie der *Diskriminanzanalyse,* wird an dieser Stelle abstrahiert, da ihnen, auch wenn sie partiell durch GIS unterstützt werden können, in der Literatur keine besondere Bedeutung für die Detailanalyse beigemessen wird.[407]

Insgesamt kann festgehalten werden, dass ein GIS bei der Umsetzung der meisten Verfahren der punktuellen Standortanalyse einen wesentlichen Beitrag leistet. Selbst wenn ein GIS nur Teilanalysen durchführen kann, ist es in der Lage, den Entscheidungsprozess zu beschleunigen und selbst einfache Verfahren mit abgesicherten Daten zu unterfüttern und dadurch mehr Aussagekraft zu verleihen. Wie bei der Einzugsgebietsabgrenzung auch, liegt es jedoch am Anwender bzw. Planer, die geeignete Methode auszuwählen und die jeweiligen relevanten Parameter zu bestimmen.

---

404 Vgl. McGoldrick, P.J.: Retail Marketing, London/New York 1990, S. 172.
405 Vgl. Jones, K./ Simmons, J. (1990), S. 362.
406 Bienert, M.L. (1996), S. 155.
407 Vgl. Bienert, M.L. (1996), S. 161.

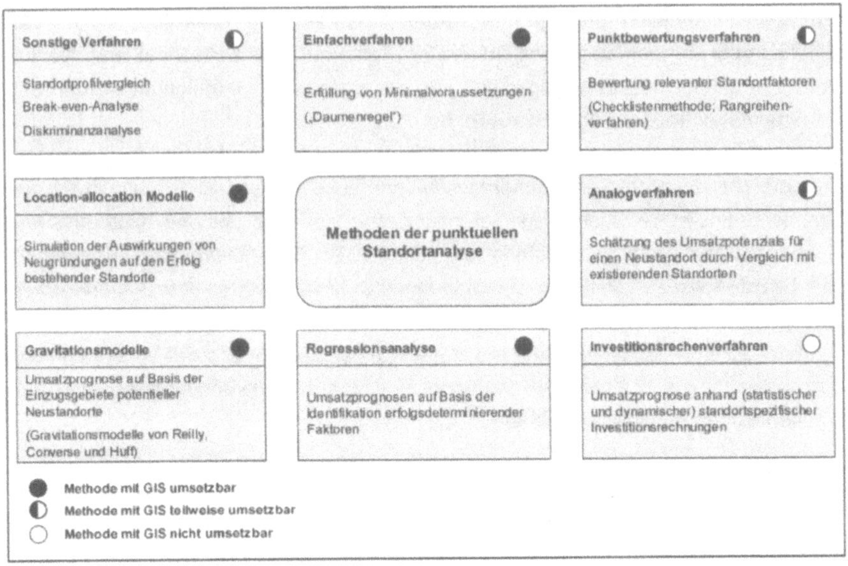

Abbildung 21: Zusammenfassende Darstellung der Methoden zur Standortanalyse[408]

3.4.2 Systematisierung der Vorgehensweise bei der Händlernetzoptimierung

Neben der Standortneuplanung kann Geomarketing auch bei der Händlernetzoptimierung einen wesentlichen Beitrag leisten. In Anlehnung an standorttheoretische Ausführungen zum Prozess der strategischen Planung von Einzelhandelsstandorten[409] sowie an SIMONS Unterteilung eines Entscheidungsproblems in drei Phasen[410] scheint eine Unterscheidung in vier konzeptionelle Stufen der Händlernetzoptimierung sinnvoll: Zunächst erfolgt eine Analyse des Ist-Zustandes der nationalen Händlernetze, indem in thematischen Karten die derzeitige Aufstellung des Händlernetzes abgebildet wird. Daran schließt sich eine Soll-Analyse des Händlernetzes an, in der ein theoretisches Netzoptimum definiert werden soll. Im Rahmen der dann folgenden Soll-Ist-Abweichungsanalyse können Defizite erkannt und daraus in der letzten Phase geeignete Strategien und operative Maßnahmen abgeleitet werden. Im Idealfall wird die Aufstellung des Händlernetzes laufend kontrolliert und ggf. mittels geeigneter Maßnahmen angepasst. In diesem Zusammenhang gilt es jedoch

---

408 Eigene Darstellung in Anlehnung an Bienert, M.L. (1996), S. 141.

409 Vgl. Hansen, U. (1990), S. 554 f.; Ghosh, A. (1990), S. 219 f.; Jones, K./ Simmons, J. (1990), S. 379 f.

410 Vgl. Simon, H.A.: The new science of management decision, New York 1960, S. 97; Simon unterteilt die Phasen in „Intelligence", „Design" und „Choice": Nachdem Handlungsbedarf identifiziert wird, werden Handlungsalternativen aufgezeigt und anschließend die beste Alternative ausgewählt.

anzumerken, dass sich der genannte Anpassungsprozess bedingt durch die komplexe Vertragsgestaltung zwischen Automobilhersteller und Vertragshändler über einen langen Zeitraum erstrecken kann. Aufgrund der vertragsbedingten Laufzeit ist eine kurzfristige Veränderung des bestehenden Händlernetzes im Sinne einer Straffung nahezu nicht möglich. Lediglich im Rahmen von unternehmensweiten Restrukturierungsmaßnahmen (bezogen auf den jeweiligen Hersteller), bei Ende der individuellen Vertragslaufzeit oder aber bei nicht vorhandener Unternehmensnachfolge (bezogen auf den einzelnen Händler) können die getroffenen Vereinbarungen (ggf. gegen eine einmalige Abschlagszahlung) aufgelöst werden. Aus diesem Grund gilt es zu berücksichtigen, dass eine Händlernetzoptimierung nicht als permanenter, sondern vielmehr als strategischer und damit langfristig orientierter Prozess zu betrachten ist.[411] Nachfolgend werden die einzelnen Prozessstufen vorgestellt und kurz erläutert, inwieweit Geomarketing diesen Prozess unterstützen kann.

3.4.2.1 Ist-Analyse

„Wesentlich für die Optimierung von Standorten ist u. a. die ausreichend genaue Qualität des zu erfassenden ‚Ist-Zustandes (...).“[412] des Händlernetzes. Damit der Anwender bzw. Planer einen Überblick über die derzeitige Aufstellung des Vertriebsnetzes gewinnen kann, ist es notwendig, relevante Händler-, Wettbewerbs- und Marktdaten in thematischen Karten abzubilden. Ein GIS ermöglicht dabei die Abspeicherung, Verknüpfung und kartographische Darstellung interner und externer raum- und attributbezogener Daten.

In diesem Zusammenhang relevante interne Daten sind die raumbezogenen Daten zu den Standorten und Einzugsgebieten bestehender Händler sowie Sachdaten zu historischen Umsätzen und Marktanteilen.[413] Diese Daten können aus Rechnungswesen- und Marketingdatenbanken in das GIS integriert werden. Relevante externe Daten können einerseits raumbezogene Daten zu den Standorten von Wettbewerbern und Kunden, als auch Sachdaten zu den Marktanteilen und geschätzten Umsätzen der Konkurrenten,[414] fahrfähigen Bevölkerung, Kaufkraftkennziffern und PKW-

411 Demgegenüber kann eine Ausweitung des Händlernetzes wesentlich einfacher durchgeführt werden, da eine Hinzunahme weiterer Händler aus Sicht der Automobilhersteller vertragsbedingt keine Probleme bereitet. Allerdings ist diese Form der Händlernetzoptimierung für die deutschen Automobilhersteller aufgrund der hohen Distributionsdichte lediglich von geringer Bedeutung.

412 Feix, C.: Standortmanagement in Mittel- und Großunternehmen mit GIS-Technologien, in: Strobl, J./ Blaschke, T. (Hrsg.): Angewandte Geographische Informationsverarbeitung XI: Beiträge zum AGIT-Symposium Salzburg, Heidelberg 1999, S. 190.

413 Einen detaillierten Überblick der Methoden zur Einzugsgebietsabgrenzung siehe Kapitel 3.1.1.

414 Die Schätzung der Umsätze erfolgt anhand der Multiplikation der verkauften Pkw je Fabrikat mit der Verkaufsfläche der einzelnen Händler.

Bestand sein. Damit diese Daten für die räumliche Ist-Analyse nutzbar sind, werden sie geocodiert, d. h. wie bereits beschrieben mit einer räumlichen Information, z.B. einer Postleitzahl, Kundennummer oder einer Adresse, verknüpft.[415]

Diese verknüpften externen und internen Sach- und Geodaten können anschließend zur besseren Visualisierung in einer thematischen Karte schichtenweise überlagert dargestellt werden.[416] Sie ermöglichen es dem Anwender bzw. Planer, geographische Konzentrationen schnell zu erfassen. So kann man z.B. anhand der Überschneidung von Einzugsgebieten erkennen, in welchen Gebieten Händler miteinander konkurrieren oder in welchen Gebieten eine hohe Wettbewerberkonzentration herrscht. Darüber hinaus ist es möglich, bestimmte Händlertypen[417] anhand von Clusteranalysen zu identifizieren.[418] Dies geschieht vornehmlich anhand des Vergleichs des händlerindividuellen Marktanteils mit dem durchschnittlichen fabrikatspezifischen Marktanteil, wobei die Größe des Einzugsgebiets und die Konkurrenzsituation dabei ebenso berücksichtigt werden können. Geomarketing unterstützt die Ist-Analyse insbesondere durch die Integration und Visualisierung von standortrelevanten Daten. Sofern der Anwender bzw. Planer die Problembereiche bereits ausreichend in dieser Phase der Netzoptimierung identifiziert sieht, besteht die Möglichkeit die Netzoptimierung bereits an dieser Stelle zu beenden und direkt zur Ableitung geeigneter Maßnahmen überzugehen.

3.4.2.2 Soll-Analyse

Wenn der Hersteller außer der Ist-Analyse im Rahmen der Soll-Analyse auch ein idealtypisches Netz abbilden will, kann diese Phase ebenso mittels Geomarketing durchgeführt werden. Die Basis für die Generierung eines Netzoptimums bzw. idealtypischen Vertriebsnetzes wird durch bestimmte Vorgabekriterien seitens des Herstellers geliefert, deren Ausgestaltung ihrerseits von der Markbearbeitungsstrategie beeinflusst werden.

Diese Vorgabekriterien können aus den im vorangegangenen Abschnitt vorgestellten Verfahren zur Einzugsgebietsabgrenzung und punktuellen Standortanalyse abgeleitet werden. So ist es z.B. möglich, empirisch-induktive Verfahren zur Einzugsge-

---

415 Vgl. Nitsche, M. (1998), S. 75.

416 Die Fähigkeit von GIS, verschiedene Attribute in einer Karte zu überlagern und simultan darzustellen wird in der Geoinformatik als ‚Overlay'-Kartierung bezeichnet. Unter thematischen Karten werden Karten verstanden, in denen bestimmte Bereiche, Punkte oder Diagramme in einer Karte durch Schraffuren und Farben hervorgehoben werden.

417 Die einzelnen Händler können bspw. anhand der Anzahl der verkauften Fahrzeuge, des Serviceumsatzes oder der Mitarbeiteranzahl typologisiert werden.

418 Vgl. Nitsche, M. (1998), S. 191.

bietsabgrenzung auch zur Bestimmung von Vorgabekriterien zu verwenden. Ein optimales Netz kann beispielsweise anhand der Faustregel kreiert werden, dass kein Kunde länger als 30 Minuten bis zum nächsten Neuwagenhändler und 20 Minuten bis zur nächsten Servicewerkstatt fahren sollte. Ein anderes Beispiel stellt die Verwendung des Einfachverfahrens als Methode der punktuellen Standortanalyse dar: So kann der Hersteller vorgeben, dass jeder Händler in einem Gebiet mit einer bestimmten Mindestgesamteinwohnerzahl angesiedelt sein soll, deren Einwohner zusätzlich über ein bestimmtes Mindest-Pro-Kopf-Einkommen verfügen. Darüber hinaus können auch finanzwirtschaftliche Kennzahlen herangezogen werden, indem der Hersteller festlegt, dass jeder Händler entsprechend der Größe seines Unternehmens einen bestimmten Mindestumsatz generieren, eine Mindestanzahl an PKW verkaufen und/oder einen bestimmten Marktanteil halten sollte.

Dieses aus minimalen oder maximalen Potenzialzielen bestehende, multikriterielle Planungsproblem kann ein GIS mittels mathematischer Verfahren lösen. Dabei kann entweder eine exakte Lösung oder eine heuristische Annäherung an das idealtypische Vertriebsnetz erreicht werden.[419]

3.4.2.3 *Soll-Ist-Abweichungsanalyse*

Nach der Ist- und Soll-Analyse gilt es in der dritten Prozessstufe zu überprüfen, inwieweit das Ist-Vertriebsnetz unter Geomarketing-Aspekten mit dem Soll-Zustand (dem theoretischen Netzoptimum) übereinstimmt. Dadurch sollen Defizite und Handlungsbedarf aufgezeigt werden, um daraus ableitend geeignete Maßnahmen zur Beseitigung dieser Defizite zu ergreifen. Die tatsächlichen nicht-geometrischen (z.B. Umsätze, Marktanteile, Verkaufszahlen, Kaufkraft) und geometrischen Daten (z.B. Mindesteinwohnerzahl, infrastrukturelle Anbindung, Fahrtwegdistanzen) werden dabei mittels der Analysefunktionen von GIS mit den Idealkriterien verglichen.

Der Vergleich nicht-geometrischer Daten kann mittels Regressionsanalysen erfolgen: Auf diese Weise kann eine Abweichungsanalyse (Soll-Ist-Vergleich) von prognostiziertem Umsatz, geplanten Marktanteilen und Verkaufszahlen (Soll-Wert) und tatsächlich erreichtem Umsatz, Marktanteilen und Verkaufszahlen (Ist-Wert) mathematisch vorgenommen werden.[420] Im Rahmen der Soll-Ist-Abweichungsanalyse für ge-

---

[419] Vgl. Clarke, G.P.: Methoden der Standortplanung im Wandel, in: Heinritz, G. (Hrsg.): Die Analyse von Standorten und Einzugsbereichen: methodische Grundfragen der geographischen Handelsforschung, Passau 1999, S. 26 f.; Kalcsics, J./ Melo, T./ Nickel, S./Gündra, H.: Wenn das Eis schmilzt... Location Based Business Intelligence in der Standortplanung und Vertriebsoptimierung, in: GeoBIT, 6. Jg., Nr. 5, 2001, S. 25-27; Bienert, M.L. (1996), S. 159.

[420] Vgl. McGoldrick, P.J. (1990), S. 174.

ometrische Daten wird anhand von *„erfüllt/nicht erfüllt“*- bzw. *„Ja/Nein“*-Abfragen geprüft, ob ein Händler den demographischen, infrastrukturellen und distanzbezogenen Vorgaben genügt oder nicht.

Die Ergebnisse können tabellarisch, graphisch und kartographisch dargestellt werden, wobei insbesondere Karten ermöglichen, schnell einen Überblick zu gewinnen und Abweichungen zu identifizieren. Ebenso wie bei der Ist-Analyse werden *„Overlay-Kartierungen“* und thematische Karten zur Gegenüberstellung der tatsächlichen und idealtypischen Situation herangezogen.

3.4.2.4 Ableitung von konkreten Maßnahmen

Im Rahmen der letzten Phase der Händlernetzoptimierung werden anhand der in der Ist-Analyse und Soll-Ist-Abweichungsanalyse identifizierten Defizite geeignete Maßnahmen abgeleitet. Dabei stehen verschiedene Handlungsalternativen zur Verfügung: Die für die Netzoptimierung relevanten Standortalternativen umfassen auf der einen Seite die räumliche Verlagerung eines Händlerstützpunktes von einem bereits existierenden an einen neuen Standort, Veränderungen eines bestehenden Standorts ohne räumliche Verlagerung und die Schließung eines Händlerstützpunktes. Die Schließung kann sowohl durch Kündigung als auch durch Auslaufen des Händlervertrages erfolgen. Darüber hinaus ist es auf der anderen Seite möglich, dass der Hersteller die Konsolidierung von Händlern über Kooperation und Fusionen aktiv fördert.[421]

Die Entscheidung über die im Einzelfall geeigneten Maßnahmen kann trotz der Möglichkeiten von Geomarketing zur Händlernetzoptimierung nur schwerlich mittels Geomarketing-Analysen automatisiert werden. Wie bei dem Prozess der Standortneuplanung auch, sind subjektive, qualitative Einschätzungen des Anwenders bzw. Planers darüber, welche Maßnahmen ergriffen werden, immer noch unerlässlich. Es liegt an ihm, die Vorgabekriterien zu gewichten und abzuschätzen, ob die Nichterfüllung eines Kriteriums bereits Konsequenzen hinsichtlich einer Standortverlagerung oder -schließung nach sich ziehen muss. Geomarketing kann hier Probleme sichtbar machen und Entscheidungsunterstützung bieten. Dennoch ist es unerlässlich das bestehende Händlernetz bzw. einzelne Händler zusätzlich nach qualitativen Faktoren und anhand subjektiver Einschätzungen individuell zu bewerten.

---

[421] Vgl. Aumann, A./ Baumbach, R.: Strukturwandel im europäischen Automobilvertrieb und After Sales, Studie der Cell Consulting AG, Frankfurt a.M. 2004, S. 9.

4. Erfolgsfaktoren in der Betriebswirtschaftslehre

Das folgende Kapitel nähert sich dem Forschungsvorhaben konkret von Seiten der Erfolgsfaktoren. Hierfür ist es zunächst erforderlich den Begriff des unternehmerischen Erfolgs zu analysieren und sich mit den bisherigen Erkenntnissen zur empirischen Erfolgsfaktorenforschung vertraut zu machen. Basierend auf diesen Erkenntnissen sollen zum einen Ansatzpunkte für die dieser Arbeit zugrunde liegenden Untersuchung gewonnen werden, und zum anderen wird ein grundlegendes Verständnis von Erfolgsfaktoren vermittelt. Im Anschluss daran erfolgt eine Konzeptualisierung und Operationalisierung des Instruments Geomarketing, welche als Ausgangsbasis für die empirische Untersuchung dienen.

4.1 Der unternehmerische Erfolg als Ausgangsbasis für die Untersuchung

Der Begriff *Erfolg* hat seinen Ursprung im 17. Jahrhundert und entstand aus dem Wort *„erfolgen"* im Sinne von *„erlangen, sich erfüllen oder zuteil werden"*.[422] Heute wird er grundsätzlich als *„[...] positive Wirkung oder Folge von Entscheidungen oder Handlungen verstanden"*.[423] Hierbei bleibt es zunächst ungeklärt, ob sich das Ergebnis aufgrund eines glücklichen Zusammenspiels günstiger Umstände oder anhand eines bewussten Bestrebens eingestellt hat. Eine trennscharfe Unterteilung ist in der Regel nur schwierig möglich, da im

„[...] nachhinein (...) oftmals kaum feststellbar [ist], inwieweit das Ziel tatsächlich angestrebt wurde oder der Zufall half. (...) Sozialpsychologische Attributsforschung, die sich mit der Interpretation und Zuschreibung sozialer Verhaltensweisen befasst, zeigt, daß man seine Erfolge gerne der eigenen Leistung, Mißerfolge aber den äußeren Umständen zuschreibt."[424]

Aus der wirtschaftlichen Perspektive heraus betrachtet, steht der Erfolg für *„[...] das i.d.R. in monetären Größen erfasste bzw. ausgedrückte Ergebnis des Wirtschaftens, ermittelt durch (eine) Erfolgsrechnung"*.[425] Folglich wird der Unternehmenserfolg als *„Nettogröße im Sinne einer wertmäßigen Differenz zwischen Ausbringung und Mit-*

---

422 Kluge, F.: Etymologisches Wörterbuch der deutschen Sprache, 22. Aufl., Berlin 1989, S. 185.

423 Rudolph, H.: Erfolg von Unternehmen. Plädoyer für den kritischen Umgang mit dem Erfolgsbegriff, in: Aus Politik und Zeitgeschichte, Beilage zur Wochenzeitung Das Parlament, Nr. 23, 1996, S. 32.

424 Rudolph, H. (1996), S. 33.

425 Tjaden, G. (2003), S. 58.

teleinsatz oder zwischen Ertrag und Aufwand verstanden“,[426] wobei jedoch darauf hinzuweisen ist, dass dieses traditionelle Verständnis mit der heutigen Komplexität ökonomischen Handelns nicht mehr in Einklang zu bringen ist. Vielmehr verfolgen Unternehmen heutzutage *„[...] ein Zielbündel, das neben monetären auch nicht-monetäre Ziele umfasst“*[427] und einhergehend mit der *„[...] Tendenz zur Interpretation von Unternehmen als interessenspluralistisch geprägte Institution“*[428] haben sich auch die Ansätze zur Erfolgsanalyse verändert. Forscher sehen sich bei der Messung des Erfolgs grundsätzlich der Problematik gegenübergestellt, dass qualitative, nicht beobachtbare Variablen quantitativ messbar gemacht werden müssen und bedürfen aus diesem Grund einer entsprechenden Konzeptualisierung und Operationalisierung.[429]

Sowohl FRITZ als auch OESTERLE verweisen darauf, dass sich, in Abhängigkeit des zugrunde liegenden Ansatzes, vier verschiedene Erfolgsdefinitionen ableiten lassen:[430]

- *Erfolg als langfristige Überlebensfähigkeit (Systemansatz):* Bezogen auf die vielfältigen inneren und äußeren Beziehungen eines Unternehmens, wird der Erfolg als Summe der Fähigkeiten, Ressourcen sowie Prozesse und Strukturen verstanden, die es ermöglichen, vorteilhaft mit der Umwelt zu interagieren und somit langfristig lebensfähig zu sein.[431]

- *Erfolg als Grad der Zielerreichung (Zielansatz):* Hierbei wird von der Prämisse ausgegangen, dass jedes Unternehmen ein Zielsystem verfolgt und dass der Grad der Erreichung der im Zielsystem zusammengefassten Ziele den Erfolg darstellt.[432] Folglich geht der Zielansatz davon aus, dass jedes Unternehmen explizite (d.h. erkannte und auch kommunizierte) aber auch implizite (d.h. aus dem Verhalten der Mitglieder eines Unternehmens ableitbare) Ziele verfolgt.[433]

---

426 Fritz, W.: Marketing-Management und Unternehmenserfolg – Grundlagen und Ergebnisse einer empirischen Untersuchung, 2. Aufl., Stuttgart 1995, S. 217; sowie auch Oesterle, M. J.: Probleme und Methoden der Joint Venture-Erfolgsbewertung, in: ZfB, 65. Jg., Nr. 9, 1995, S. 989.

427 Fritz, W. (1995), S. 217.

428 Oesterle, M. J. (1995), S. 989.

429 Vgl. Meffert, H.: Marketing, 8. Aufl., Wiesbaden 1992, S. 183.

430 Vgl. Fritz, W. (1995), S. 218-223; sowie Oesterle, M. J. (1995), S. 989 f.

431 Vgl. Rehkugler, H.: Erfolgsfaktoren mittelständischer Unternehmen, in: WISU, 18. Jg., Nr. 11, 1989, S. 627; sowie auch Tjaden, G.: Erfolgsfaktoren virtueller Unternehmen, Wiesbaden 2003, S. 59.

432 Vgl. Fritz, W.: Marktorientierte Unternehmensführung und Unternehmenserfolg, in: Marketing ZFP, 15. Jg., Nr. 4, 1993, S. 241; und Tjaden, G. (2003), S. 59.

433 Vgl. Hesse, J.: Erfolgsforschung im Vertrieb, Wiesbaden 2004, S. 54.

- *Erfolg als Befriedigung von Interessen (Stakeholderansatz):* Im Rahmen dieses Ansatzes ergibt sich der Erfolg aus dem Erfüllungsgrad der Ansprüche und Erwartungen sämtlicher Interessensgruppen.[434]

- *Erfolg als situationsspezifisches Ergebnis (Kontingenzansatz):* Die Betonung der Abhängigkeit des Unternehmenserfolges von der jeweiligen Situation liegt diesem Ansatz zugrunde.[435]

Der von ETZIONI geprägte *Zielansatz* konzeptualisiert den Erfolg wie beschrieben auf Basis des Grades der Erreichung der im Zielsystem zusammengefassten Ziele.[436] Folglich wird im Rahmen des Zielansatzes davon ausgegangen, dass jede Organisation explizite (d.h. erkannte und auch kommunizierte) oder aber implizite (d.h. aus dem faktischen Verhalten der Mitglieder einer Organisation ableitbare) Ziele verfolgt, wobei es nur dann als erfolgreich angesehen wird, wenn es die selbst gesteckten Ziele erreicht. In der Forschung stellt der Zielansatz, neben dem Systemansatz, die in der Literatur vorwiegend verwendete Richtung dar,[437] wobei es in Bezug auf den *„richtigen"* Ansatz keinen Konsens gibt.[438]

Trotz der hohen Verbreitung des Zielansatzes oder gerade wegen selbiger sieht sich der Zielansatz einer Vielzahl von *Kritikpunkten* gegenübergestellt.[439] So wird beispielsweise kritisiert, dass die Mehrzahl der Unternehmensentscheidungen nicht konsequent an den selbst gesteckten Zielen ausgerichtet wird. Die Ursache ist darin zu finden, dass Unternehmen teilweise über keine konkreten, kommunizierten Zielsetzungen verfügen bzw. den Grad der Zielerreichung ex post nicht kontrollieren.[440] Ein weiterer Kritikpunkt in diesem Zusammenhang ist die mangelnde Vergleichbarkeit der Zielsetzungen einzelner Unternehmen, da diese unter Umständen von Un-

---

434 Grundsätzlich sind hierbei alle Gruppen und Organisationen eingeschlossen, die direkt oder indirekt, gegenwärtig oder zukünftig mit dem Unternehmen in irgendeiner Beziehung stehen, wobei zwischen internen und externen Interessensgruppen unterschieden wird. Vgl. Mattmüller, R./ Tunder, R. (2004), S. 15 f. Interne Interessensgruppen setzen sich aus den Eigentümern, dem Management sowie den Mitarbeitern zusammen, wohingegen externe Interessensgruppen Fremdkapitalgeber, Lieferanten, Kunden, Konkurrenz sowie Staat und Gesellschaft beinhalten. Vgl. hierzu Thommen, J. P./ Achleitner, A.-K.: Allgemeine Betriebswirtschaftslehre, Wiesbaden 1998, S. 46 f.

435 Vgl. Bühner, R.: Messung des Erfolgs von Organisationen unter Berücksichtigung situativer Einflussfaktoren, in: Management International Review, 17. Jg., Nr. 3, 1977, S. 51-53.

436 Vgl. Etzioni, A.: Modern Organizations, Englewood Cliffs 1964, S. 3.

437 Vgl. Fritz, W. (1995), S. 220.

438 Vgl. Oesterle, M. J. (1995), S. 990.

439 Eine ausführliche Darstellung der mit dem Zielansatz verbundenen Probleme liefert Grabatin, G.: Effizienz von Organisationen, Berlin/New York 1981, S. 23 f.

440 Vgl. Evanschitzky, H.: Erfolg von Dienstleistungsnetzwerken - Ein Netzwerkmarketingansatz, Wiesbaden 2003, S. 54 f.

ternehmen zu Unternehmen unterschiedlich definiert sind.[441] Demnach setzt der Zielansatz voraus, dass die zu betrachtenden Unternehmen gleiche oder zumindest vergleichbare Ziele anstreben.[442] Zusätzlich fügen Kritiker hierbei an, dass in der Unternehmenspraxis immer mehrere Ziele gleichzeitig verfolgt werden, wobei diese ihrerseits in Beziehungen stehen können, die indifferent, komplementär oder konkurrierend sind.[443] Einen abschließenden Kritikpunkt stellt die Tatsache dar, dass der Zielansatz lediglich die Ziele des Unternehmens berücksichtigt, nicht jedoch die Ziele weiterer Anspruchsgruppen.[444]

Trotz der genannten Kritikpunkte wird der Zielansatz als Grundlage für die vorliegende Arbeit verwendet. Diese Entscheidung kann dadurch begründet werden, dass neben den in der Literatur proklamierten Vorteilen[445] eine wesentlich fokussiertere Perspektive eingenommen wird, da eine Konzentration auf die internen Ziele eines Unternehmens erfolgt und andere, teilweise sehr differierende Zielsetzungen unberücksichtigt bleiben.[446] Insbesondere bei der Analyse der Erfolgsauswirkungen eines einzelnen Instruments ist solch eine fokussierte Betrachtungsweise zwingend erforderlich, da selbiges in aller Regel lediglich der Erfüllung interner Unternehmenszielsetzungen dient.

Nach dieser einleitenden Erläuterung des Konstruktes *„Erfolg"* wird im folgenden Abschnitt auf die den Erfolg begründenden Erfolgsfaktoren, insbesondere die empirische Erfolgsfaktorenforschung, eingegangen. Hierbei wird mit einer Darstellung der aktuellen Erkenntnisse in Bezug auf die empirische Erfolgsfaktorenforschung zunächst ein Überblick auf den aktuellen Kenntnisstand in diesem Bereich geliefert, bevor am Ende dieses Kapitels im Rahmen der Operationalisierung der Grundstein für die empirische Untersuchung gelegt wird.

---

441 Vgl. Grabatin, G. (1981), S. 23; sowie ebenfalls Murphy, G.B./ Trailer, J.W./ Hill, R.C.: Measuring performance in entrepreneurship research, in: Journal of Business Research, No. 36, 1996, S. 16.

442 Vgl. Hesse, J. (2004), S. 55.

443 Vgl. ebenda, S. 55 f.

444 Vgl. Mattmüller, R./ Tunder, R. (2004), S. 15 f.; Grabatin, G. (1981), S. 23 f.

445 Vgl. beispielsweise Evanschitzky, H. (2003), S. 56 f.

446 Vgl. ebenda, S. 57.

4.2 Grundlagen der empirischen Erfolgsfaktorenforschung

In der betriebswirtschaftlichen Forschung, insbesondere in der strategischen Unternehmensplanung, wird der Identifikation entscheidender Einflussgrößen des Unternehmenserfolges eine herausragende Bedeutung beigemessen.[447] GHEMAWAT bezeichnet die Suche nach den Einflussgrößen des Unternehmenserfolges sogar als Essenz der bisherigen Strategieforschung.[448] Basierend auf diesen Tatsachen wird der Analyse der Determinanten des Unternehmenserfolges und damit der Größen, die erfolgreiche von weniger erfolgreichen Unternehmen unterscheiden, ein nicht minder großes Interesse entgegengebracht.[449] Im Mittelpunkt dieser Analyse steht die Suche nach den so genannten *Erfolgsfaktoren*[450], d.h. jenen Faktoren, die den betrieblichen Erfolg positiv beeinflussen.

Die Notwendigkeit einer Überprüfung und Fundierung der allgemeinen Aussagen über Erfolgsfaktoren lässt sich durch die Anfang der 80er Jahre aufgekommene empirische Erfolgsfaktorenforschung und die damit einhergehende gestiegene Anzahl an Veröffentlichungen belegen.[451] Grundsätzlich wird bei der empirischen Erfolgsfaktorenforschung versucht, die *„Schlüsselfaktoren des übergeordneten Erfolges des gesamten Unternehmens oder einzelner Geschäftsbereiche empirisch zu identifizieren“*.[452] Neben dieser rein auf *„Erfolg“* basierenden Forschung wird sowohl von der Wissenschaft als auch von der Praxis die Krisenforschung (im Unternehmenskontext auch als Insolvenzforschung beschrieben) als Suche nach den Ursachen bzw. nach Schlüsselfaktoren für den Misserfolg betrieben.[453] Eine einheitliche Grundsatzentscheidung, ob die Schlüsselfaktoren des Misserfolgs mit den Erfolgsfaktoren übereinstimmen, kann in der Literatur nicht gefunden werden.[454] Im weiteren Verlauf die-

---

447 Vgl. Hildebrandt, L.: Die quantitative Analyse strategischer Erfolgsfaktoren in der Marketingforschung, Habilitation, Technische Universität Berlin, Berlin 1989, S. 90; sowie Schoemaker, P.J.H./ Amit, R.: Investment in Strategic Assets: Industry and Firm-Level Perspectives, in: Shrivastava, P./ Huff, A./ Dutton, J. (Hrsg.): Advances in Strategic Management, Vol. 10, Part A, Greenwich 1994, S. 3-33.

448 Ghemawat, P.: Commitment: The Dynamic of Strategy, New York 1991, S. 75.

449 Vgl. Peters, T.J./ Waterman, R.H.: Auf der Suche nach Spitzenleistungen. Was man von den bestgeführten US-Unternehmen lernen kann, 8. Aufl., Landsberg/Lech 2000, S. 9; sowie Wohlgemut, A.C.: Dem Unternehmenserfolg auf der Spur, DU 1990, Heft 1, S. 43.

450 Synonym werden in der Literatur auch Begriffe wie „kritischer Erfolgsfaktor“, „strategischer Faktor“, „strategischer Schlüsselfaktor“, „Erfolgsdeterminante“, „Einflussfaktor“ oder „Wettbewerbsfaktor“ verwendet. Einen Vergleich der einzelnen Begriffe findet sich bei: Kalka, R.: Marketingerfolgsfaktoren im Facheinzelhandel, Wiesbaden 1996, S. 23.

451 Vgl. Hildebrandt, L.: Store Image and the Prediction of Performance in Retailing, in: JBR, Heft 1, 1988, S. 91.

452 Fritz, W.: Marketing – ein Schlüsselfaktor des Unternehmenserfolges?, in: Marketing ZFP, Jg. 12, Heft 2, 1990, S. 92; vgl. in ähnlicher Form auch Hildebrandt, L. (1988), S. 92.

453 Vgl. Fritz, W. (1990), S. 92.

454 Für gleiche Faktoren bezüglich des Erfolgs bzw. Misserfolgs tritt z.B. Krüger ein: vgl. Krüger, W. Die Erklärung von Unternehmenserfolg: Theoretischer Ansatz und empirische Ergebnisse, in: DBW, Nr. 1, 1988, S. 42; dagegen z.B. Rehkugler: vgl. Rehkugler, H. (1989), S. 627.

ses Forschungsvorhabens erfolgt jedoch eine Beschränkung auf die Erfolgsfaktoren, weshalb auf eine nähere Beschreibung der Schlüsselfaktoren des Misserfolgs verzichtet wird.

4.2.1 Historische Entwicklung der empirischen Erfolgsfaktorenforschung

Wahrscheinlich ist *„[...] die Frage nach Erfolgskonzepten so alt wie die Geschichte industrieller Unternehmen“.*[455] Wurde vor dem Zweiten Weltkrieg in der Regel eine monokausale Ursache für den Unternehmenserfolg, z.B. das Beherrschen von Produkt- oder Fertigungstechnologien oder eine breite Eigenkapitalbasis, angenommen,[456] so kamen nach dem Zweiten Weltkrieg immer differenziertere multikausale Erklärungsmodelle und folglich die Erfolgsfaktorenforschung auf.[457] Begünstigt durch die fortschreitende Entwicklung der Informationstechnologien bestand eines der Hauptziele in der systematischen Aufnahme benötigter Schlüsselinformationen bei gleichzeitiger Eindämmung (möglichst Eliminierung) unwichtiger Informationen.[458]

Die empirische Erfolgsfaktorenforschung umfasst eine Reihe von Studien, in denen der Versuch unternommen wird, Erfolgsfaktoren aus beobachteten Zusammenhängen zu extrahieren.[459] Als Pionieruntersuchung unter den empirischen Erfolgsfaktorenstudien kann das *PIMS-Programm* (Profit Impact of Market Strategy) gesehen werden.[460] Die Zielsetzung der ersten PIMS-Untersuchung war darin begründet, über einen siebenjährigen Zeitraum (1970-1976) hinweg die Existenz allgemeingültiger Marktgesetze (*„laws of the market place“*) auf Geschäftsbereichsebene nachzuweisen. Im Rahmen dieser Untersuchung nahmen über 60 Firmen (vornehmlich amerikanische Großkonzerne) mit insgesamt 800 strategischen Geschäftseinheiten aus verschiedenen Branchen teil. Mittlerweile ist die Zahl der Teilnehmer auf mehr als 400 Unternehmen mit etwa 4000 strategischen Geschäftseinheiten angestiegen und die Projektkoordination an ein eigenes Forschungsinstitut (Strategic Planning Insti-

---

455 Peters, T.J./ Waterman, R.H. (2000), S. 10.
456 Vgl. ebenda, S. 10.
457 Vgl. Tjaden, G. (2003), S. 71.
458 Vgl. Grünig, R./ Heckner, F./ Zeus, A.: Methoden zur Identifikation strategischer Erfolgsfaktoren, in: Die Unternehmung, Heft 1, 1996, S. 4.
459 Für einen umfangreichen Überblick über empirische Studien in Bezug auf die Identifikation von Erfolgsfaktoren vgl. Fritz, W. (1990), S. 94.
460 Das Projekt wurde in den 60er Jahren vom amerikanischen Konzern General Electric ins Leben gerufen, um Prioritäten für Investitionszwecke festzustellen. Für eine detaillierte Beschreibung der Geschichte des PIMS-Konzepts vgl. Neubauer, F.-F. (1999): Das PIMS-Programm und Portfolio-Management, in: Hahn, D./ Taylor, B.: Strategische Unternehmensplanung, strategische Unternehmensführung: Stand und Entwicklungstendenzen, 8. Aufl., Heidelberg, S. 469-477.

tute) übertragen worden.[461] Beim PIMS-Projekt handelt es sich um eine Untersuchung, die, in Anlehnung an das *„structure-conduct-performance-Paradigma"* der Industrieökonomik, versucht, den Einfluss verschiedener Parameter (z.B. Marktstruktur, Wettbewerbsposition, Wettbewerbsverhalten und Erfolgs- bzw. Leistungssituation des Unternehmens) auf den Return on Investment (RoI) zu bestimmen. Trotz der großen Popularität des PIMS-Programms sind die Ergebnisse in einigen wesentlichen Punkten nicht unumstritten. Kritisch anzumerken ist vor allem, dass die durch eine Regressionsanalyse ausgewählten Parameter nicht vorab theoretisch hergeleitet und anschließend überprüft, sondern aus den empirischen Ergebnissen abgeleitet werden.[462]

Eine weitere Pionierstudie auf dem Gebiet der Erfolgsfaktorenforschung stammt von PETERS und WATERMAN. In ihrer 1982 erstmals veröffentlichten Studie versuchen diese, strategische Erfolgsfaktoren dadurch zu bestimmen, dass sie eine Gruppe besonders erfolgreicher amerikanischer Unternehmen hinsichtlich ähnlicher Einflussfaktoren auf den Erfolg analysieren. Als Erfolgskriterien legten sie dabei den kumulierten Vermögenszuwachs, das kumulierte Eigenkapitalwachstum, das durchschnittliche Verhältnis Marktwert zu Buchwert, die durchschnittliche Gesamtkapitalrendite, die durchschnittliche Eigenkapitalrendite sowie die durchschnittliche Umsatzrendite zugrunde[463] und kristallisierten 22 Merkmale als Ursachen für den Erfolg heraus, die in acht Erfolgsfaktoren verdichtet wurden.[464] Kritisch ist jedoch auch hier anzumerken, dass sich die Untersuchung, analog zur PIMS-Studie, lediglich auf US-amerikanische Unternehmen konzentriert und folglich nur eine sehr eingeschränkte Allgemeingültigkeit besitzt. Ferner wird sich einseitig auf eine Gruppe erfolgreicher Unternehmen beschränkt, wobei im gleichen Zuge hätte geprüft werden müssen, ob weniger erfolgreiche Unternehmen die identifizierten Erfolgsmerkmale nicht aufweisen. Zusätzlich gilt es zu bemängeln, dass die Ergebnisse der Studie fast aus-

---

461 Vgl. Haenecke, H.: Methodenorientierte Systematisierung der Kritik an der Erfolgsfaktorenforschung, in: ZfB, 72. Jg., Nr. 2, 2002, S. 166; sowie Eschenbach, R./ Eschenbach, S./ Kunesch, H.: Strategische Konzepte: Management-Ansätze von Ansoff bis Ulrich, 4. Aufl., Stuttgart, S. 277 f.; PIMS-Untersuchungen werden seit den 80er Jahren auch für europäische Unternehmen durchgeführt; für eine ausführliche Erläuterung des PIMS-Fragebogens vgl. Abell, D./ Hammond, J.: Strategic Market Planning: Problems and Analytical Approaches, Englewood Cliffs 1979, S. 290-293; für eine ausführliche Erläuterung zum Prozess der Datenerhebung vgl. Venohr, B.: „Marktgesetze" und strategische Unternehmensführung, Wiesbaden 1988, S. 71 f.

462 Vgl. Kehl, M.: Strategische Erfolgsfaktoren in der Telekommunikation, Wiesbaden 2001, S. 152; für einen umfassenden Überblick zur Kritik am PIMS-Programm vgl. Hansmann, K.-W.: Industrielles Management, 7. Aufl., München 2001, S. 49.

463 Vgl. Peters, T.J./ Waterman, R.H. (2000), S. 43-48.

464 Die acht Erfolgsfaktoren nach Peters und Waterman sind: Primat des Handelns, Nähe zum Kunden, Freiraum für Unternehmertum, Produktivität durch den Menschen, sichtbar gelebtes Wertesystem, Bindung an das angestammte Geschäft, einfacher, flexibler Aufbau, straff-lockere Führung. Vgl. Peters, T.J./ Waterman, R.H. (2000), S. 43-48.

schließlich auf Erfahrungen und Beobachtungen basieren und es aus diesem Grund an einer empirischen Überprüfung mangelt.[465]

Unabhäbgig von diesen Kritikpunkten sind von der PIMS-Studie und der Untersuchung von PETERS und WATERMAN wichtige Impulse für die weitere Erfolgsfaktorenforschung ausgegangen. Es folgten viele weitere Studien mit den gleichen oder ähnlichen Fragestellungen, die sich jedoch durchweg durch sehr unterschiedliche Vorgehensweisen auszeichneten.[466] DASCHMANN führt diese Heterogenität auf das Fehlen eines geschlossenen Modells zur Erklärung des Unternehmenserfolges in der Betriebswirtschaft[467] und WOHLGEMUTH auf *„die großen Lücken im Erkenntnisstand“*[468] zurück. In der aktuellen Literatur existiert eine Vielzahl an Studien zum Thema Erfolgsfaktorenforschung, unter anderem die von DILLER/LÜCKING, GÖTTGENS, STEINLE, HAEDRICH/JENNER und BECKER, welche sich ausschließlich auf Erfolgsmerkmale aus Unternehmensbefragungen konzentrieren. Herauszuheben ist an dieser Stelle die Studie von FRITZ, in welcher dieser die Ergebnisse von 40 Erfolgsfaktorenstudien aus der Literatur in einer Meta-Analyse auswertet und auf diese Art und Weise fünf der am häufigsten nachgewiesenen Erfolgsfaktoren extrahiert: Humanressourcen, Kundennähe, Innovationsfähigkeit, Produktqualität und Führungsstil.[469]

---

465 Vgl. Krüger, W.: Hier irrten Peters/Waterman, in: Harvard Manager, 11. Jg., Nr. 1, 1989, S. 13-15; Krüger kritisiert hierbei insbesondere die Undifferenziertheit, Unschärfe, Unvollständigkeit, Einseitigkeit und Umweltabkopplung der Peters/Waterman-Studie sowie die unzureichende Auseinandersetzung mit sachlichen und zeitlichen Abhängigkeiten zwischen den Faktoren.

466 Vgl. Tjaden, G. (2003), S. 73.

467 Vgl. Daschmann, H.-A.: Erfolgsfaktoren mittelständischer Unternehmen, Stuttgart 1993, S. 73.

468 Wohlgemuth, A. C.: Die klippenreiche Suche nach den Erfolgsfaktoren. Vorschläge zur Meisterung der methodischen Herausforderung, in: Die Unternehmung, 43. Jg., Nr. 2, 1989, S. 89-111.

469 Vgl. Fritz, W.: Die Produktqualität – ein Schlüsselfaktor des Unternehmenserfolges?, in: ZfB, 64. Jg., Nr. 8, 1994, S. 1049 f.

Die nachfolgende Tabelle fasst in chronologischer Reihenfolge die wichtigsten Ergebnisse der vorgestellten Erfolgsfaktorenstudien zusammen:

Autoren	Datenquelle	Wichtigste Erkenntnisse der Studie
PETERS/ WATERMAN (1982)	Stichprobe = 62 amerikanische Unternehmen, erfahrungsbasierte Ermittlung der Faktoren	Determinanten des Gesamtunternehmenserfolges: Primat des Handelns, Nähe zum Kunden, Freiraum für Unternehmertum, Produktivität durch Menschen, sichtbar gelebtes Wertsystem, einfach-flexibler Aufbau, straff-lockere Führung
PIMS-Studie (1989)	Stichprobe = 800 strategische Geschäftseinheiten amerikanischer Unternehmen, quantitativ-explorative Analyse mit Hilfe der multiplen Regressionsanalyse	Determinanten des Gesamtunternehmenserfolges: Relativer Marktanteil, Produktqualität, relativer F&E-Aufwand, Investitionsintensität, Bestellhäufigkeit, Unternehmensgröße, Marktwachstum, Produktivität, vertikale Integration
FRITZ (1990)	Vergleichende Gegenüberstellung von 40 Erfolgsfaktorenstudien, Häufigkeitsverteilung	Determinanten des Gesamtunternehmenserfolges (Ranking): Humanressourcen, Kundennähe, Innovationsfähigkeit, Produktqualität, Führungsstil
DILLER/ LÜCKING (1992)	Stichprobe = 104 Unternehmen, schriftliche Befragung von deutschen Top-Managern, Häufigkeitsverteilung	Determinanten des Gesamtunternehmenserfolges (Ranking): Humanressourcen, Kostenmanagement, Marktanteil, Innovationen, Mitarbeiterqualität
GÖTTGENS (1995)	Stichprobe = 152, schriftliche Befragung, konfirmatorisch-explikative Analyse mit Hilfe der LISREL-Methode	Determinanten des Gesamtunternehmenserfolges auf stagnierenden und schrumpfenden Märkten: Mitarbeiter- und marktorientierte Unternehmenskulturen. Prioritäten im Zielsystem: Kundenzufriedenheit, Qualität des Angebots, Wettbewerbsfähigkeit, Sicherung des Unternehmensbestandes. Mehrdimensionale Wettbewerbsstrategien. Unternehmensfaktoren: hohe F&E-Ausgaben, hohe Produktivität, geographische Expansion, hohe Produktqualität, Nischenpolitik, geringe Gleiderungstiefe, Weiterbildung der Mitarbeiter, Entscheidungsdelegation, Kundennähe, Marktanteil, Kostensituation. Umweltmerkmale: geringe wirtschaftliche Dynamik, geringe Austrittsbarrieren, Sicherheit über Nachfrageverlauf, geringe Unternehmenskonzentration.
STEINLE (1996)	Stichprobe = 146 Produktionsunternehmen in Baden Württemberg und Niedersachsen, Korrelationsanalyse	Determinanten des Gesamtunternehmenserfolges: Innovationsmanagement, Zeitmanagement, Leitbild, EDV-Einsatz, Planung, marktliche Umweltfaktoren, Strategiekontrolle, Umweltschutzmanagement, Faktoren strategischer Wahl, Strategieimplementierung
HAEDRICH/ JENNER (1996)	Stichprobe = 150, d.h. 55 computergestützte Interviews zu 164 Geschäftseinheiten, Mittelwert der wahrgenommenen Bedeutung	Determinanten des Gesamtunternehmenserfolges auf Konsumgütermärkten: Design, Produktimage, Preis, Produktqualität, Service, Vertrieb (im Sinne von Verfügbarkeit).
Becker (2002)	Stichprobe = 800, telefonische Befragung von Vorständen/ Geschäftsführern deutscher mittelgroßer und großer Unternehmen, Häufigkeitsverteilung	Determinanten des Gesamtunternehmenserfolges (Ranking): Qualität der Produkte/ Dienstleistungen, Qualität der Mitarbeiter, Kundenorientierung, Wirtschaftslage, Innovation, Marktsituation, effiziente Prozesse/ Leistung, Flexibilität, Unternehmenspolitik/ -strategie, Marketing/ Vertrieb und Führungskompetenz.

Tabelle 5: Tabellarische Zusammenfassung der Studien zur Erfolgsfaktorenforschung[470]

470 Eigene Darstellung in Anlehnung an: Marschner, K.: Wettbewerbsanalyse in der Automobilindustrie, Rostock 2004, S. 60.

4.2.2 Systematisierung der Untersuchungen zur Erfolgsfaktorenforschung

Die Betriebswirtschaftslehre orientiert sich bei der Erforschung der Erfolgsfaktoren an der Hypothese, dass der Erfolg eines einzelnen Unternehmens trotz der Vielfalt und Komplexität möglicher Einflussvariablen von einigen wenigen Faktoren determiniert wird.[471] Daraus ableitend ergibt sich das grundlegende Ziel der empirischen Erfolgsfaktorenforschung, nämlich die Identifikation der zentralen Einflussgrößen auf den Erfolg eines Unternehmens auf empirischem Weg. Wie im vorangegangenen Kapitel gezeigt, sind in der Vergangenheit viele empirischen Arbeiten im Zusammenhang mit Erfolgsfaktoren geschrieben worden, wobei allen Arbeiten gemein ist, dass sie sich mit den Bestimmungsgrößen des Unternehmenserfolges beschäftigen. Trotz dieser Gemeinsamkeit variieren die Studien zum Teil erheblich hinsichtlich des Untersuchungsgegenstandes, der Intention, der Qualität und Präzision der getroffenen Aussagen oder der Ermittlungsmethode. Aufgrund dieser Vielzahl von Unterscheidungsmöglichkeiten erscheint eine Systematisierung notwendig, wobei auch in diesem Zusammenhang in der Literatur kein einheitliches Kriterium zu finden ist und folglich reichlich Systematisierungsansätze zu diesem Themengebiet existieren. Die folgende Systematisierung dient ferner dazu, eventuell vorhandene Ansatzpunkte für die angestrebte Analyse des potenziellen Erfolgsfaktors Geomarketing zu identifizieren.

Den wohl umfassendsten Ansatz zur Systematisierung der Erfolgsfaktorenforschung liefert RIEKEBERG. Hierbei stehen nicht, wie vielfach in der Literatur zu finden, die eingesetzten Verfahren im Vordergrund, sondern die grundsätzliche Forschungsstrategie und die Qualität der Ergebnisse, welche anhand von sechs Kriterien differenziert werden:[472]

- *Spezifität:* Die Spezifität bzw. Reichweite der Ergebnisse von Erfolgsfaktorenstudien wird dadurch bestimmt, wie homogen bzw. heterogen die in die Untersuchung einbezogenen Objekte sind.[473] Studien mit einem niedrigen Spezifitätsgrad weisen typischerweise einen hohen Abstraktionsgrad auf und erhe-

---

471 Vgl. Lingenfelder, M.: Die Marketingorientierung von Vertriebsleitern als strategischer Erfolgsfaktor – Eine theoretische Analyse und empirische Bestandsaufnahme in der Markenartikelindustrie, Berlin 1990, S. 54-58.

472 Vgl. Riekeberg, M.: Erfolgsfaktoren bei Sparkassen, Wiesbaden 2003, S. 87; Riekeberg erweitert das von Trommsdorff vorgeschlagene Konzept zur Systematisierung (beinhaltete die Kriterien Spezifität, Präzision und Kausalität) um die Kriterien Intention, Validität und Repräsentativität.

473 Vgl. Schröder, H.: Erfolgsfaktorenforschung im Handel, in: Marketing-ZFP, 16. Jg., Nr. 2, 1994, S. 93.

ben häufig einen Anspruch auf Allgemeingültigkeit.[474] Unspezifische Studien basieren in der Regel auf sehr umfangreichen Stichproben, welche hinsichtlich Unternehmensgröße, untersuchten Branchen oder Wirtschaftsräumen bewusst heterogen gewählt sind. Im Gegensatz dazu beziehen sich Studien hoher Spezifität lediglich auf bestimmte Branchen oder sogar nur auf eine Gruppe von wenigen Unternehmen, auf bestimmte Regionen oder Unternehmenstypen – evtl. in bestimmten Phasen des Lebenszyklus – oder in im Untersuchungsdesign festgelegten wirtschaftlichen Zyklen (z.B. in Expansionsphasen oder in Sanierungsphasen). Dies hat zur Folge, dass eine Verallgemeinerung der Ergebnisse von Untersuchungen hoher Spezifität weder sinnvoll noch zulässig ist.[475]

- *Präzision:* Unter der Präzision empirischer Untersuchungen und ihrer Ergebnisse wird (im übertragenen Sinne) das Skalenniveau der Ergebnisse verstanden, wobei es zu berücksichtigen gilt, dass das verwendete Erhebungs- und Auswahlverfahren die Präzision der Ergebnisse stark beeinflusst. So können Ergebnisse im Extremfall sehr *„weich"* und unpräzise formulierte Statements oder Zitate aus Interviews (z.B. anhand unstrukturierter Interviews mit Führungskräften) oder aber präzise formulierte Aussagen sowie quantitative Ergebnisse im Sinne von Erwartungswerten, quotalen Ergebnissen oder Testergebnissen auf einem bestimmten Skalenniveau sein.[476] Es gilt jedoch zu beachten, dass anhand der Präzision der Ergebnisse (z.B. bei quantitativen Analysen) nicht auf die inhaltliche Qualität einer Studie sowie deren Relevanz für die Unternehmenspraxis geschlossen werden kann.

- *Kausalität:* In Bezug auf die Kausalität ist nach RIEKEBERG *„[...] zwischen einer Bestätigung des gleichzeitigen Auftretens von Phänomenen über postulierte und in Einzelfällen nicht falsifizierte Ursache-Wirkungszusammenhänge bis hin zu statistisch sehr aufwendig untersuchten und im statistischen Sinne bestätigten kausalen Zusammenhängen ein breites Spektrum von Ergebnissen aus empirischen Studien denkbar"*,[477] wobei eine sehr enge Verknüpfung zwischen dem Untersuchungsgegenstand und der Untersuchungsmethode existiert. Eine empirische Fundierung der Kausalität im Sinne einer Ursache-Wirkungsbeziehung zwischen Erfolgsfaktoren und Unternehmenserfolg ist

474 Als Beispiel für eine Studie mit niedrigem Spezifitätsgrad kann die PIMS-Studie in ihrer ursprünglichen Form gesehen werden, da hier weder nach Branchen noch nach anderen Kriterien differenziert wurde. Vgl. hierzu Riekeberg, M. (2003), S. 87.

475 Vgl. ebenda, S. 89.

476 Vgl. ebenda, S. 90.

477 Ebenda (2003), S. 93; für eine umfassende Erläuterung des Kausalitätsbegriffs vgl. ebenda, S. 14 f.

nicht darstellbar, da lediglich der Versuch unternommen werden kann, Kausalitätshypothesen zu falsifizieren. Misslingt diese Falsifikation in einer Reihe von Untersuchungen, können die Hypothesen als bewährt akzeptiert werden.[478] Es gibt folglich keine hinreichenden, sondern lediglich notwendige Bedingungen für Kausalität.[479]

- *Intention:* Das Kriterium der Intention steht in einem besonderen Zusammenhang mit der im Rahmen der Untersuchung verwendeten Methode und folglich auch mit dem Kriterium der Präzision, da die Präzision der Ergebnisse, insbesondere bei quantitativen Analysen, stark methodenabhängig ist. Grundsätzlich kann hinsichtlich der Intention zwischen explorativen und konfirmatorischen[480] Ansätzen unterschieden werden, wobei die Ergebnisse einer Studie häufig nicht eindeutig einer Forschungsintention zugeordnet werden können.[481]

- *Repräsentativität:* Die Möglichkeit der Verallgemeinerung der Aussagen bzw. der Übertragbarkeit der Ergebnisse auf andere Unternehmen kennzeichnen das Kriterium der Repräsentativität, wobei es nicht mit dem Kriterium der Spezifität verwechselt werden darf. Studien mit hochspezifischen Ergebnissen wird in der Regel eine geringere Repräsentativität unterstellt, da eine Übertragbarkeit der Ergebnisse nur dann sinnvoll ist, wenn eine große Ähnlichkeit zwischen dem jeweiligen Unternehmen und der untersuchten Gruppe von Unternehmen existiert. Im Gegenzug können jedoch die Ergebnisse solcher Studien für sehr ähnliche Unternehmen durchaus repräsentativ sein, wenn eine ausreichend große Stichprobe zugrunde gelegt wurde. Grundsätzlich ist die Repräsentativität der Ergebnisse eher von der Auswahl der Stichprobe und vom Stichprobenumfang abhängig,[482] die Spezifität jedoch von der Homogenität der Stichprobe. Es lässt sich deshalb festhalten, dass sich Spezifität und

---

478 Vgl. Haenecke, H. (2002), S. 171.

479 Als notwendige Bedingungen für das Vorliegen kausaler Zusammenhänge gelten eine empirische Korrelation, eine zeitliche Asymmetrie, das Nichtvorhandensein von Drittvariableneffekten sowie eine theoretische Begründung. Vgl. hierzu ausführlich Haenecke, H. (2002), S. 171.

480 Explorative Erfolgsfaktorenstudien haben nach Riekeberg grundsätzlich das Erkennen der einzelnen, den Erfolg (im wirtschaftlichen Sinne den Unternehmenserfolg) beeinflussenden Faktoren als Zielsetzung. Die Vorgehensweise ist insofern ergebnisoffen, als dass einerseits keine oder nur eine sehr unspezifische Vorauswahl von möglichen Einflussgrößen getroffen wird und andererseits nicht die Stärke eines Zusammenhangs zwischen ursächlichen Einflussgrößen und bewirkten Merkmalen von primärem Interesse ist, sondern die Bewertung der ursächlichen Einflussgrößen an sich. Das Ziel konfirmatorischer Studien ist die Bestätigung eines Zusammenhangs zwischen ursächlichen und bewirkten Variablen unter Umständen verbunden mit der Quantifizierung der Wirkungsintensität; vgl. hierzu Riekeberg, M. (2003), S. 94 f.

481 Vgl. ebenda, S. 94 f.

482 Vgl. hierzu Bankhofer, U./ Hilbert, A.: Bestimmungsgrößen des Stichprobenumfangs, in: Wirtschaftswissenschaftliches Studium, 27. Jg., Heft 7, 1998, S. 377-380.

Repräsentativität konträr zueinander verhalten, da die Homogenität der Stichprobe mit zunehmendem Stichprobenumfang abnimmt.[483]

- *Validität:* Der Begriff Validität bezeichnet grundsätzlich das Ausmaß, in dem eine Messmethode ein Konstrukt misst, welches gemessen werden soll.[484] In diesem Zusammenhang kann von einem *„validen Ergebnis“* gesprochen werden, wenn ein kausaler Zusammenhang zwischen den Messergebnissen und den konkreten Merkmalen, welche der Untersuchung zugrunde lagen, vorliegt.[485]

Einen ebenfalls umfassenden Ansatz wählt MARSCHNER und klassifiziert Studien zur Erfolgsfaktorenforschung anhand von drei Kriterien: Ermittlungsmethode, Analyseebene und Untersuchungsfeld.[486] Im Rahmen der Ermittlungsmethode werden die Erfolgsfaktoren auf Basis

- strategischer Grundsätze (theoretisch-deduktiv als Kausalkette),
- Expertenwissens (erfahrungsbasierend) oder
- empirischer Untersuchungen (empirisch-induktiv) bestimmt.[487]

In Bezug auf die Analyseebene können bestehende Untersuchungen unterteilt werden in

- branchenübergreifende Studien (z.B. die PIMS-Studie),
- industriespezifische Studien (z.B. Erfolgsfaktoren in der Automobilindustrie) oder
- projektbezogene Studien (z.B. Erfolgsfaktoren der Diversifikation).

---

483 Vgl. Riekeberg, M. (2003), S. 95 f.

484 Vgl. Petermann, F./ Noack, H.: Nicht-reaktive Messverfahren, in: Roth, E. (Hrsg.): Sozialwissenschaftliche Methoden, 2. Aufl., München 1987, S. 467 f.

485 Vgl. Thommen, J. P./ Achleitner, A.-K. (1998), S. 181; selbige differenzieren in diesem Zusammenhang zwischen innerer und äußerer Validität. Für eine umfassende Erläuterung vgl. auch Riekeberg, M. (2003), S. 97 f.

486 Vgl. Marschner, K. (2004), S. 49.

487 Vgl. Steinle, C./ Kirschbaum, J./ Kirschbaum, V.: Erfolgreich überlegen: Erfolgsfaktoren und ihre Gestaltung in der Praxis, Frankfurt a.M. 1996, S. 19.

Neben den bereits beschriebenen Unterscheidungsmerkmalen können Studien ferner hinsichtlich des jeweiligen Untersuchungsumfeldes in umfeld-, markt- und unternehmensbezogene Untersuchungen differenziert werden. Naturgemäß treten bei mehrdimensionalen Klassifikationen auch Kombinationen einzelner Teilkomponenten auf, weshalb die folgende Graphik zur Veranschaulichung die drei Klassifikationsansätze schematisch darstellt.

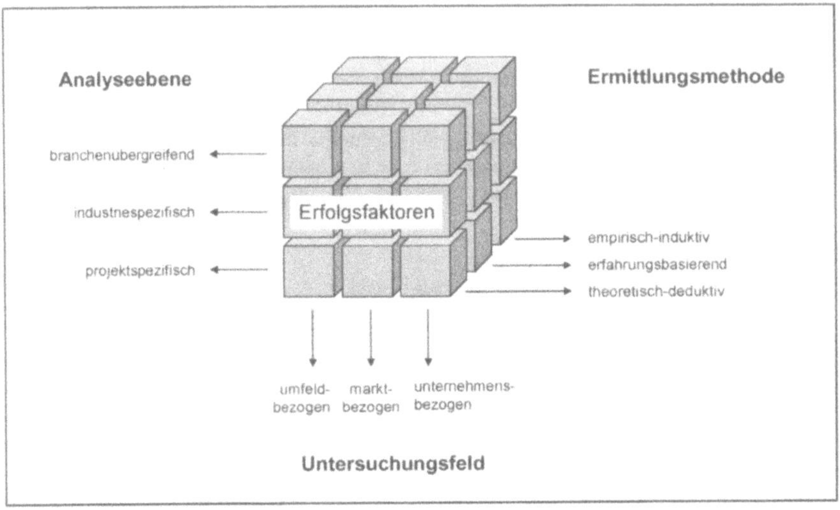

Abbildung 22: Darstellung der Klassifikationsmöglichkeiten der Erfolgsfaktorenforschung[488]

LANGE unterscheidet hinsichtlich der Ermittlung von Erfolgsfaktoren z.B. nach den zugrunde liegenden Informationen theoretischer Erkenntnisse, Plausibilitätsüberlegungen, situationsspezifischem Wissen, Erfahrungen von Entscheidungsträgern sowie empirischen Untersuchungen und trägt damit den unterschiedlichen Möglichkeiten zu Ermittlung der Erfolgsfaktoren Rechnung.[489]

DASCHMANN unterscheidet Studien zur empirischen Erfolgsfaktorenforschung in

- Untersuchungen, bei denen die Unternehmensleitung direkt danach gefragt wird, welche der meist vorgegebenen Kriterien aus ihrer Sicht für den Unter-

488 Eigene Darstellung in Anlehnung an: Marschner, K. (2004), S. 50.

489 Vgl. Lange, B.: Bestimmung strategischer Erfolgsfaktoren und Grenzen ihrer empirischen Fundierung – Dargestellt am Beispiel der PIMS-Studie, in: Die Unternehmung, 36. Jg., Nr. 1, 1982, S. 31.

nehmenserfolg verantwortlich und folglich als Erfolgsfaktoren anzusehen sind (subjektive Erfolgsfaktoren) und

- Untersuchungen, bei denen unter Zuhilfenahme statistischer Verfahren die Einflüsse von vermuteten Bestimmungsgrößen auf den Unternehmenserfolg korrelationsanalytisch untersucht werden (analytische Erfolgsfaktoren).[490]

EFFEN unterteilt bei ihrer Analyse die empirischen Arbeiten in quantitative (statistische) und qualitative (assoziative) Studien, wobei der Fokus der Untersuchung bei den qualitativen Studien eher auf den weichen Faktoren liegt. Darüber hinaus ist bei EFFEN ebenfalls noch eine Unterscheidung in Längsschnitt- (d.h. im Zeitablauf) und Querschnittsuntersuchungen (d.h. zu einem Zeitpunkt) sowie bezüglich der Anzahl der Beobachtungsobjekte in unternehmensindividuelle und unternehmensvergleichende Analysen.[491]

Die Art und Weise der Faktoren- und der Datenermittlung als Dimensionen zur Einordnung von Studien zur Erfolgsfaktorenforschung machen sich GRÜNIG, HECKNER und ZEUS zunutze.[492] Im Zusammenhang mit der Faktorenermittlung unterscheiden die Autoren zwischen direkten Methoden (z.B. Expertenbefragungen) und indirekten Methoden (z.B. empirische Erfolgsfaktorenstudien). Zusätzlich erfolgt eine weitere Unterteilung hinsichtlich der Datengewinnung: Direkte Erhebungen können entweder materiell gestützt oder ungestützt sein, während indirekte Erhebungen hinsichtlich der quantitativen oder qualitativen Vorgehensweise unterschieden werden können. Schlussfolgernd führen die Autoren eine Bewertung der sich ergebenden vier Erhebungsvarianten anhand von Kriterien der Erkenntnisgewinnung durch, welche als Ergebnis die materiell gestützte direkte Erhebung sowie die quantitative indirekte Erhebung favorisiert.[493]

---

490 Vgl. Daschmann, H.-A.: Erfolgsfaktoren mittelständischer Unternehmen, Stuttgart 1993, S. 71.

491 Vgl. Effen, I.: Erfolgsfaktoren strategischer Gruppen dargestellt am Beispiel des Bucheinzelhandels, Saarbrücken 1995, S. 28 f.

492 Zusätzlich unterscheiden die Autoren in Bezug auf die Anwendungssituation und Entscheidungs- und Forschungssituationen sowie nach der Art des Untersuchungsansatzes in exploratives und konfirmatorisches Vorgehen. Vgl. Grünig, R./ Heckner, F./ Zeus, A. (1996), S. 3-12.

493 Vgl. ebenda, S. 11 f.

Faktorenermittlung	Datengewinnung \ Kriterien	Objektivität	Reliabilität	Theorieleitung	Berücksichtigung wichtigster Perspektiven	Nutzen für Handlungsempfehlungen	zeitlicher und finanzieller Aufwand
direkte Methode (Expertenbefragung)	ungestützt	++	+	o	++	++	--
	materiell gestützt	+++	++	+	+++	+++	---
indirekte Methode (Erfolgsfaktorenstudie)	qualitativ	+	++	++	+++	++	---
	quantitative	++++	+++	+++	++++	++++	----

++++ / ---- sehr hohe positive/ negative Bewertung
+++ / --- hohe positive/ negative Bewertung
++ / -- mittlere positive/ negative Bewertung
+ / - geringe positive/ negative Bewertung
o sehr geringe positive/ negative Bewertung

Abbildung 23: Beurteilung der Methoden zur Identifikation von Erfolgsfaktoren hinsichtlich ihres Potenzials[494]

PATT bedient sich bei seinem Ansatz einer Unterscheidung hinsichtlich der Qualität der Untersuchung und differenziert bei den resultierenden Theorien zwischen Alltags- bzw. Laien- und wissenschaftlichen Theorien.[495] *„Laientheorien basieren auf persönlichen, meist durch die eigene Erfahrung geprägten Vorstellung*en" und werden *„[...] in meist nicht nachprüfbarer Weise – im Einzelfall abgeleitet – verallgemeinert (...) (induktive Methode)"*.[496] Basierend auf langjähriger (Berufs-) Erfahrung stellen sie meistens einen Aussagewert für den Praktiker dar und bieten wertvolle Orientierungshilfen.[497] Demgegenüber stützen sich wissenschaftliche Erfolgstheorien *„[...] auf theoretisch fundierte Modelle von möglichst allgemeingültigem Charakter (deduktive Methode)"*.[498]

4.2.3 Empirische Erfolgsfaktorenforschung in der Automobilindustrie

Besondere Beachtung in der Automobilindustrie hat in diesem Zusammenhang die weltweite Studie des *International Motor Vehicle Program* (IMVP) des MASSACHUSETTS INSTITUTE OF TECHNOLOGY (MIT) verdient. Im Zeitraum von 1984 bis 1989 wurden die Daten von 90 Montagewerken der Automobilindustrie in 15 Ländern erhoben, wobei das Forscherteam dabei erhebliche Leistungsunterschiede in den Leistungsdimensionen Produktivität, Qualität und Flexibilität zwischen den europäi-

494 Eigene Darstellung in Anlehnung an: Grünig, R./ Heckner, F./ Zeus, A. (1996), S. 11 f.; eine genauere Definition der Kriterien findet sich bei selbigen auf S. 10 f.
495 Vgl. Patt, P.-J.: Strategische Erfolgsfaktoren im Einzelhandel. Eine empirische Analyse am Beispiel des Bekleidungseinzelhandels, Frankfurt a.M. 1988, S. 5; vgl. Effen, I. (1995), S. 28 f.; sowie auch Jacobs, S.: Strategische Erfolgsfaktoren der Diversifikation, Wiesbaden 1992, S. 30 f.
496 Jacobs, S. (1992), S. 30.
497 Vgl. Patt, P.-J. (1988), S. 5.
498 Jacobs, S. (1992), S. 30.

schen, amerikanischen und japanischen Montagewerken feststellte.[499] Als entscheidenden Einflussfaktor auf die Dimensionen Produktivität und Qualität identifizierten die Forscher des IMVP das so genannte *„Lean production system"*, wohingegen in Bezug auf die Flexibilität keine signifikanten Zusammenhänge zwischen den erhobenen Variablen festgestellt werden konnten.[500]

Der Begriff *„lean production"*, der in der Literatur erstmals von KRAFCIK verwendet wird,[501] beschreibt einen den gesamten Wertschöpfungsprozess umfassenden, integrierten Unternehmensführungsansatz, welcher sein Hauptaugenmerk auf die *„Perfektion"* (z.B. in Bezug auf Fehlerquote, Lagerbestände oder Produktvielfalt) richtet. Neben dem Streben nach Perfektion ist der Begriff *„lean production"* durch folgende Wesensmerkmale geprägt:[502]

- Markt- und Kundennähe,
- kontinuierliche Produktivitätserhöhung und Qualitätsverbesserung,
- hohe Innovationsgeschwindigkeit und Wertschöpfung.

Die wesentlichen Erkenntnisziele der Studie werden modellhaft in der folgenden Abbildung dargestellt. Hierbei werden sowohl die funktional zuordenbaren Erfolgsfaktoren aus den Bereichen Beschaffung, Entwicklung, Produktion und Marketing als auch die die gesamte Wertschöpfungskette betreffenden Erfolgsfaktoren dargestellt.

---

499 Vgl. Womack, J.P. et al.: Die zweite Revolution in der Autoindustrie – Konsequenzen aus der weltweiten Studie aus dem Massachusetts Institute of Technology, 7. Aufl., Frankfurt a.M. 1992, S. 13 f.

500 Vgl. Krafcik, J.F.: Triumph of the lean production system, in: Sloan Management Review, 30. Jg., Fall 1988, S. 48.

501 Vgl. ebenda, S. 44.

502 Vgl. Hentze, J./ Kammel, A.: Lean Production: Erfolgsbausteine eines integrierten Management-Ansatzes, in: Das Wirtschaftsstudium (WISU), 21. Jg., Nr. 8-9, 1992, S. 632.

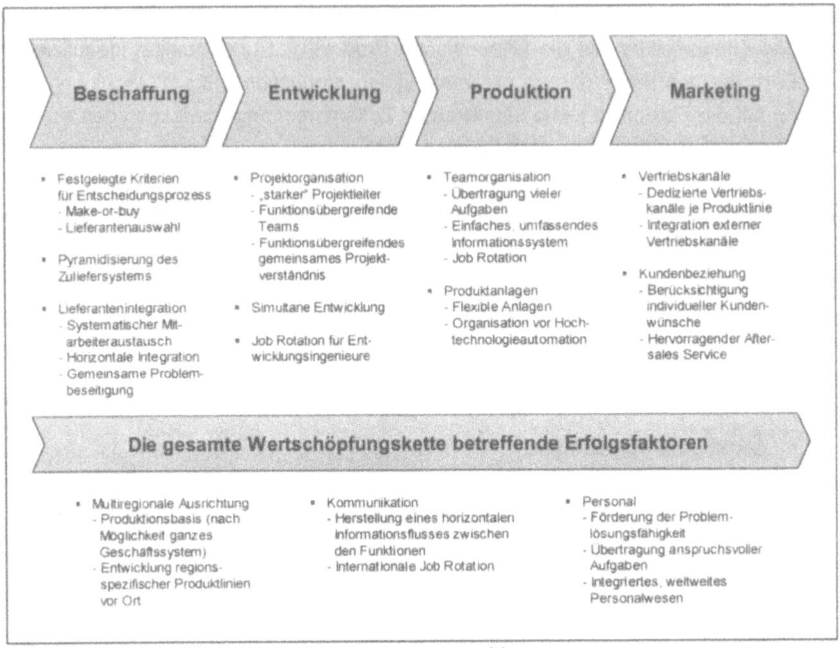

Abbildung 24: Erfolgsfaktoren des Lean Production System[503]

4.2.4 Kritik an der Erfolgsfaktorenforschung

Empirische Untersuchungen, die das Ziel verfolgen, einen Beitrag zur Erklärung des Unternehmenserfolgs zu leisten, sehen sich aufgrund ihres hohen Anspruchs einer ganzen Reihe von Problembereichen gegenübergestellt. Diese Problembereiche müssen schon deshalb besondere Beachtung finden, da es früheren Arbeiten auf dem Gebiet der empirischen Erfolgsfaktorenforschung häufig an einer ausreichenden Sensibilität für eben diese Probleme mangelte.[504] In der jüngsten Vergangenheit ist eine kontrovers geführte Diskussion[505] entfacht, in der die Problembereiche der Erfolgsfaktorenforschung, aber auch deren grundlegende Existenzberechtigung, in Frage gestellt wurden. Um die einzelnen in der Diskussion angebrachten Aspekte näher zu erläutern, werden die wichtigsten Kritikpunkte von NICOLAI und KIESER im

---

503 Eigene Darstellung in Anlehnung an: Womack, J.P. et al. (1992), S. 27.

504 Vgl. Homburg, C./ Krohmer, H.: Die Fliegenpatsche als Instrument des wissenschaftlichen Dialogs, Replik zum Beitrag „Trotz eklatanter Erfolglosigkeit: Die Erfolgsfaktorenforschung weiter auf Erfolgskurs" von Nicolai, A./ Kieser, A., Wissenschaftliches Arbeitspapier, Nr. W 74, Mannheim 2004, S. 23.

505 Für eine umfangreiche Analyse der geführten Diskussion wird auf die Webseite www.dialog-erfolgsfaktorenforschung.de verwiesen, auf der die Artikel von Nicolai und Kieser, aber auch die Repliken von Homburg und Krohmer, Bauer und Sauer sowie von Fritz zu finden sind.

Folgenden erläutert und den Ansichten der *„Kritikgegner"*, welchen der Verfasser dieser Arbeit in weiten Teilen zustimmt, gegenübergestellt.

NICOLAI und KIESER attestieren der Erfolgsfaktorenforschung Erfolglosigkeit was den Versuch angeht, Faktoren des Erfolgs von Unternehmen zu identifizieren.[506] Sie gehen sogar noch einen Schritt weiter, indem sie ausdrücken, dass Managementforscher in Bezug auf die Identifikation von Erfolgsfaktoren sowohl der Praxis als auch der Wissenschaft Genüge tun wollen und dieses Vorhaben ihrer Meinung nach lediglich mit *„Heuchlerei"* zu bewerkstelligen sei.[507] Selbst aus ihrer Sicht ambitionierte Studien weisen einzelne oder mehrere der folgenden Problembereiche auf:

- *Key informant bias:* Es kann zu einer Verzerrung der Daten kommen, wenn ein Mitglied des Unternehmens Auskünfte über komplexe Sachverhalte wie z.B. Kundenbeziehungen oder Unternehmenskultur gibt.[508] Besonders gravierend sind diese Verzerrungen, wenn der Befragte (*key informant*) gleichzeitig Auskunft über abhängige sowie unabhängige Variablen erteilt.[509] Diese Art von Informationen *„[...] is likely to become a product fashioned from consciousness of the present framed by currently conventional story lines"*.[510]

- *Endogenität:* Unabhängige Variablen werden von noch nicht erhobenen Variablen beeinflusst.[511]

- *Simultaneität:* Getroffene Maßnahmen, deren Einfluss auf den Erfolg gemessen werden soll, sind häufig bedingt durch frühere Erfolge bzw. Misserfolge. Aus diesem Grund ist die Stärke des Einflusses der getroffenen Maßnahme auf den Erfolg nicht unabhängig von der Situation, in welcher sie erfolgte.[512]

- *Unbeobachtete Heterogenität:* In Anlehnung an das Problem der Simultaneität, können sich Unternehmen in ihrem langfristig wirksam werdenden Er-

---

506 Vgl. Nicolai, A./ Kieser, A.: Trotz eklatanter Erfolglosigkeit: Die Erfolgsfaktorenforschung weiter auf Erfolgskurs, in: DBW, 62. Jg., 2002, S. 579.

507 Vgl. Nicolai, A./ Kieser, A. (2002), S. 580.

508 Vgl. Ernst, H.: Erfolgsfaktorenforschung neuer Produkte. Grundlagen für eine valide empirische Forschung, Wiesbaden 2001, S. 47.

509 Vgl. Nicolai, A./ Kieser, A. (2002), S. 584.

510 March, J.G./ Sutton, R.I.: Organizational performance as a dependent variable, in: Organization Science, 6. Jg., 1997, S. 701; hierbei gehen Nicolai und Kieser nicht darauf ein, dass für das vorhandene Key-informant-Problem eine Reihe von Lösungsansätzen existiert, die z.B. aus der sozialwissenschaftlichen Methodenforschung hervorgegangen sind. Vgl. hierfür Fritz, W.: Über Tautologien, gesicherte Erkenntnisse und ein problematisches Wissenschaftsverständnis, Arbeitspapier der TU Braunschweig, Braunschweig 2004, S. 31 f.

511 Vgl. Nicolai, A./ Kieser, A. (2002), S. 584.

512 Vgl. ebenda, S. 584.

folgspotenzial unterscheiden. Insofern gilt es, die Potenziale der jeweiligen Unternehmen im Rahmen der Untersuchung zu berücksichtigen.[513]

- *Regression-to-the-mean-Problem:* Misserfolge, welche zufallsbedingt über einen gewissen Zeitraum hinweg auftreten, haben in der Regel bestimmte Maßnahmen zur Folge. Tritt aufgrund dieser Maßnahmen ebenfalls zufallsbedingt eine Verbesserung des Unternehmenserfolgs ein, so wird dieser der eingeführten Maßnahme zugeordnet, obwohl dies nicht zwangsläufig der Fall sein muss.[514]

- *Survival bias:* Untersuchungen beinhalten lediglich Unternehmen, die *„überlebt"* haben. Die Tatsache, dass bei einigen Unternehmen unter Umständen die gleichen oder ähnliche Erfolgsfaktoren wie bei erfolgreichen Unternehmen Berücksichtigung fanden, diese aber nicht zum Erfolg führten, bleibt in der Regel ohne Beachtung.[515]

Nach Meinung von NICOLAI und KIESER führt diese Kritik noch nicht zu einer grundlegenden Ablehnung der gesamten Erfolgsfaktorenforschung, jedoch geben sie zusätzlich weitere Aspekte an, die ihrer Meinung nach erhebliche Zweifel an einem Mehrwert der Erfolgsfaktorenforschung aufzeigen sollen. So argumentieren sie zum einen, dass *„[...] die Verbreitung des Wissens um Erfolgsfaktoren diese unwirksam mache"*[516] und ein wirklicher Wettbewerbsvorteil nur deshalb einer ist, weil ihn andere Unternehmen nicht ohne weiteres imitieren können.[517] Dieser Vorwurf wird von FRITZ insofern entkräftet, als die Erfolgsfaktorenforschung nicht auf der Suche nach irgendwelchen Einflussfaktoren des Unternehmenserfolgs ist, die kurzfristig von der Konkurrenz kopiert werden können, sondern nach denjenigen Faktoren, die sich auf besondere Fähigkeiten und Ressourcen eines Unternehmens beziehen, mit welchen es einen nachhaltigen Wettbewerbsvorteil erzielen kann. Diese Faktoren haben in der Regel gemein, dass sie nur längerfristig aufgebaut werden können und von da-

513 Vgl. Nicolai, A./ Kieser, A. (2002), S. 584 f.; die Autoren weisen hier darauf hin, dass es beispielsweise einen Unterschied macht, ob ein Trainerwechsel bei einer Spitzenmannschaft oder einer „Gurkentruppe" vorgenommen wird.

514 Vgl. ebenda (2002), S. 585.

515 Die Autoren sprechen in diesem Zusammenhang auch von mangelnder Repräsentativität in Bezug auf die durchgeführten Analysen. Vgl. hierzu ebenda (2002), S. 585; es bleibt anzumerken, dass die von Nicolai und Kieser gemachten Einwände, insbesondere die in Bezug auf die Endogenität, die Simultaneität sowie die Heterogenität, keinesfalls Probleme sind, die allein für die empirische Erfolgsfaktorenforschung gelten. Zumindest teilweise treffen diese auch auf die hypothesengeleitete empirische Sozialforschung im Allgemeinen zu. Vgl. hierzu auch Fritz, W.: Die Erfolgsfaktorenforschung – ein Misserfolg?, in: DBW, 64. Jg., 2004, S. 624.

516 March, J.G./ Sutton, R.I. (1997), S. 699.

517 Vgl. Nicolai, A./ Kieser, A. (2002), S. 585 f.

her nicht allein durch das Bekanntwerden an Wirkung verloren haben.[518] Wie FRITZ in diesem Zusammenhang weiter anmerkt, beruht der angebrachte Kritikpunkt *„[...] auf der impliziten Prämisse einer problemlosen Implementierbarkeit kritischer bzw. strategischer Erfolgsfaktoren“*,[519] welche er aber aus seiner Sicht als *„realitätsfern“* bezeichnet.

Zum anderen beanstanden sie die Vergangenheitsorientierung der analysierten Daten, was nach Meinung von NICOLAI und KIESER zu dem Rückschluss führt, dass keine gesicherten Erkenntnisse für die Zukunft gewonnen werden können bzw. die aktuell existierenden Erfolgsfaktoren nicht zeitgemäß sind.[520] Hierzu gilt es anzumerken, dass die Tatsache, dass sich Erkenntnisse in der Zukunft als *„falsch“* herausstellen, einem allgemeinen Problemfeld der empirischen Forschung zuzuordnen ist[521] und keineswegs ein Phänomen darstellt, welches nur in der empirischen Erfolgsfaktorenforschung vorzufinden ist. Schon SCHUMPETER schrieb 1946, dass der Kapitalismus nicht nur aufgrund der Umwelt einem stetigen Wandel unterliegt, sondern ein grundlegender Wesenszug des Kapitalismus darin zu suchen ist, dass permanent neue Konsumgüter, neue Produktions- und Transportmethoden, neue Märkte und auch neue Formen der industriellen Organisation geschaffen werden.[522] Ebenso wie die Unternehmen selbst unterliegen auch die Erfolgsfaktoren einer Dynamik und verändern sich unter Umständen im Zeitablauf.[523]

Abschließend kritisieren sie, dass ein umstandsloser Transfer von so genannten *„best practices“* von einem Unternehmen in ein anderes, wie es ihrer Meinung nach von einigen Erfolgsfaktorenforschern proklamiert wird, nicht vorbehaltlos durchgeführt werden kann.[524] Diesem Vorwurf ist vollkommen zuzustimmen, jedoch konnte in der Literatur kein wissenschaftlicher Beitrag gefunden werden, welcher diesen umstandslosen Transfer vorschlägt.[525] Aus diesem Grund ist sowohl den Aussagen von NICOLAI und KIESER, bis auf die Tatsache, dass dies von Erfolgsfaktorenforschern vorgeschlagen wird, und denen von HOMBURG und KROHMER zuzustimmen, die sagen, dass es zu berücksichtigen gilt, dass empirische Erfolgsfaktorenstudien nicht

518 Vgl. hierzu Grunert, K.G./ Ellegaard, C.: The Concept of Key Success Factors: Theory and Method, in: Baker, M.J. (Hrsg.): Perspectives on Marketing Management, Vol. 3, New York 1993, S. 245-274; sowie auch Fritz, W.: (2004b), S. 24 f.

519 Fritz, W. (2004b), S. 31.

520 Vgl. Nicolai, A./ Kieser, A. (2002), S. 587.

521 Vgl. Fritz, W. (2004a), S. 624.

522 Vgl. Schumpeter, J. A.: Kapitalismus, Sozialismus und Demokratie, Bern 1946, S. 136-141.

523 Für eine Änderung der Erfolgsfaktoren im Zeitablauf spricht z.B., dass einige in der von Peters und Waterman durchgeführten Studie als „exzellente“ Unternehmen beschrieben wurden und sich bereits zwei Jahre nach der Veröffentlichung in großen Schwierigkeiten befanden.

524 Vgl. Nicolai, A./ Kieser, A. (2002), S. 588.

525 Vgl. hierzu auch Homburg, C./ Krohmer, H. (2004), S. 18; vgl. hierzu auch Kap. 4.2.2 mit dem Verweis auf die Begriffe Spezifität und Repräsentativität.

in der Lage sind *„[...] Rezepte und Handlungsanweisungen mit Erfolgsgarantie für das einzelne Unternehmen (zu) generieren“.*[526]

Anhand der kritischen Äußerungen von NICOLAI und KIESER kann gezeigt werden, dass sich die empirische Erfolgsfaktorenforschung einer Reihe von Problembereichen gegenübergestellt sieht, welche aber nicht zwangsläufig nur der Erfolgsfaktorenforschung, sondern zu großen Teilen auch der empirischen Sozialforschung zuzuordnen sind. Die Kenntnis dieser Problembereiche sollte jedoch nicht dazu führen, dass der empirischen Erfolgsfaktorenforschung jeglicher Erkenntnisfortschritt in der Betriebswirtschaftslehre abgesprochen wird, sondern sollte vielmehr die Sensibilität für potenzielle Probleme erhöhen und folglich in einer Begrenzung selbiger enden.

Neben den Kritikpunkten von NICOLAI und KIESER existiert in der Literatur noch eine Reihe weiterer Ansatzpunkte für Problembereiche der empirischen Erfolgsfaktorenforschung, auf die im Folgenden kurz eingegangen werden soll:

- *Kausalitätsproblem:* Eine Begründung für die Kausalitätsproblematik kann dadurch gefunden werden, dass neben dem in der Erfolgsfaktorenforschung vermuteten Ursache-Wirkungs-Zusammenhang[527] zwei weitere logische, alternative Erklärungen existieren.[528] So ist es auf der einen Seite möglich, dass ein anderer Faktor die Ursache für den Erfolgsfaktor oder unter Umständen auch den Erfolg selbst gewesen ist (vorgelagerter Ursachefaktor) oder auf der anderen Seite ein zusätzlicher, intervenierender Faktor die spezifische Wirkung des Erfolgsfaktors erst ermöglicht hat. Auch mit Hilfe von empirischen Untersuchungen kann diese *„Grauzone“* nicht beseitigt werden, da im Rahmen dieser Analysen lediglich statistische Zusammenhänge zwischen dem Erfolg und den Erfolgsfaktoren belegt werden können.[529] Es könnte demnach so sein, dass die ermittelten Erfolgsfaktoren lediglich Erfolgsindikatoren darstellen.[530]

- *Zurechnungsproblem des Erfolgs:* Einhergehend mit dem Kausalitätsproblem existiert ebenfalls ein Zurechnungsproblem, da aufgrund der Multidimensionalität und der Interdependenz der einzelnen Erfolgsfaktoren eine direkte Zuordnung des individuellen Anteils am Erfolg äußerst schwierig erscheint.[531]

---

526 Homburg, C./ Krohmer, H. (2004), S. 23.
527 Vgl. hierzu Kap. 4.3.2.
528 Vgl. Lange, B. (1982), S. 28.
529 Vgl. Effen, I. (1995), S. 47; sowie auch Rehkugler, H. (1989), S. 631.
530 Vgl. Tjaden, G. (2003), S. 77.
531 Vgl. Lange, B. (1982), S. 29; vgl. auch Rehkugler, H. (1989), S. 631; sowie Tjaden, G. (2003), S. 78.

- *Auswahlproblem von kritischen Erfolgsfaktoren:* Das Problem besteht darin, dass grundsätzlich die Vollständigkeit sämtlicher relevanter Erfolgsfaktoren angestrebt wird, dies aber auf der anderen Seite eine Reihe von Zurechnungs-, Mess- und Bewertungsproblemen mit sich bringt.[532] Als Kriterien für die Auswahl der Erfolgsfaktoren können deshalb z.B. die erwartete Stärke der Wirkung auf den Erfolg, die Zurechenbarkeit der Wirkung oder pragmatisch die Operationalisierbarkeit und Messbarkeit der Faktoren dienen.[533] An dieser Stelle wird ebenfalls deutlich, dass selbst bei der Auswahl dieser sowohl konfliktären als auch komplementären Kriterien Probleme auftreten können.[534]

- *Problem der angenommenen Zielhomogenität:* Bei den ursprünglichen Untersuchungen zur Erfolgsfaktorenforschung wurden meistens lediglich klassische erwerbswirtschaftliche Kennziffern, z.B. der RoI im Rahmen der PIMS-Studie, herangezogen. Erst in der jüngeren Vergangenheit finden sich Untersuchungen, bei denen auch komplexere Zielsysteme analysiert wurden.[535] Hierbei gilt es zu berücksichtigen, dass man den erreichten Erfolg nur dann bewerten kann, wenn man vorab vollständige Kenntnis der subjektiv verfolgten Ziele der Objekte, in diesem Fall Unternehmen, kennt. Häufig ist es jedoch schwer diese subjektiven Ziele von *„außen"* zu erkennen, da viele dieser Ziele vertraulich sind und manche auch lediglich unbewusst verfolgt werden.[536] Bei der Annahme eines homogenen Zielsystems kann es folglich dazu kommen, dass individuelle Ziele einzelner Unternehmen unberücksichtigt bleiben und folglich diesen Unternehmen unter Umständen ein *„Misserfolg"* attestiert wird, obwohl die subjektiven Ziele und demnach auch der Erfolg erreicht wurden. Daran lässt sich zeigen, dass eine Ableitung von Erfolgsfaktoren aus verschiedenen Praxisfällen die Gefahr mit sich bringt, dass wichtige Ziele der einzelnen Unternehmen vernachlässigt werden und so auf falsche Erfolgsfaktoren geschlossen wird.[537]

---

532 Vgl. Lange, B. (1982), S. 30.

533 Vgl. ebenda, S. 29 f.

534 Rudolph kommt in seiner Aussage, in der er die Erfolgsfaktorenforschung mit der Suche nach Ostereiern vergleicht, zu folgendem Schluss: „Grundsätzlich besteht [...] die Gefahr, daß Forscher die Ostereier finden, die sie zuvor selbst versteckt haben. Ihre Auswahl ist durch die Begriffe der jeweiligen wissenschaftlichen Disziplin geprägt. Diese wirkt wie ein Filter, der von dem gesamten Spektrum möglicher Erfolgsvoraussetzungen nur einen kleinen Teil durchlässt." Rudolph, H. (1996), S. 35.

535 Vgl. Tjaden, G. (2003), S. 79; als ein Beispiel für eine Untersuchung mit einem komplexeren Zielsystem kann die Studie von Oesterle gesehen werden: Oesterle, M. J. (1995), S. 987 f.

536 Vgl. Tjaden, G. (2003), S. 79.

537 Vgl. Jacobs, S. (1992), S. 35; vgl. auch Effen, I. (1995), S. 42.

4.2.5 *Zwischenfazit zu den bisherigen Erkenntnissen der empirischen Erfolgsfaktorenforschung*

Die Ausführungen zu den existierenden Studien der empirischen Erfolgsfaktorenforschung machen deutlich, dass sich die vorliegende Untersuchung in diesen Rahmen nicht direkt einordnen lässt. Während sämtliche Studien die Determinanten des Gesamtunternehmenserfolges zum Erkenntnisziel erklärt haben, verfolgt diese Untersuchung die Zielsetzung zu analysieren, inwiefern lediglich ein einzelnes Instrument, nämlich Geomarketing, den Erfolg von deutschen Automobilherstellern positiv beeinflussen kann. Anhand der wissenschaftlichen Literatur kann festgestellt werden, dass sämtliche Variablen als Erfolgsfaktoren bezeichnet werden können, die einen Einfluss auf den Erfolg einer Branche, eines Unternehmens oder einer strategischen Geschäftseinheit haben.[538] Folglich gilt es zu überprüfen, inwiefern das Instrument Geomarketing zum Erfolg von Automobilherstellern beiträgt und demnach einen solchen Erfolgsfaktor darstellt.

Trotz der dargestellten Unterschiede zu bisherigen Studien lässt sich die vorliegende Untersuchung dennoch anhand der beschriebenen Systematisierungsansätze der empirischen Erfolgsfaktorenforschung einordnen. Basierend auf dem Systematisierungsansatz von MARSCHNER handelt es sich bei dieser Untersuchung im Hinblick auf die Ermittlungsmethode um eine erfahrungsbasierte Erfolgsfaktorenstudie, da sämtliche Erkenntnisse auf den Erfahrungen von ausgewiesenen Experten basieren. In Bezug auf die Analyseebene kann von einer industriespezifischen Studie gesprochen werden, da sich die gesammelten Erkenntnisse ausschließlich auf die Automobilhersteller konzentrieren. Das zugrunde liegende Untersuchungsumfeld kann als *„unternehmensbezogen"* bezeichnet werden, da sämtliche Experten jeweils aus Sicht ihres eigenen Unternehmens antworten und folglich keine Angaben zum Gesamtmarkt machen. Neben der vorgenommenen Systematisierung gilt es ebenfalls die angesprochenen Problembereiche der empirischen Erfolgsfaktorenforschung zu berücksichtigen und nach Möglichkeit zu vermeiden. Die meisten der von NICOLAI und KIESER angesprochenen Problembereiche können jedoch allein schon dadurch vermieden werden, dass es sich bei der vorliegenden Untersuchung um die Analyse eines einzelnen Erfolgsfaktors handelt und nicht um eine Betrachtung der Auswirkungen verschiedener Erfolgsfaktoren. Ferner kann davon ausgegangen werden, dass die Verbreitung des Wissens um einzelne Erfolgsfaktoren diese nicht per se unwirksam macht. Die Erfahrungen der Vergangenheit haben gezeigt, dass effektive

538 Vgl. Hildebrandt, L.: Erfolgsfaktorenforschung im Handel, in: Trommsdorff, V.: Handelsforschung 1986, Heidelberg 1986, S. 39; vgl. in ähnlicher Form: Grimm, U.: Analyse strategischer Faktoren, Wiesbaden 1983, S. 26; sowie Trommsdorff, V.: Erfolgsfaktorenforschung, Produktinnovation und Schnittstelle Marketing – F&E, Diskussionspapier 143, Wirtschaftswissenschaftliche Dokumentation der Technische Universität Berlin 1990, Berlin 1990, S. 2.

Erfolgsfaktoren langfristig orientiert sind und demnach nicht problemlos kopiert bzw. implementiert werden können.[539] Auch die zusätzlich in der Literatur diskutierten Problembereiche gelten lediglich in abgeschwächter Form für die vorliegende Untersuchung. So entfällt bspw. das *„Auswahlproblem von kritischen Erfolgsfaktoren"* gänzlich, da lediglich einzelne Teilbereiche des Unternehmenserfolgs sowie die konkreten Einflussmöglichkeiten von Geomarketing auf eben diese Teilbereiche betrachtet werden. Zusätzlich kann das Problem der *„Zurechnung des Erfolgs"* insofern verringert werden, als dass im Rahmen der Untersuchung keine quantitative Messung des konkreten Erfolgsausmaßes stattfindet, sondern lediglich eine allgemeine Betrachtung der möglichen Auswirkungen auf den Erfolg eines Unternehmens. Eine konkrete Zuordnung des Erfolgsausmaßes sowie eine Bestimmung der Ursache-Wirkungs-Zusammenhänge ist zum einen nicht Ziel der vorliegenden Untersuchung und zum anderen aufgrund der spezifischen Besonderheiten der Erfolgsmessung von deutschen Automobilherstellern nicht möglich.[540]

Im folgenden Abschnitt wird detailliert darauf eingegangen, auf welche Art und Weise das Instrument Geomarketing operationalisiert werden kann und wie die angesprochene Operationalisierung für die vorliegende Untersuchung durchgeführt wurde.

4.3 Konzeptualisierung und Operationalisierung des Erfolgsfaktors Geomarketing anhand von Erfolgspotenzialen

4.3.1 Zur Konzeptualisierung und Operationalisierung des Konstruktes

Der Mangel an empirischen Beiträgen zur Messung des Erfolgs von Geomarketing in der Automobilindustrie steht einem großen Interesse der Praxis an dieser Thematik gegenüber und bestärkt den Wunsch, diese Lücke zu schließen. Zahlreiche Praxisbeispiele zeigen, dass Geomarketing ein Erfolgsfaktor für Unternehmen in verschiedenen Branchen darstellt. Diese beruhen jedoch in der Regel auf der Analyse eines einzelnen Unternehmens und sind in keinster Weise empirisch fundiert. Aus diesem Grund ist es von besonderem Interesse einerseits das Ausmaß der Geomarketing-Aktivitäten in der deutschen Automobilindustrie zu analysieren und andererseits empirisch festzustellen, ob Geomarketing ein Erfolgsfaktor für selbige Branche darstellt. Das hierfür notwendige Modell wird im folgenden Abschnitt zunächst theoretisch er-

---

539 Vgl. Fritz, W. (2004b), S. 24.

540 Für eine ausführliche Betrachtung der spezifischen Besonderheiten der deutschen Automobilhersteller, insbesondere hinsichtlich der Erfolgsmessung, wird an dieser Stelle auf die Ausführungen in Kap. 5.2 verwiesen.

örtert und im empirischen Teil dieser Arbeit abschließend überprüft. Hierbei gilt es zu beachten, dass in allen Studien zur empirischen Erfolgsfaktorenforschung immer eine Vielzahl von Erfolgsfaktoren extrahiert und analysiert wurde. Im Rahmen der vorliegenden Arbeit soll jedoch analysiert werden, inwiefern ein einzelnes Instrument, nämlich Geomarketing, einen Erfolgsfaktor darstellen kann. Folglich kann sich hier nicht auf bisherige Studien zur empirischen Erfolgsfaktorenforschung bezogen werden, was die Entwicklung eines geeigneten Modells sowie eine ausführliche Beschreibung der Vorgehensweise erforderlich macht.

Aus diesem Grund ist es zunächst notwendig, die einzelnen methodischen Schritte im Rahmen der Operationalisierung darzustellen. Auf dieser Basis wird dann im Anschluss das Konstrukt konzeptualisiert, indem die einzelnen Dimensionen[541] eines Erfolgsfaktors herausgearbeitet werden. Abschließend werden im Rahmen der Operationalisierung die einzelnen Indikatoren identifiziert, welche es im Anschluss in der explorativen Expertenbefragung zu überprüfen gilt.

4.3.2 Methodik und Zielsetzung der Operationalisierung

Nach KROMREY ist *„[...] unter der Operationalisierung eines Begriffs (...) die Angabe derjenigen Vorgehensweisen, derjenigen Forschungsoperationen zu verstehen, mit deren Hilfe entscheidbar wird, ob und in welchem Ausmaß der mit dem Begriff bezeichnete Sachverhalt in der Realität vorliegt“.*[542] Seiner Meinung nach besteht dabei die Notwendigkeit, die empirische Wirklichkeit mit Begriffen zu verknüpfen, demnach also entweder relevante Dimensionen der zu untersuchenden Realität mit Begriffen zu bezeichnen oder, von theoretischen Begriffen ausgehend, die Begriffe mit konkreten Aspekten der Wirklichkeit in Beziehung zu setzen, d.h. anzugeben, welche Aspekte der Realität im konkreten Untersuchungsfall unter dem Begriff subsumiert werden sollen.[543] Für die empirische Untersuchung dieser Arbeit wird letzterer Notwendigkeit gefolgt, da im Rahmen der Operationalisierung den Dimensionen von Geomarketing einzelne Indikatoren zugeordnet werden. Diese Zuordnung von Indikatoren ist deshalb notwendig, da die genannten Begriffe nicht direkt empirisch

541 Unter Dimensionen werden diejenigen Einzelheiten verstanden, anhand derer ein gewisser Sachverhalt unterschieden werden kann. Je nach Fragestellung können dimensionale Unterscheidungen bis hin zu Individualmerkmalen fortgeführt werden, wobei in der Regel auf einer höheren Abstraktionsebene verblieben wird. Vgl. Kromrey, H.: Empirische Sozialforschung, 8. Aufl., Opladen 1998, S. 115.

542 Ebenda, S. 178.

543 Vgl. ebenda, S. 111 f. Semantik ist definiert als die Lehre von der Bedeutung sprachlicher Zeichen.

nachweisbar sind und in einem solchen Fall die Operationalisierung mittels Indikatoren notwendig ist.[544]

In Anlehnung an ESSER kann der Vorgang der Operationalisierung von Begriffen in vier Einzelschritte unterteilt werden:[545]

- Exploration des Vorstellungsfeldes,
- Konzeptspezifikation,
- Auswahl der Indikatoren und
- Indexbildung.

Unter *Exploration des Vorstellungsfeldes* ist die Beschreibung der unterschiedlichen inhaltlichen Aspekte des zu operationalisierenden Begriffs zu verstehen. Hierbei gilt es insbesondere abzugrenzen, welche *„inhaltlichen Dimensionen"* generell gemeint sind und inwieweit dieser Begriff im jeweiligen Kontext einheitlich oder unterschiedlich verwendet wird. Das Ergebnis stellen dabei die gefundenen unterschiedlichen Dimensionen dar, die das gegebene Konstrukt aus Sicht des jeweiligen Forschers und unter den jeweiligen Einschränkungen am besten widerspiegeln.[546]

Mit *Konzeptspezifikation* ist die Aufgabe gemeint, die einzelnen Dimensionen im Hinblick auf die empirische Untersuchung zu verstehen und anhand einer funktionalen Abbildung darzustellen. Im Unterschied zu den einzelnen Begriffen sollten die zugeordneten Indikatoren möglichst sehr konkret sein und lediglich, wenn notwendig, einer theoretischen Einordnung bedürfen.[547]

Im Anschluss an die Konzeptspezifikation erfolgt dann die *Auswahl der konkreten Indikatoren*. Hierbei wird grundsätzlich versucht, das theoretische Konstrukt mit Hilfe von empirisch beobachtbaren Merkmalen bzw. Äußerungen darzustellen. Die Bezeichnung *„Auswahl"* ist in diesem Zusammenhang durchaus ernst zu nehmen, da im Prinzip eine unendliche Zahl von Indikatoren den einzelnen Dimensionen des Konstrukts zugeordnet werden kann. Im Rahmen der Auswahl werden diejenigen Indikatoren herangezogen, die aus Sicht der Untersuchungssituation angemessen erscheinen, wobei es anzumerken gilt, dass selbige nicht per Zufall, sondern bewusst aus-

---

544 Ein Beispiel für ein direkt empirisch nachweisbares Konstrukt ist die Körpergröße. Zwar muss auch in einem solchen Fall eine Operationalisierung erfolgen, jedoch muss sich nicht einer gewissen Zahl von Indikatoren bedient werden, um diese objektiv und nachvollziehbar messen zu können. Aus diesem Grund kann sie als unproblematisch bezeichnet werden. Vgl. Kromrey, H. (1998), S. 178.

545 Vgl. Esser, H.: Messfehler bei der Datenerhebung und die Techniken der empirischen Sozialforschung, Vorlesungsunterlagen der Fernuniversität Hagen, Hagen 1984, S. 9.

546 Vgl. Kromrey, H. (1998), S. 180.

547 Vgl. ebenda, S. 180.

gewählt werden.[548] Diese bewusste Auswahl erfolgt jedoch nicht nach einem bestimmten Schema, welches sich universell auf andere Bereiche übertragen lässt, sondern verlangt vielmehr nach einer ausführlichen Begründung der Zuordnung einzelner Indikatoren zu den jeweiligen Begriffsdimensionen, welche objektiv nachprüfbar ist.

Der letzte Schritt, die so genannte *Indexbildung*, wird dann erforderlich, wenn einer einzelnen Begriffsdimension mehrere Indikatoren zugeordnet werden, wobei diese Vorgehensweise als *„methodische Regel"* empfohlen wird.[549] Zwar kann davon ausgegangen werden, dass im Rahmen der Konzeptualisierung das Ziel verfolgt wird, die einzelnen Indikatoren so zu wählen, dass sie lediglich einer latenten Dimension des Konstrukts zugeordnet werden können, jedoch kann dies erst durch die Erhebung der empirischen Daten exakt bestimmt werden. Folglich wird empfohlen, mehrere Indikatoren für jede einzelne Dimension zu bestimmen, um unter Umständen einzelne Indikatoren herauszufiltern, die keine adäquaten Ergebnisse liefern.

4.3.3 Operationalisierung

4.3.3.1 Exploration des Vorstellungsfeldes

Die Ursprünge der Idee, den Unternehmenserfolg anhand bestimmter Einflussfaktoren oder Maßnahmen messen zu können und daraus Empfehlungen für die Unternehmensführung abzuleiten, liegen in der Praxis.[550] DANIEL verwendete den Begriff Erfolgsfaktor erstmals 1961 und wollte Führungskräfte damit über eine reine Erfolgsmessung hinaus mit Variablen versorgen, welche entscheidenden Einfluss auf den Unternehmenserfolg haben und diesen signifikant verändern.[551] DANIELs Idee wurde später von ROCKART mit seinem Konzept der kritischen Erfolgsfaktoren aufgegriffen, wobei dieser versuchte, derartige Faktoren für den Einzelfall auf Basis intensiver Interviews mit den CEOs der jeweiligen Unternehmen zu identifizieren.[552] LEIDECKER und BRUNO weisen in ihren Ausführungen hinsichtlich der strategischen Planung darauf hin, dass trotz der Mehrdimensionalität und Multikausalität des

548 Vgl. Kromrey, H. (1998), S. 181.
549 Vgl. ebenda, S. 181.
550 Vgl. Nicolai, A./ Kieser, A.: Trotz eklatanter Erfolglosigkeit: Die Erfolgsfaktorenforschung weiter auf Erfolgskurs, in: DBW, 62. Jg., 2002, S. 580.
551 Vgl. Daniel, D.R.: Management Information Crisis, in: Harvard Business Review, 5/1961, S. 116.
552 Vgl. Nicolai, A./ Kieser, A. (2002), S. 580.

Erfolges einige wenige Einflussfaktoren über den Erfolg und Misserfolg entscheiden.[553]

„Critical success factors thus are, for any business, the limited number of areas in which results, if they are satisfactory, will ensure successful competitive performance for the organization. They are a few key areas where 'things must go right' for the business to flourish. If results in these areas are not adequate, the organization's efforts for the period will be less than desired."[554]

Etwas ausgefallen und nicht direkt auf den Unternehmenserfolg eingehend definiert HOFMANN *kritische Erfolgsfaktoren „[...] als eine Denkhaltung, ein formales Konzept (...), das auf unterschiedlichen Analyseebenen angewandt und je nach Zwecksetzung und Sachverhalt unterschiedlich präzisiert werden kann".*[555] KREILKAMP geht in seiner Definition von Erfolgsfaktoren bewusst auf verschiedene Arten eben selbiger ein, indem er angibt, dass als *„strategische (Erfolgs-) Faktoren (...) die Elemente, Determinanten oder Bedingungen bezeichnet (werden), die den Erfolg oder Misserfolg unternehmerischen Handelns entscheidend beeinflussen (und demnach) (...) strategische Erfolgsfaktoren (...) in der Umwelt, aber auch im Unternehmen selbst wirksam (sind)."*[556]

Generalistisch betrachtet sind all diejenigen Variablen als Erfolgsfaktoren zu bezeichnen, die einen Einfluss auf den Erfolg oder Misserfolg einer Branche, eines Unternehmens oder einer strategischen Geschäftseinheit haben.[557] KRÜGER versteht darunter die klassische Input-Output-Relation nach GUTENBERG: *„Es sind Inputgrößen zu ermitteln, die den Charakter von strategischen Erfolgsfaktoren tragen und den Erfolg als Outputgröße haben"*[558]. Trotz des relativ hohen Verdichtungsgrades der strategischen Erfolgsfaktoren weisen sie dennoch eine Besonderheit auf: Erfolgsfaktoren sind in der Regel auf die spezifischen Besonderheiten eines Unternehmens bzw. einer Branche ausgerichtet und können deshalb nur eingeschränkt auf andere Unternehmen bzw. Branchen übertragen werden.

---

[553] Vgl. Leidecker, J./ Bruno, A.V.: Identifying and Using Critical Success Factors, in: Long Range Planning, Vol. 17, 1984, S. 24.

[554] Rockart, J.F.: Chief Executives define their own Data Needs, in: Harvard Business Review, 2/1979, S. 85.

[555] Hofmann, F.: Kritische Erfolgsfaktoren – Erfahrungen in großen und mittelständischen Unternehmen, in: Zeitschrift für betriebswirtschaftliche Forschung, 38. Jg., Nr. 10, 1986, S. 833.

[556] Kreilkamp, E.: Strategisches Management und Marketing: Markt- und Wettbewerbsanalyse, Strategische Frühaufklärung, Portfoliomanagement, Berlin/New York 1987, S. 176.

[557] Vgl. Hildebrandt, L. (1986), S. 39; sowie in ähnlicher Form: Grimm, U. (1983), S. 26; und auch Trommsdorff, V. (1990), S. 2.

[558] Krüger, W. (1988), S. 28.

Erfolgsfaktoren haben immer eine strategische Dimension, d.h. sie sind langfristig orientiert und begründen einen Wettbewerbsvorteil (u. U. auch Wettbewerbsnachteil)[559] gegenüber der Konkurrenz.[560] Prinzipiell können Erfolgsfaktoren anhand unterschiedlicher Gesichtspunkte gruppiert werden. Die in der Literatur am häufigsten anzutreffende Einteilung ist die Unterscheidung in unternehmens- und umfeldbezogene Erfolgsfaktoren.[561] Zu den unternehmensbezogenen Erfolgsfaktoren werden Faktoren miteinbezogen, welche vom Unternehmen direkt beeinflussbar sind, wie z.B. die Unternehmensstruktur, die Unternehmenskultur oder absatzpolitische Instrumente.[562] Die umfeldbezogenen Erfolgsfaktoren zeichnen sich demgegenüber dadurch aus, dass sie vom Unternehmen nicht oder nur in begrenztem Maße beeinflussbar sind. Zu diesen Faktoren lassen sich beispielsweise Standortcharakteristika, Wettbewerbsintensität oder aber die Marktattraktivität zählen.[563]

Eine weitere Möglichkeit der Gruppierung stellt die Differenzierung hinsichtlich der so genannten *„harten"* und *„weichen"* Faktoren dar,[564] wobei der *„Härtegrad"* aufgrund der Messbarkeit eines Erfolgsfaktors determiniert wird.[565] Demzufolge sind harte Faktoren, wie z.B. Marktanteil, Marktwachstum oder Produktangebot, einfacher zu messen, als dies beispielsweise bei der Unternehmenskultur (weicher Faktor) der Fall ist.

Einen etwas anderen Ansatz in Bezug auf die Erfolgsfaktoren verfolgen BEA und HAAS, die grundsätzlich zwischen Leistungspotenzialen und Führungspotenzialen unterscheiden.[566] Hierbei beziehen sich die Leistungspotenziale auf die dem Unternehmen zur Verfügung stehenden Ressourcen Technologie, Personal und Kapital sowie dem aus diesen Einzelressourcen resultierenden Leistungsprozess. Demge-

---

559 Ein Wettbewerbsnachteil kann unter anderem dadurch entstehen, wenn die identifizierten Erfolgsfaktoren im vergleich zur Konkurrenz ineffizient ausgenutzt werden.

560 Vgl. Grimm, U. (1983), S. 3; Leidecker, J./ Bruno, A.V. (1984), S. 24; sowie auch Rehkugler, H. (1989), S. 628.

561 Vgl. Lange, B. (1982), S. 28 f.

562 Vgl. Bamberger, I.: Developing Competitive Advantage in Small and Medium-size Firms, in: Long Range Planning, Nr. 5, 1989, S. 80 f.; sowie Herron, L./ Robinson, R.B.: A Structural Model of the Effects of Entrepreneurial Characteristics on Venture Performance, in: Journal of Business Venturing, Nr. 8, 1993, S. 281 f.

563 Vgl. Hildebrandt, L. (1986), S. 39-41.; Kube, C.: Erfolgsfaktoren im Filialsystem, Diagnose und Umsetzung im strategischen Controlling, Berlin 1991, S. 3; sowie auch Trommsdorff, V./ Kube, C.: Erfolgsfaktor-Strukturen im Filialsystem erforschen und steuern, in: Trommsdorff, V. (Hrsg.): Handelsforschung 1991, Jahrbuch der Forschungsstelle für den Handel Berlin e.V., Berlin 1991, S. 18.

564 Im Rahmen der strategischen Frühaufklärung weist Ansoff zunächst auf die besondere Bedeutung der „weak Signals" hin, vgl. hierfür: Ansoff, H.I.: Managing surprise and discontinuity – Strategic response to weak signals, in: Zeitschrift für betriebswirtschaftliche Forschung, 28. Jg., 1976, S. 133. Für eine ausführliche Erläuterung der Unterscheidung zwischen „harten" und „weichen" Faktoren sei verwiesen auf: Peters, T.J./ Waterman, R.H. (1982), S. 33.

565 Vgl. Prillmann, M.: Management der Variantenvielfalt, Frankfurt a. M. 1996, S. 31.

566 Vgl. Bea, F.X./ Haas, J.: Strategisches Management, 3. Aufl., Stuttgart 2001, S. 109.

genüber sind die Führungspotenziale allein dem Management des jeweiligen Unternehmens zugeordnet. Basierend auf den beiden genannten Erfolgspotenzialen lassen sich dann die einzelnen Erfolgsfaktoren ableiten.[567] Kritisch zu dem Ansatz von BEA und HAAS ist jedoch anzumerken, dass sich selbiger alleinig auf die internen Prozesse konzentriert und die so genannten umfeldbezogenen Faktoren vollkommen unberücksichtigt lässt.

Bezogen auf die vorliegende Untersuchung gilt es herauszufinden, inwiefern Geomarketing einen Erfolgsfaktor für die deutsche Automobilindustrie darstellt. Eine Unterscheidung hinsichtlich harter und weicher Faktoren erscheint im Zusammenhang mit Geomarketing weniger sinnvoll, da dieses Instrument sowohl harte als auch weiche Faktoren beinhaltet, sich diese in der Praxis jedoch nur äußerst schwer nachvollziehen bzw. messen lassen. Besser geeignet scheint aus diesem Grund die Zuordnung zu der Kategorie der unternehmensbezogenen Erfolgsfaktoren, da es sich bei Geomarketing um ein analytisches Instrument handelt, dessen Einsatz direkt vom jeweiligen Unternehmen bestimmt werden kann. Gleichzeitig wird natürlich auch die Auswirkung auf den Unternehmenserfolg in erheblichem Maße von der unternehmensinternen Umsetzung beeinflusst. Die Bestimmung der einzelnen Dimensionen des Instruments Geomarketing, anhand derer der Erfolg von Geomarketing bei deutschen Automobilherstellern gemessen werden soll, erfolgt im nächsten Abschnitt.

4.3.3.2 Konzeptspezifikation

Neben den bereits beschriebenen *Erfolgsfaktoren* wird in der Literatur auch von *Erfolgsindikatoren* sowie von *Erfolgspotenzialen* gesprochen. Indikatoren sind allgemein als ein *„Umstand oder Merkmal, das als Anzeichen oder als Hinweis auf etwas anderes dient“*,[568] zu betrachten und stellen folglich die *„Obermenge“*[569] von Erfolgsfaktoren dar.[570] Speziell Erfolgsindikatoren sind demnach also Tatsachen oder Eigenschaften, welche den Erfolg anzeigen, aber im Gegensatz zu Erfolgsfaktoren keine direkte Kausalannahme implizieren. Folglich ist jeder Erfolgsfaktor gleichzeitig auch ein Erfolgsindikator, jedoch nicht jeder Erfolgsindikator zwangsläufig ein Erfolgsfaktor.[571] Aufgrund des mangelnden kausalen Zusammenhangs zwischen Erfolgsindikatoren und dem Erfolg an sich sowie der folglich mangelnden Möglichkeit

567 Vgl. Bea, F.X./ Hass, J. (2001), S. 109 f.
568 Tjaden, G. (2003), S. 63.
569 Hierunter ist zu verstehen, dass in der Praxis wesentlich mehr Erfolgsindikatoren als Erfolgsfaktoren existieren. Lediglich eine gewisse Anzahl von Erfolgsindikatoren erweist sich nach empirischer Überprüfung auch tatsächlich als Erfolgsfaktor.
570 Vgl. Tjaden, G. (2003), S. 63 f.
571 Vgl. ebenda, S. 64.

zur Operationalisierung wird auf eine weitere Beschreibung der Erfolgsindikatoren verzichtet.

In Bezug auf die *Erfolgspotenziale* kann eine eindeutige Positionierung anhand der Literatur nicht vorgenommen werden. Während bei einigen Autoren selbige eine Ursache von Erfolgsfaktoren sind, werden sie bei anderen als Wirkung der Erfolgsfaktoren bezeichnet.[572] So definieren KIRSCHBAUM und STEINLE, dass Erfolgspotenziale als Zwischenstufe zwischen Erfolgsfaktoren und dem Erfolg zu sehen sind und unterteilen diese in kostenseitige, erlösseitige und fähigkeitsbezogene Erlöspotenziale.[573] In dieser Arbeit wird jedoch die der zweiten Richtung zugrunde liegende Abgrenzung gewählt, nämlich die von HAEDRICH und JENNER, die besagt, dass

„[...] Erfolgsfaktoren (...) hingegen auf den Erfolgspotentialen eines Unternehmens [gründen] und (...) sich von diesen dadurch (unterscheiden), daß sie den marktlichen Erfolg direkt beeinflussen, indem sie unmittelbar durch die Kunden wahrgenommen werden".[574]

Dieses Begriffsverständnis vorausgesetzt, lässt sich deutlich zeigen, dass eine Verbindung zwischen den Begriffen Erfolgspotenzial und Erfolgsfaktor existiert, welche sich in der Form zeigt, dass die Erfolgsfaktoren Variablen sind, deren Ausprägungen durch das Ausschöpfen der Erfolgspotenziale determiniert werden.[575] GÄLWEILER definiert den Begriff Erfolgspotenzial als *„[...] das gesamte Gefüge aller jeweils produkt- und marktspezifischen erfolgsrelevanten Voraussetzungen, die spätestens dann bestehen müssen, wenn es um die Erfolgsrealisierung geht".*[576] Daraus lässt sich ableiten, dass die Erfolgspotenziale einem Unternehmen individuell zugeschrieben werden, die Erfolgsfaktoren jedoch Größen darstellen, die ebenso für alle Wettbewerber Gültigkeit besitzen.[577] Folglich kann ein kausaler Zusammenhang zwischen Erfolgsfaktoren und Erfolgspotenzialen identifiziert werden, und zwar in der Hinsicht,

---

572 Vgl. Tjaden, G. (2003), S. 64.

573 Vgl. Kirschbaum, V.: Unternehmenserfolg durch Zeitwettbewerb. Strategie, Implementation und Erfolgsfaktoren, München 1995, S. 120; sowie auch Steinle, C.: Erfolgsfaktoren und ihre Gestaltung in der betrieblichen Praxis: Empirische Ergebnisse und Handlungsempfehlungen, in: Aus Politik und Zeitgeschichte, Beilage zur Wochenzeitung Das Parlament, Nr. 23, 1996, S. 20.

574 Haedrich, G./ Jenner, T.: Strategische Erfolgsfaktoren in Konsumgütermärkten, in: Die Unternehmung, Heft 1, 1996, S. 16 f.

575 Vgl. Kehl, M.: Strategische Erfolgsfaktoren in der Telekommunikation, Wiesbaden 2002, S. 152.

576 Gälweiler, A.: Strategische Unternehmensführung, 3. Aufl., Frankfurt a. M. 2005, S. 26.

577 Vgl. Grünig, R./ Heckner, F./ Zeus, A. (1996), S. 4. Dies bedeutet im Umkehrschluss jedoch nicht, dass die gleichen Erfolgspotenziale nicht auch in anderen Unternehmen zu finden sein können. Folglich kann das Instrument Geomarketing auf sämtliche Automobilhersteller übertragen werden. Es kann aber ex ante nicht bestimmt werden, ob sich die Erfolgspotenziale auch in der Form realisieren lassen. Ferner muss berücksichtigt werden, dass Erfolgsfaktoren zwar für nahezu jedes Unternehmen Gültigkeit besitzen können, diese aber häufig nicht einfach kopiert werden können bzw. das Imitieren viel Zeit erfordert. Vgl. hierzu die Diskussion in Kap. 4.2.4.

dass die Erfolgsfaktoren vom erfolgreichen Management der Erfolgspotenziale abhängen. Das Ausschöpfen der Erfolgspotenziale und das damit zwingend notwendige Vorhandensein eines entsprechenden Erfolgsfaktors bedeutet einen Wettbewerbsvorteil des Unternehmens am Markt.[578]

Für eine Analyse des Erfolgsfaktors *„Geomarketing"* ist es demnach zwingend notwendig, sich auf die Erfolgspotenziale zu fokussieren, da diese, wie eben beschrieben, die Grundvoraussetzung für einen Erfolgsfaktor darstellen. Hierfür ist es zunächst notwendig, die erforderlichen Dimensionen der Erfolgspotenziale von Geomarketing darzustellen und deren Auswirkungen näher zu hinterfragen.

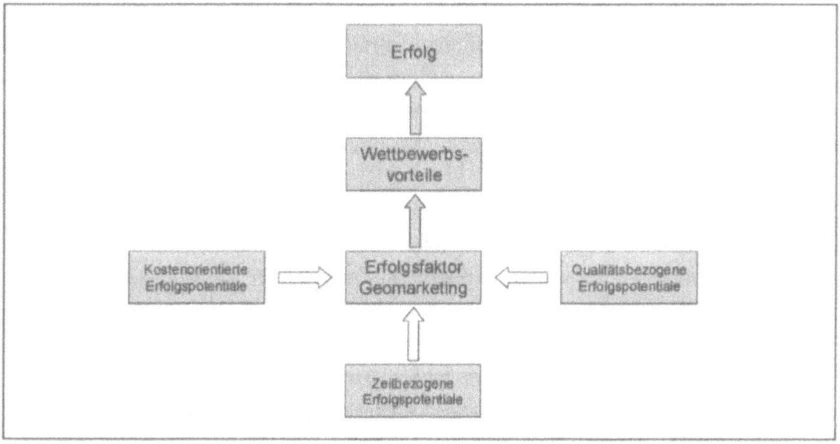

Abbildung 25: Graphische Darstellung des Zusammenhangs zwischen Erfolgsfaktoren, Erfolgspotenzialen und Erfolg[579]

Wie anhand der Abbildung zu sehen ist, lassen sich die Erfolgspotenziale in drei Kategorien unterteilen, wobei diese die verschiedenen voneinander abgrenzbaren Dimensionen widerspiegeln, in denen jene auf die Erfolgsfaktoren wirken. Bedingt durch die Tatsache, dass sich die vorliegende Untersuchung nicht auf bisherige Untersuchungen berufen kann, muss bei der Ermittlung der einzelnen Erfolgspotenziale auf das strategische Zielsystem zurückgegriffen werden. Die drei vorgestellten Dimensionen sind aus der historische Entwicklung des Zielsystems heraus entstanden,

578 Als Wettbewerbsvorteil wird eine dauerhaft vorhandene, nicht unmittelbar duplizierbare Leistung des Unternehmens verstanden, welche das Unternehmen anderen gegenüber überlegen macht und von einem Kunden als kaufentscheidende Eigenschaft identifiziert wird. Vgl. Haedrich, G./ Jenner, T. (1996), S. 14-17; sowie Simon, H.: Schwächen bei der Umsetzung strategischer Wettbewerbsvorteile, in: Dichtl, E./ Gerke, W./ Kieser, A. (Hrsg.): Innovation und Wettbewerbsfähigkeit, Wiesbaden 1987, S. 368.

579 Eigene Darstellung in Anlehnung an: Kehl, M. (2002), S. 153.

welches sich ausgehend von einer alleinigen Preis- bzw. Produktivitätsorientierung durch die zusätzliche Einbeziehung einer Qualitätsorientierung hin zu einer dreidimensionalen Kosten-, Qualitäts- und Zeitorientierung entwickelt hat.[580]

JACOB definiert den Begriff *Kosten „[...] als bewerteten Verzehr von Gütern und Dienstleistungen bei der betrieblichen Leistungserstellung“.*[581] Im Rahmen der ersten Ansätze zur Erfolgsfaktorenforschung wurde nahezu ausschließlich von der Kostenführerschaft als alleiniges Merkmal zur Erklärung des Unternehmenserfolges gesprochen, wobei dies insbesondere auf die zum damaligen Zeitpunkt vorherrschende Existenz eines Verkäufermarktes zurückzuführen ist.[582] Bezogen auf den zu analysierenden Erfolgsfaktor Geomarketing gilt es jedoch hinsichtlich der Kosten eher zwischen dem mit der Anwendung verbundenen personellen und sachbezogenen Aufwand zu unterscheiden. Beide Kostenaspekte haben einen großen Einfluss auf den *„Erfolg“* von Geomarketing-Analysen im Bereich der deutschen Automobilindustrie, wobei es eine der Zielsetzungen von Geomarketing ist, die Kosten im operativen Geschäft, im Vergleich zu anderen Analyse-Instrumenten, zu reduzieren.

Die Notwendigkeit neben dem Faktor Kosten ebenfalls die *Qualität* der angebotenen Leistungen zu berücksichtigen kann mit dem Übergang von einem Verkäufermarkt zu einem Käufermarkt erklärt werden. In Bezug auf den Begriff *„Qualität“* wird in der betriebswirtschaftlichen Literatur nicht nur von der technisch definierbaren Qualität des Produktes gesprochen,[583] sondern auch von der Fähigkeit eines Produktes oder einer Leistung einen Kunden in gewünschtem Maße zufrieden zu stellen.[584] Hierbei stehen neben der reinen Produktqualität, welche beispielsweise bei der PIMS-Studie betrachtet wurde, insbesondere die Service- bzw. die Kommunikationsqualität im Vordergrund. Während sich die Servicequalität nach ROLLBERG *„[...] auf die produktbegleitenden Dienstleistungen vor und nach dem Verkauf“*[585] konzentriert, beziehen sich TÖPFER und MEHDORN in ihrer Definition der Kontakt- bzw. Kommunikationsqualität auf sämtliche Interaktionspunkte zwischen dem jeweiligen Unternehmen und dem Kunden entlang der Wertschöpfungskette.[586] Im Zusammenhang mit Geomarketing-Analysen kann sich die Qualität auf eine Vielzahl von Faktoren beziehen,

---

580 Vgl. Keuper, F.: Strategisches Management, München, Wien 2001, S. 13; sowie Klingebiel, N.: Leistungsrechnung/Performance Measurement als bedeutsamer Bestandteil des internen Rechnungswesens, in: Kostenrechnungspraxis, 40. Jg., Nr. 2, 1996, S. 80; sowie auch Rollberg, R.: Lean Management und CIM aus Sicht der strategischen Unternehmensführung, Wiesbaden 1996, S. 9-13.

581 Jacob, H. (Hrsg.): Allgemeine Betriebswirtschaftslehre, 5. Aufl., Wiesbaden 1988, S. 215.

582 Vgl. Keuper, F. (2001), S. 13; Rollberg, R. (1996), S.10.

583 Vgl. Hansmann, K.-W. (2001), S. 282; sowie Töpfer, A./ Mehdorn, H.: Total Quality Management, 3. Aufl., Berlin 1994, S. 12.

584 Vgl. Kehl, M. (2002), S. 154.

585 Rollberg, R. (1996), S. 12.

586 Vgl. Töpfer, A./ Mehdorn, H. (1994), S. 32 f.

da diese je nach Anwendungsgebiet stark variieren können. Hauptansatzpunkt für die vorliegende Untersuchung ist jedoch nicht die vom Kunden wahrgenommene Qualität, sondern vielmehr der vom Unternehmen selbst festgestellte Nutzen als Indikator für die Qualität des Instruments Geomarketing.

Der dritte Bestandteil des Erfolgsfaktorendreiecks, der Faktor *Zeit*, kann auf zweierlei Art und Weise als Erfolgspotenzial eines Unternehmens gesehen werden. Auf der einen Seite ist damit die Zeit gemeint, in der ein Unternehmen in der Lage ist die Bedürfnisse seiner Kunden zu befriedigen. Hiermit wird insbesondere auf die Anforderungen an die internen Prozesse verwiesen, die aus der Notwendigkeit einer hohen Termintreue aber auch kurzen Lieferzeiten gegenüber dem Kunden resultieren (Schnelligkeit).[587] Neben der reinen Kundenbetrachtung zielt man auf der anderen Seite jedoch auch darauf ab, die Zeit als Indikator für die Anpassungsfähigkeit eines Unternehmens zu sehen, sich auf verändernde Marktbedingungen einzustellen (Flexibilität).[588] Schlussfolgernd kann hinsichtlich des Faktors Zeit gesagt werden, dass es aus Sicht des Unternehmens nicht nur notwendig ist die richtigen Dinge zu tun (Effektivität) und die Dinge richtig zu tun (Effizienz), sondern auch die Dinge zum richtigen Zeitpunkt und in angemessener Zeit zu tun (Zeiteffizienz).[589] Mit Hilfe von Geomarketing soll die Verfolgung und Erreichung dieses Zielbündels erreicht werden.

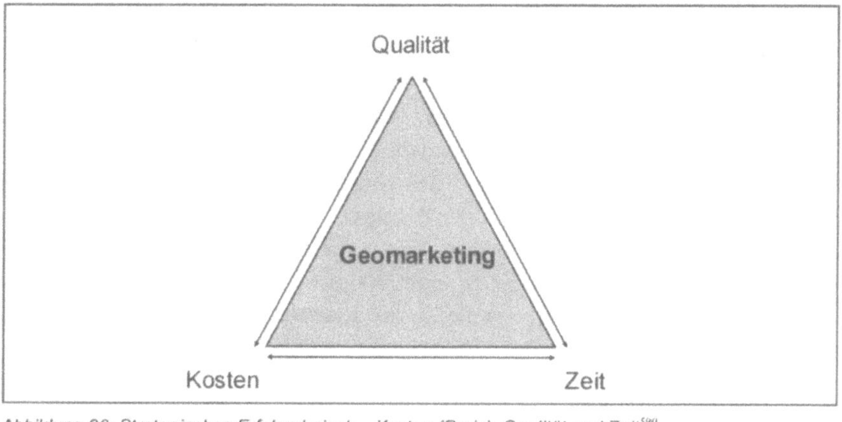

Abbildung 26: Strategisches Erfolgsdreieck – Kosten (Preis), Qualität und Zeit[590]

587 Vgl. Rollberg, R. (1996), S. 11.
588 Vgl. Keuper, F. (2001), S. 14.
589 Vgl. Rollberg, R. (1996), S. 11 f.; sowie auch Keuper, F. (2001), S. 14 f.
590 Eigene Darstellung in Anlehnung an: Keuper, F. (2001), S. 12.

Basierend auf den vorangegangenen Ausführungen kann gezeigt werden, dass ein direkter Zusammenhang zwischen strategischen Erfolgspotenzialen und einem (strategischen) Erfolgsfaktor im Absatzmarkt besteht. Angesichts der Tatsache, dass es keine wissenschaftlich fundierten Kataloge strategischer Erfolgspotenziale gibt bzw. über deren Verknüpfungen mit einem Erfolgsfaktor,[591] soll im Folgenden kurz begründet werden, warum die genannten Dimensionen als geeignet für die Bearbeitung der vorliegenden Untersuchung erscheinen.

Gemäß dem zugrunde liegenden Zielansatz hängt der Erfolg eines Unternehmens vom Erreichungsgrad der unternehmerischen Zielsetzungen ab.[592] In den folgenden Auswertungen werden die in der Expertenbefragung erhobenen Dimensionen *„Qualität"*, *„Zeit"* und *„Kosten"* als Indikatoren für den Erfolg des Instruments Geomarketing verwendet. Mit der inhaltlichen Auswahl dieser Dimensionen wurden die wesentlichen Zielsetzungen eines Automobilherstellers, die mit der Nutzung von Geomarketing verbunden sind, berücksichtigt. Weitere, insbesondere in der empirischen Erfolgsforschung häufig verwendete, quantitative Dimensionen wie bspw. Umsatz, Absatz oder Marktanteil bzw. Veränderungen selbiger wurden nicht berücksichtigt, da eine konkrete Messung der Auswirkung von Instrumenten in der Automobilindustrie nicht erfolgt. Auf eine explizite Erhebung der quantitativen Auswirkungen von Geomarketing, bspw. auf den Umsatz, wurde ebenso verzichtet, da aufgrund von Problemen hinsichtlich einer einheitlichen Bezugsbasis sowie einer geringen und unzuverlässigen Antwortbereitschaft diese Vorgehensweise als nicht geeignet angesehen wurde.

Der Rückgriff auf die gewählten Dimensionen basiert auf messmethodischen und konzeptionellen Überlegungen. Insbesondere Fragen zu ökonomischen Kennzahlen bzw. Auswirkungen einzelner Aktionen/Instrumente auf selbige haben einen starken Einfluss auf die Antwortbereitschaft der Befragten. Hier kommt der in der Literatur weitgehend akzeptierte Sachverhalt zum Tragen, dass die Bereitschaft befragter Experten, objektive Erfolgsdaten offen zu legen, als *„gering"* einzustufen ist. Ferner weisen Querschnittsuntersuchungen in Bezug auf quantitative Dimensionen immer die Problematik auf, dass die erzielten Größen unter Umständen zu einem *„untypischen"* Zeitpunkt erhoben wurden und folglich durch außergewöhnliche Effekte be-

---

[591] Vgl. Kühn, R./ Grünig, R.: Grundlagen der strategischen Planung, Bern, Stuttgart, Wien 1998, S. 96 f.

[592] Vgl. hierzu Kap. 4.1.

einflusst sind.[593] Diese Form der Messmethodik kann zu Informationsverzerrungen führen, welche die Übertragbarkeit der Ergebnisse negativ beeinflussen.[594]

Bedingt durch die Tatsache, dass keine Veröffentlichungen in Bezug auf die quantitativen Auswirkungen von Geomarketing auf Erfolgsgrößen (bspw. Umsatz) existieren bzw. eine solche Messung aktuell nicht durchgeführt wird, ist eine objektive, sekundärstatistische Erhebung nicht möglich. Aus diesem Grund ist eine *subjektive, primärstatistische Erhebung* erforderlich, deren Zuverlässigkeit im Hinblick auf den Wahrheitsgehalt auch in der Literatur bestätigt wird.[595] Die Evaluation von Erfolg orientiert sich, wie bereits beschrieben, in der Regel an objektiv messbaren Beurteilungsmaßstäben wie der Rentabilität oder dem Marktanteil.[596] Allerdings muss in diesem Zusammenhang festgehalten werden, dass eine auf diesen Erfolgsgrößen basierende Beurteilung der Vorteile von Geomarketing im Bereich der Automobilindustrie kaum möglich erscheint und sich genannte Vorteile auch nicht ohne weiteres anhand solcher Kennzahlen quantifizieren lassen. Aus diesem Grund erscheint es durchaus legitim, die Erfolgsmessung auf Basis von subjektiven Beurteilungen der befragten Experten zu fundieren.

Ein weiteres Indiz für diese Legitimation einer subjektiven Erfolgsmessung liefert die Studie von DESS/ROBINSON,[597] in welcher die Forscher eine hohe Übereinstimmung zwischen subjektiven Erfolgsurteilen und objektiven Erfolgskennzahlen attestieren. Allerdings muss darauf hingewiesen werden, dass die Probanden teilweise auch dann von Erfolg sprachen, wenn die objektiven Kennzahlen eher das Gegenteil darstellten. Diese mögliche Fehlerquelle muss in jedem Fall beachtet werden, jedoch können solche Fehler auch bei einer Abfrage objektiver Daten nicht vollkommen ausgeschlossen werden, da auch in diesem Bereich falsche Angaben gemacht wer-

---

593 Bei der vorliegenden Untersuchung handelt es sich zweifelsohne um eine Querschnittsuntersuchung, jedoch wurden im Rahmen selbiger keine quantitativen Größen erhoben. Ferner wurden die Experten im Verlaufe des Interviews ebenfalls nach ihren Einschätzungen in Bezug auf die zukünftige Entwicklung von Geomarketing befragt. Auf diese Art und Weise konnte stets sichergestellt werden, dass sich auch Aussagen über zu erwartende Veränderungen im Zeitablauf ableiten lassen.

594 Vgl. Holtz, M.: Kundenzufriedenheits-Know-How als Grundlage des Unternehmenserfolges – Operationalisierung und explorative Analyse am Beispiel der Augenoptik, Wiesbaden 2002, S. 96.

595 Vgl. Dess, G.G./ Robinson, Jr., R.B.: Measuring Organizational Performance in the Absence of Objective Measures: The Case of the Privately-held Firm and Conglomerate Business Units, in: Strategic Management Journal, 5. Jg., Heft 3, 1984, S. 269.

596 Vgl. Oesterle (1995), S. 989.

597 Im Rahmen der von ihnen durchgeführten Studie wurden 26 Unternehmen des produzierenden Gewerbes auf Geschäftsführungsebene schriftlich und mündlich über die Gewinn- und Wachstumssituation befragt. Parallel dazu wurden objektive Kennzahlen aus dem jeweiligen Jahresabschluss erfasst und mit den subjektiven Aussagen verglichen. Dabei konnten die Forscher einen starken Zusammenhang zwischen der objektiven und der subjektiven Performance-Messung feststellen. Vgl. Dess, G.G./ Robinson, Jr., R.B. (1984), S. 268 f.

den können. Folglich erscheint es zulässig, die Erfolgspotenziale von Geomarketing aus Sicht deutscher Automobilhersteller anhand von *subjektiven Experteneinschätzungen* zu messen und normative Handlungsempfehlungen aus diesen Ergebnissen abzuleiten.

Basierend auf diesen Ausführungen wird im Folgenden ein Konzept entwickelt, mit dessen Hilfe die Erfolgspotenziale von Geomarketing messbar gemacht werden können. Dieser Schritt ist insofern notwendig, da sich die genannten Dimensionen nicht direkt messen lassen. Das nächste Kapitel liefert damit die Grundlage für die empirische Überprüfung, in welcher eine Aussage darüber angestrebt wird, in welchen Bereichen sich die in der Theorie geschilderten Erfolgspotenziale von Geomarketing in der Automobilindustrie realisieren lassen und wo eventuell Barrieren bei der Realisierung dieser Potenziale existieren.

4.3.3.3 Auswahl der konkreten Indikatoren

Im Rahmen der Operationalisierung sind für die einzelnen Dimensionen des Konstruktes geeignete *Indikatoren* zu finden, welche diese in der Untersuchung beobachtbar und messbar machen.[598] Die in dem der vorliegenden Untersuchung zu Grunde liegenden Erklärungsmodell abgeleiteten Erfolgspotenziale stellen in der Regel eigenständige Konstrukte dar, welche in der Realität nicht direkt beobachtet bzw. gemessen werden können. Aus diesem Grund ist eine Operationalisierung anhand einzelner Indikatoren für die angestrebte Untersuchung zwingend erforderlich.[599]

In Bezug auf die Zuordnung dieser Indikatoren muss jedoch angemerkt werden, dass diese nicht gleichbedeutend mit einer vollständigen Beschreibung des theoretischen Konstrukts zu verstehen sind.[600] Vielmehr konzentriert sich die Operationalisierung auf die Vermutung eines Zusammenhangs zwischen verschiedenen Begriffen des Erklärungsmodells, und zwar in der Form, dass von einem Vorliegen des Konstrukts in realiter ausgegangen werden kann, wenn die Mehrzahl seiner Indikatoren beob-

598 Vgl. Opp, K.-D.: Methodologie der Sozialwissenschaften, Wiesbaden 1999, S. 118. Vgl. allgemein zur Messung komplexer Konstrukte mittels Indikatoren auch Benninghaus, H.: Einführung in die sozialwissenschaftliche Datenanalyse, München/Wien 2001, S. 15 f.

599 Vgl. eine analoge Argumentation und Vorgehensweise beispielsweise auch bei Festing, M.: Strategisches Internationales Personalmanagement – Eine transaktionskostentheoretisch fundierte Analyse, München/Mering 1996, S. 176; sowie auch Royer, S.: Strategische Erfolgsfaktoren horizontaler kooperativer Wettbewerbsbeziehungen – Eine auf Fallstudien basierende erfolgsorientierte Analyse am Beispiel der Automobilindustrie, München/Mering 2000, S. 138.

600 Vgl. Edelmann, A.: Dienstleistungen von Konsumgüterherstellern: Eine Fallstudienanalyse zu Erfolgsfaktoren bei Primärdienstleistungsangeboten der Konsumgüter-Markenartikelindustrie, Wiesbaden 2004, S. 86. Es gilt ebenfalls festzuhalten, dass es bei qualitativ orientierten Forschungsstrategien kaum möglich ist, das theoretische Konstrukt mit Hilfe von Indikatoren vollständig zu beschreiben.

achtbar ist.[601] Folglich kann bei einer Überprüfung von theoretischen Konstrukten auch nur ein begrenzter Teil der Realität beschrieben werden.[602] Um jedoch sicherzustellen, dass die vorab ausgewählten Indikatoren auch geeignet sind, das Konstrukt zu messen, wurde einerseits auf die vorhandene Literatur in diesem Themengebiet zurückgegriffen, und andererseits wurden ausgewiesene Experten bereits im Vorfeld der Untersuchung hinsichtlich der Auswahl konkreter Indikatoren befragt. Wie bereits beschrieben, wird im Rahmen der vorliegenden Untersuchung darauf verzichtet, ein konkretes Erfolgsausmaß zu messen. Aus diesem Grund ist es nicht die Zielsetzung, die Intensität der einzelnen Indikatoren zu überprüfen, sondern lediglich, ob die einzelnen Indikatoren aus Sicht der befragten Experten in der Unternehmenspraxis beobachtet werden können.

Im Hinblick auf die qualitätsorientierten Erfolgspotenziale muss im Rahmen der Expertenbefragung zwischen den einzelnen Anwendungsbereichen von Geomarketing unterschieden werden. Diese Differenzierung ist insofern notwendig, da einzelne Indikatoren nicht für sämtliche Anwendungsbereiche Gültigkeit besitzen bzw. in einigen Fällen in unterschiedlicher Art und Weise wirken. Insgesamt konnten sieben Indikatoren identifiziert werden, die zur Beschreibung der *qualitätsorientierten Erfolgspotenziale* von Geomarketing geeignet erscheinen:

- *Genauigkeit:* Die Genauigkeit bezieht sich in diesem Zusammenhang auf eine qualitative Verbesserung der Analyseergebnisse aufgrund der Verarbeitung größerer Datenmengen.

- *Visualisierung:* Anhand dieses Indikators soll überprüft werden, inwiefern durch die graphische Darstellung auf Basis von thematischen Karten eine bessere Interpretation der Ergebnisse ermöglicht wird.

- *Aktualität:* Bedingt durch die einfache und schnelle Durchführbarkeit von Geomarketing-Analysen gilt es herauszufinden, inwiefern dies zu einer qualitativen Verbesserung der Analyseergebnisse beiträgt.

- *Zeitliche Stabilität:* Geographische Merkmale unterliegen geringeren Schwankungen im Zeitablauf als andere Merkmale. Deshalb gilt es zu erfragen, ob die mit Hilfe von Geomarketing ermittelten Ergebnisse einer geringeren zeitlichen Schwankung unterliegen und inwiefern dies zu einer Qualitätsverbesserung beitragen kann.

---

601 Vgl. Edelmann, A. (2004), S. 86; sowie auch Kromrey, H. (1998), S. 90.

602 Vgl. Kreutz, H.: Soziologie der empirischen Sozialforschung – Theoretische Analyse von Befragungstechniken und Ansätze zur Entwicklung neuer Verfahren, Stuttgart 1972, S. 17.

- *Standortqualität:* Aufgrund der Berücksichtigung von geographischen und strukturellen Merkmalen sowie existierenden Konkurrenzstandorten können Standorte bzw. Händlernetze optimiert werden (Standortplanung/Standortnetzoptimierung). Es gilt demnach zu analysieren, ob diese Qualitätsverbesserung von den befragten Experten ebenfalls erkannt und als solche empfunden wird.

- *Effizienzsteigerung:* Basierend auf der Identifikation von brachliegenden und vernachlässigten Vertriebsgebieten/Markverantwortungsregionen gilt es zu analysieren, ob selbige auch im Hinblick auf die vorhandenen Potenziale verbessert werden können.

- *Messbarkeit der Zielerreichung:* Anhand dieses Indikators gilt es zu ermitteln, ob die Vorteile einer genauen Analyse der Veränderung des Kaufverhaltens der Konsumenten bzw. eine Verbesserung des Bekanntheits- oder Informationsgrades zu einer qualitativen Verbesserung im Bereich der Mediaselektion beitragen.

Neben den genannten Indikatoren im Zusammenhang mit den qualitätsorientierten Erfolgspotenzialen gilt es ebenfalls die kosten- und zeitorientierten Erfolgspotenziale zu berücksichtigen. Für selbige konnten insgesamt fünf Indikatoren identifiziert werden, welche zur Beschreibung der Erfolgswirkungen geeignet erscheinen. Im Hinblick auf die *kostenorientierten Erfolgspotenziale* sind dies die folgenden drei Indikatoren:

- *Wirtschaftlichkeit:* Auf Basis dieses Indikators soll überprüft werden, inwiefern die effiziente Form der Durchführung von Geomarketing-Analysen aus Sicht der Automobilhersteller dazu beiträgt, Kosten einzusparen.

- *Personelle Kosten:* Neben den allgemeinen Kosteneinsparungen aufgrund der gestiegenen Effizienz gilt es ebenfalls herauszufinden, inwiefern durch die Anwendung von Geomarketing personelle Kosten eingespart werden können.

- *Sachbezogene Kosten:* Ähnlich wie bei den personellen Kosten gilt es zu analysieren, ob neben diesen eventuell auch sachbezogene Kosten eingespart werden können und sich daraus resultierend ein Vorteil für die deutschen Automobilhersteller ergibt.

Bezogen auf die *zeitorientierten Erfolgspotenziale* bleiben die folgenden zwei Indikatoren zu nennen:

- *Schnelligkeit:* Die Schnelligkeit bezieht sich in diesem Zusammenhang auf die einfache und unkomplizierte Form der Durchführbarkeit, wobei es herauszufinden gilt, inwiefern dies einen entscheidenden Vorteil aus Sicht der deutschen Automobilhersteller darstellt.

- *Flexibilität:* Bei der Betrachtung dieses Indikators ist es das Ziel, zu analysieren, ob sich basierend auf den kürzeren Durchführungszeiten Möglichkeiten ergeben, sich besser auf verändernde Marktbedingungen einstellen zu können.

Die nachfolgende Graphik fasst die bisherigen Ausführungen zusammen und zeigt gleichzeitig auf, wie sich die einzelnen Indikatoren respektive Dimensionen auf den Erfolg von Geomarketing auswirken. Insgesamt kann gesagt werden, dass sich die qualitäts- und zeitorientierten Erfolgspotenziale positiv auf den Erfolg von Geomarketing auswirken, wenn die identifizierten Indikatoren möglichst stark von den befragten Experten bestätigt werden (+). Lediglich bei den personellen und sachbezogenen Kosten verhält es sich umgekehrt, da in diesem Fall eine Verringerung (-) selbiger den Erfolg von Geomarketing erhöht.

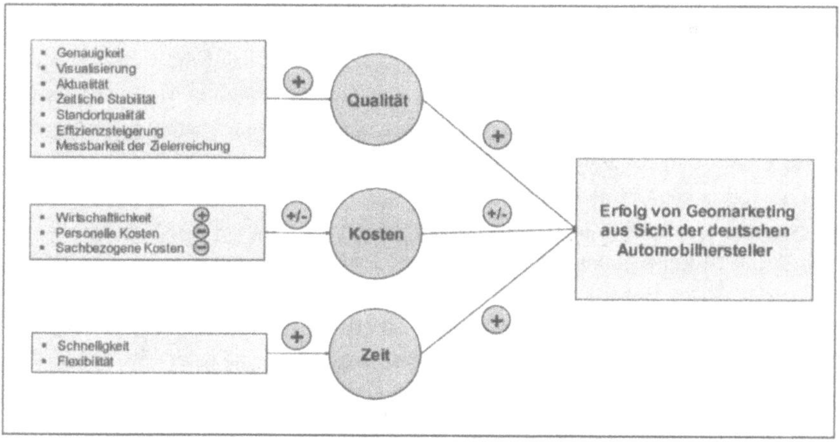

Abbildung 27: Wirkungsweisen der einzelnen Indikatoren auf den Erfolg von Geomarketing[603]

603 Eigene Darstellung.

5. Empirische Erkenntnisse zu den Erfolgspotenzialen von Geomarketing in der Automobilindustrie

5.1 Design der empirischen Untersuchung

Gegenstand dieses Kapitels ist eine empirische Untersuchung im Hinblick auf die Erfolgspotenziale von Geomarketing in der Automobilindustrie. Auf Basis der vorangegangenen theoretisch fundierten Überlegungen wurde im Rahmen von Expertengesprächen *„überprüft"*, in welchen Unternehmensbereichen Geomarketing in der Automobilindustrie Anwendung findet und ob sich durch die Nutzung dieses Instruments Erfolgspotenziale realisieren lassen. Ferner wurde berücksichtigt, in welchen Bereichen einerseits Anpassungsbedarf besteht und andererseits grundsätzliche Hürden einer Umsetzung entgegenstehen. Nach einer kurzen Erläuterung der Ziele dieser Studie werden im Folgenden die Konzeption und der Aufbau der Untersuchung detailliert beschrieben. Darauf aufbauend werden die Ergebnisse der Expertenbefragungen dargestellt und interpretiert. Abschließend erfolgt auf Grundlage der Ergebnisse eine Bewertung derselben, welche insbesondere für die zukünftige Anwendung von Geomarketing in der Automobilindustrie von Bedeutung ist.

5.1.1 Zielsetzung der Untersuchung

Das Ziel der empirischen Untersuchung ist, Einschätzungen hinsichtlich der Erfolgspotenziale von Geomarketing aus Sicht der deutschen Automobilhersteller zu erlangen, aber gleichzeitig auch aufzuzeigen, in welchen Bereichen in der Praxis Barrieren der Realisierung von Erfolgspotenzialen entgegenstehen. Hierbei soll analysiert werden, inwiefern die von der Theorie proklamierten Vorteile der Anwendung von Geomarketing auch in der Praxis anzutreffen sind. Auf Basis der Experteneinschätzungen soll somit letztlich ein Bild erlangt werden, welches aufzeigt, inwieweit die theoretisch begründete Forderung nach einer stärkeren Anwendung von Geomarketing in der Praxis Beachtung findet und welche Gründe aus heutiger Sicht der Umsetzung entgegenstehen. Von Bedeutung ist dabei auch die Differenzierung zwischen dem deutschen und dem europäischen Markt, da hier unter Umständen Unterschiede hinsichtlich der Nutzungsintensität zu verzeichnen sind.

Die vorliegende Untersuchung verfolgt dabei nicht das Ziel, eine repräsentative Aufnahme des Status quo von Geomarketing in der deutschen Automobilindustrie durchzuführen, sondern vielmehr basierend auf einer explorativen Ausrichtung Experteneinschätzungen hinsichtlich der Erfolgspotenziale von Geomarketing in der deutschen Automobilindustrie zu erlangen. Die Struktur der vorliegenden Untersuchung ist dabei so angelegt, dass die Datengewinnung nachvollzogen werden kann. Dies ist der Grundstein dafür, dass die zentralen Anforderungen an die Marktforschung erfüllt werden. Damit eine intersubjektive Überprüfung der Ergebnisse dieser Untersuchung gewährleistet ist, müssen die folgenden *Gütekriterien* eingehalten werden: Aktualität, Validität, Realibilität und Objektivität.[604]

Im Rahmen einer empirischen Untersuchung muss gewährleistet sein, dass die zur Auswertung, Interpretation und Ableitung von Handlungsempfehlungen herangezogene Informations- bzw. Datengrundlage keinesfalls veraltet ist. Aus dem Grund kann durch eine zeitnahe Erhebung, wie im vorliegenden Fall, die *Aktualität* der Untersuchung sichergestellt werden. Allgemein bezieht sich die Aktualität auf den so genannten Durchführungszeitraum, folglich also die Zeitspanne vom Beginn des ersten Arbeitsschritts bis zum Ende des letzten Arbeitsschritts. Je kürzer der Durchführungszeitraum ist, desto höher ist die Praxistauglichkeit des Messmodells.[605] Die hier durchgeführte Untersuchung lässt nur den zeitlichen Bezug einer Querschnittsbetrachtung zu. Dennoch wurden die Experten im Verlaufe der Interviews auch nach ihren Einschätzungen hinsichtlich der zukünftigen Entwicklung von Geomarketing befragt. Auf diese Art und Weise konnte sichergestellt werden, dass sich auch Aussagen über zu erwartende Veränderungen im Zeitablauf ableiten lassen.

Unter dem Begriff der *Realibilität* versteht man allgemein, mit welcher Genauigkeit (Präzision) ein Merkmal gemessen wird.[606] Folglich kann es als Maß dafür gesehen werden, inwieweit bei einer wiederholten Durchführung der Untersuchung unter gleichen Voraussetzungen, bspw. bei einer wiederholten Beantwortung des Fragebogens durch dieselbe Person, identische Ergebnisse erzielt werden. Die Realibilität steht dabei in einem engen Zusammenhang mit der *Validität* der Untersuchung, da mit Hilfe selbiger gemessen werden soll, inwiefern das jeweilige Modell auch in der Lage ist, genau das zu messen, was es zu messen vorgibt.[607] Nach SCHELTEN ist

---

604 Vgl. Mattmüller, R. (2000), S. 83; sowie auch Hermann, A./ Homburg, C.: Marktforschung: Ziele, Vorgehensweisen und Methoden, in: Hermann, A./ Homburg, C. (Hrsg.): Marktforschung: Methoden, Anwendungen, Praxisbeispiele, Wiesbaden 1999, S. 23 f.

605 Vgl. Riedl, R.: Application Service Providing – Entwicklung eines Modells zur Qualitätsmessung, Wiesbaden 2005, S. 153.

606 Vgl. Bortz, J./ Döring, N.: Forschungsmethoden und Evaluation für Sozialwissenschaftler, Berlin 1995, S. 181; vgl. auch Heidenreich, K.: Grundbegriffe der Meß- und Testtheorie, in: Roth, E. (Hrsg.): Sozialwissenschaftliche Methoden – Lehr- und Handbuch für Forschung und Praxis, Oldenburg 1995, S. 355; sowie auch Schelten, A.: Grundlagen der Testbeurteilung und Testerstellung, Heidelberg 1980, S. 102.

607 Vgl. Bortz, J./ Döring, N. (1995), S. 95; Heidenreich, K. (1995), S. 356.

die Realibilität eine notwendige, aber nicht hinreichende Bedingung für die Validität eines Modells.[608]

Das Gütekriterium der *Objektivität* gibt an, in welchem Ausmaß die Messergebnisse vom Untersuchungsleiter unabhängig sind.[609] Hierbei gilt es sicherzustellen, dass in allen Phasen der Untersuchung, sowohl bei der Durchführung der Auswertung als auch bei der Interpretation der Daten, die Objektivität gewahrt bleibt.

Die genannten Kriterien Reliabilität, Validität und Objektivität werden im Wesentlichen durch die Konzeption des fragebogenbasierten Interviewleitfadens, die Auswahl der Befragungsteilnehmer sowie die Auswertungsmethodik zur Ermittlung der Ergebnisse bestimmt.[610] Die Validität der Ergebnisse kann dadurch sichergestellt werden, dass sich die einzelnen Fragen des Interviewleitfadens auf die in den vorangegangenen Kapiteln theoretischen Voruntersuchungen stützen. Ferner wurden die einzelnen Bestandteile des Interviewleitfadens in einer Voruntersuchung durch ausgewählte Fachleute sowohl aus der Praxis als auch aus der Wissenschaft getestet. Es wurde dabei ebenfalls sichergestellt, dass die Teilnehmer der Befragung bezogen auf ihren Kenntnisstand hinsichtlich des Instruments Geomarketing geeignet sind, die Fragen zu beantworten. Bedingt durch die Tatsache, dass der Interviewleitfaden einen hohen Anteil an geschlossenen Fragestellungen aufweist, kann mit hoher Wahrscheinlichkeit bestätigt werden, dass dieselben Personen bei einer erneuten Befragung auch zu den identischen Ergebnissen kommen.[611] Folglich kann davon ausgegangen werden, dass auch das Kriterium der Realibilität erfüllt ist.

Aufgrund der ausführlichen Beschreibung des gesamten Untersuchungsprozesses, insbesondere auch durch die folgende Darstellung der Untersuchungsergebnisse,

---

608 Schelten erklärt diesen Zusammenhang anhand des folgenden Beispiels: Ein Mann fragt nach dem Alter einer ihm noch nicht sehr bekannten Frau. Er erhält ‚28 Jahre' zur Auskunft. Nach Wochen fragt er noch einmal und erhält wieder ‚28 Jahre' zur Antwort. Nach einem Jahr kann er anhand ihrer Geburtsurkunde feststellen, dass sie tatsächlich 36 Jahre alt ist, zum Zeitpunkt seiner Fragen war sie also 35 Jahre alt. Seine Befragung als Messung war reliabel. Er erhielt zweimal die gleiche Auskunft, d.h. zweimal den gleichen Messwert. Die Messung war aber nicht valide, da das angegebene Alter nicht mit dem tatsächlichen übereinstimmte. Nehmen Sie an, der Mann fragt eine zweite Frau nach ihrem Alter. Auch sie gibt wiederholt an, dass sie 28 Jahre alt sei. Ihr angegebenes Alter stimmt auch mit ihrem tatsächlichem überein, wie der Mann anhand eines persönlichen Dokuments feststellen kann. In diesem Fall ist die wiederholte Befragung als Messung reliabel und valide. Die Auskunft, d.h. die Messgröße, war immer die gleiche und stimmte mit dem tatsächlichen überein. Der Mann möge nun eine dritte Frau nach ihrem Alter fragen. Sie gibt beim ersten Mal 26 Jahre, beim zweiten Mal 28 Jahre an. Die Befragung als Messung ist unreliabel. Bei der Messwiederholung ändert sich der Messwert. Damit ist der Messwert auch gleichzeitig unvalide. Schelten, A. (1980), S. 102.

609 Vgl. Bortz, J./ Döring, N. (1995), S. 180; Heidenreich, K. (1995), S. 354.

610 Vgl. Tewes, M.: Der Kundenwert im Marketing – Theoretische Hintergründe und Umsetzungsmöglichkeiten einer wert- und marktorientierten Unternehmensführung, Wiesbaden 2003, S. 349.

611 Vgl. Bortz, J./ Döring, N. (1995), S. 180 f. und S. 232.

kann auch das Kriterium der Objektivität als erfüllt angesehen werden. Einschränkend muss jedoch festgehalten werden, dass bedingt durch den explorativen Charakter dieser Studie, verbunden mit den offenen Fragestellungen des Interviewleitfadens, ein Teil der Aussagen einen einschätzenden, wertenden Charakter aufweisen. Diese Aussagen beziehen sich sowohl auf existierende Problembereiche als auch auf zukünftige Veränderungen und basieren demnach auf den bisherigen, individuellen Erfahrungen und Einschätzungen der befragten Experten. Aus diesem Grund ist eine Verallgemeinerung der Ergebnisse nur bedingt möglich. Basierend auf diesen Ausführungen kann jedoch abschließend festgehalten werden, dass die vorliegende Untersuchung sämtlichen genannten Gütekriterien gerecht wird.

5.1.2 Aufbau der Untersuchung

Die bereits genannte Zielsetzung der Untersuchung bestimmt auch in entscheidendem Maße ihren Aufbau. Bedingt durch die ohnehin geringe Anzahl deutscher Automobilhersteller sowie die äußerst geringe Anzahl von ausgewiesenen Experten im Bereich Geomarketing kann aufgrund der niedrigen Grundgesamtheit kein standardisierter Fragebogen als Instrument zur Erhebung der statistischen Daten herangezogen werden. Als alternatives empirisches Forschungsdesign, insbesondere bei einer kleinen Grundgesamtheit, wird das Interview gesehen. SCHEUCH definiert das Interview als *„[...] ein planmäßiges Vorgehen mit wissenschaftlicher Zielsetzung, bei dem die Versuchsperson durch eine Reihe gezielter Fragen oder mitgeteilter Stimuli zu verbalen Reaktionen veranlasst werden soll“.*[612]

Für die vorliegende Untersuchung wurde das *Experteninterview* als geeignete Methode zur Datengewinnung identifiziert. Im Gegensatz zu anderen Formen des Interviews stellt bei Experteninterviews das im organisatorischen und institutionellen Zusammenhang erfahrene Expertenwissen den Analysegegenstand dar und nicht die Gesamtperson oder deren Grundeinstellung zu einem gewissen Sachverhalt.[613] Experteninterviews kommen in wissenschaftlichen Arbeiten oft als eine Erhebungstechnik im Rahmen eines Methodenmix, aber auch als eigenständiges Verfahren, wie im vorliegenden Fall, zum Einsatz. Die Gründe für die Auswahl von Experteninterviews als Erhebungsmethode sind die folgenden:

---

612 Scheuch, E.K.: Das Interview in der Sozialforschung, in: König, R. (Hrsg.): Handbuch der empirischen Sozialforschung, Bd. 1, Stuttgart 1967, S. 132-140.

613 Vgl. Meuser, M./ Nagel, U.: ExpertInneninterviews – vielfach erprobt, wenig bedacht. Ein Beitrag zur qualitativen Methodendiskussion, in: Garz, D./ Kraimer, K. (Hrsg.): Qualitativ-empirische Sozialforschung, Opladen 1991, S. 442.

- Eine offene Interviewtechnik erlaubt es dem Experten sich frei zu äußern, da bei offenen Fragestellungen kein festes Antwortschema vorliegt. Durch die Integration von offenen Fragestellungen wird es vermieden, den Experten in irgendeiner Weise, bspw. durch Formulierungen, zu beeinflussen. Der Befragte kann deshalb subjektive Perspektiven und Deutungen offen legen sowie Zusammenhänge und größere kognitive Strukturen entwickeln.[614]

- Das fragebogenbasierte Interview kombiniert die Vorteile eines strukturierten und standardisierten Fragebogens, nämlich die konkrete empirische Auswertung auf Basis von Häufigkeiten bzw. konkreten Merkmalen, mit denen eines Leitfaden-orientierten Interviews, nämlich der Möglichkeit neben offenen und geschlossenen Fragestellungen auch flexibel auf nicht-antizipierte Äußerungen des Befragten einzugehen. Ferner ist es in einem Interview auch immer möglich, eventuell aufkommende Fragen von Seiten des Experten, bspw. Verständnisfragen, zu beantworten. Dies unterstützt gleichzeitig die Validität der gegebenen Antworten.

- Bedingt durch die äußerst geringe Grundgesamtheit der möglichen Experten in diesem speziellen Gebiet gibt es keine andere Forschungsmethode, die ähnlich valide und fundierte Ergebnisse erwarten lässt.

- Eine Vielzahl von Unternehmensvertretern wird regelmäßig mit Fragebögen zu unterschiedlichen wissenschaftlichen oder praxisorientierten Fragestellungen angeschrieben, weshalb allgemein eine Tendenz zur grundsätzlichen Ablehnung der Teilnahme an solchen Befragungen zu erkennen ist. Erfahrungsgemäß stehen potenzielle Teilnehmer einer persönlichen Befragung bei weitem nicht so restriktiv gegenüber, da diese Form der Befragung für sie einen geringeren Aufwand darstellt. Daraus schließend ergibt sich eine prozentual höhere Rücklaufquote, welche insbesondere bei einer geringen Grundgesamtheit von Vorteil ist und eine annähernde Repräsentativität ermöglicht.

Eine besondere Schwierigkeit stellt die Auswahl des zu befragenden Personenkreises dar. Der Adressatenkreis von Experten-Interviews beschränkt sich auf diejenigen Experten, die selbst Teil des Handlungsfeldes sind, welches die jeweilige Untersuchung zu beschreiben bzw. zu analysieren versucht.[615] Dabei gilt es zu berücksichtigen, dass der Expertenstatus ein vom Forscher vorgegebener relationaler Status ist, welcher vom jeweiligen Forschungsinteresse abhängt. Dennoch ist es ratsam, eine

614 Vgl. Kohli, M.: Offenes und geschlossenes Interview, in: Soziale Welt, Zeitschrift für sozialwissenschaftliche Forschung und Praxis, 29. Jg., Heft 1, 1978, S. 13.

615 Vgl. Meuser, M./ Nagel, U. (1991), S. 443.

willkürliche Auswahl der Experten zu vermeiden, um die Ergebnisse der Befragung nicht unnötig zu verzerren. MEUSER und NAGEL definieren in diesem Zusammenhang Experten als jene Personen, die in irgendeiner Weise Verantwortung für den Entwurf, die Implementierung oder die Kontrolle einer Problemlösung tragen und über einen privilegierten Zugang zu Informationen verfügen.[616] Basierend auf dieser Definition wurden für die vorliegende Untersuchung nur Experten herangezogen, welche über eine ausgewiesene Expertise im Bereich Geomarketing verfügen. Hierbei wurden sowohl Experten auf Seiten der deutschen Automobilhersteller direkt oder aber Experten bei einzelnen Dienstleistern im Bereich Geomarketing, welche mindestens einen deutschen Automobilhersteller zum Thema Geomarketing beraten, befragt. Prinzipiell wurde angestrebt, mehrere Experten aus einem Unternehmen zu befragen, jedoch war dies aufgrund der sehr begrenzten Anzahl von Experten in diesem Bereich nicht immer möglich. Zudem musste sichergestellt werden, dass die Befragungsteilnehmer aufgrund der geringen Stichprobengröße eine relativ hohe Auskunftsbereitschaft aufweisen, um eine entsprechende Rücklaufquote zu erzielen. Nach telefonischem Kontakt konnten insgesamt 21 Ansprechpartner identifiziert werden, die als geeignete Experten zur Beantwortung der Fragestellungen in Frage kamen. In Anlehnung an die Auswahlverfahren der Marktforschung wird diese Vorgehensweise als *„Cut-off-Prinzip“* verstanden, bei welchem nur diejenigen Personen in die Befragung aufgenommen werden, die auch die gestellten Anforderungen erfüllen.[617]

Im Anschluss an die Expertenauswahl wurde in einer Pilotphase zunächst der fragebogenbasierte Interviewleitfaden, sowohl von ausgewählten Fachleuten aus der Praxis als auch aus dem wissenschaftlichen Bereich, getestet. Diese Pilotphase diente ebenfalls dazu, dem Interviewer durch den Durchlauf im Rahmen der Pre-Tests eine gewisse Gesprächsroutine zu verschaffen.[618] Im Anschluss an die Pilotphase wurden der leicht adaptierte Interviewleitfaden sowie eine Kurzbeschreibung des Forschungsprojektes an die Interviewteilnehmer gesendet. Diese Vorgehensweise ermöglichte es den Teilnehmern, sich bereits im Vorfeld mit der Thematik auseinander zu setzen und vereinfachte so ebenfalls den Ablauf des Interviews. Der versendete fragebogenbasierte Interviewleitfaden bestand aus insgesamt vier Teilbereichen:[619]

---

616 Vgl. Meuser, M./ Nagel, U. (1991), S. 443.
617 Vgl. Berekoven, L./ Eckert, W./ Ellenrieder, P.: Marktforschung: methodische Grundlagen und praktische Anwendung, Wiesbaden 2001, S. 49 f.
618 Vgl. Hugl, U.: Qualitative Inhaltsanalyse und Mind-Mapping, Wiesbaden 1995, S. 224-227.
619 Der verwendete Interviewleitfaden ist der Arbeit im Anhang beigefügt.

- Allgemeine Angaben zum Unternehmensbereich, zur Nutzung von Geomarketing und eventuelle Gründe, weshalb das Instrument aktuell nicht genutzt wird;

- Analyse der qualitätsorientierten Erfolgspotenziale von Geomarketing (in den Bereichen Zielgruppenanalyse, Mediaselektion, Vertrieb und Standort- bzw. Händlernetzplanung);

- Analyse der kostenorientierten Erfolgspotenziale von Geomarketing;

- Analyse der zeitorientierten Erfolgspotenziale von Geomarketing.

5.1.3 Methodische Vorgehensweise

Die Methodik einer wissenschaftlichen Arbeit kann hinsichtlich verschiedener Modelle bzw. empirischer Forschungsdesigns unterschieden werden. Auf Basis der marketingwissenschaftlichen Literatur sind diese maßgeblich für die Art und Weise der Durchführung der empirischen Studien und bringen den primären Forschungszweck damit zum Ausdruck.[620] Grundsätzlich besteht hier die Möglichkeit zwischen drei Forschungsdesigns zu unterscheiden, nämlich der explorativen, der deskriptiven sowie der kausalen bzw. explikativen Forschung.[621] Gelegentlich kann der Fall eintreten, dass für einen neuen Markt keine oder unzureichende Erkenntnisse zur Verfügung stehen, welche eine systematische Marktforschung in diesem Bereich erlauben würden.[622] In einem solchen Fall werden primär explorative Untersuchungen angewendet, da sie sehr hilfreich sind, wenn ein Forschungsfeld noch relativ neu ist und ein erster fundierter Einblick in die Struktur des Problems gewonnen werden soll.[623] Sie werden daher insbesondere dann durchgeführt, wenn das vorhandene Wissen zum interessierenden Problemkreis noch nicht in dem Maße zur Verfügung steht, um den Aufwand für breit angelegte und damit in Bezug auf die Kosten auch aufwendigere Untersuchungen zu rechtfertigen. Im Rahmen einer explorativen Untersuchung ist eine strikte Methodengenauigkeit noch nicht erforderlich, da diese Forschungsmethodik *„[...] die kreative Phase der Marktforschung (ist), in der es ausschließlich darauf ankommt, Ideen zu sammeln"*.[624] Deskriptive Untersuchungen zielen demgegen-

---

620 Vgl. Fritz, W. (1995), S. 59 f.

621 Vgl. Nieschlag, R./ Dichtl E./ Hörschgen, H. (1997): Marketing, 18. Aufl., Berlin 1997, S. 675-677; Fritz, W. (1995), S. 59-61; Böhler, H.: Marktforschung, 2. Aufl., Stuttgart u.a. 1992, S. 30.

622 Vgl. Raab, G./ Unger, A./ Unger, F.: Methoden der Marketingforschung. Grundlagen und Praxisbeispiele, Wiesbaden 2004, S. 24.

623 Vgl. Nieschlag, R./ Dichtl E./ Hörschgen, H. (1997), S. 675; Bortz, J./ Döring, N. (1995), S. 49 f.

624 Raab, G./ Unger, A./ Unger, F. (2004), S. 24. Es bleibt daher der anschließenden systematischen und nachvollziehbaren Forschung überlassen, diese Ideen bzw. Ergebnisse zu überprüfen.

über darauf ab, einen Sachverhalt in seiner Grundstruktur widerzuspiegeln und die problemrelevanten Tatbestände möglichst genau zu erfassen und zu beschreiben.[625] Auch wenn der Fokus der deskriptiven Untersuchung auf der Beschreibung der Sachverhalte liegt, bedeutet dies keineswegs, dass nicht *„ein gewisses hypothesenartiges Vorverständnis"*[626] über diesen Sachverhalt vorliegen muss. Die Planung der Untersuchungsanlage erfordert deshalb eine tiefgreifende Auseinandersetzung mit dem Untersuchungsobjekt.[627] Der Schwerpunkt der dritten Forschungsmethodik, der kausalen oder explikativen Untersuchung, liegt auf der Erklärung von Ursache-Wirkungs-Beziehungen. Hierbei stehen insbesondere die Art und die Bestimmungsgründe des Zusammenhangs einzelner Faktoren für die Ableitung verlässlicher Prognosen im Mittelpunkt der Betrachtung.

Zu der erläuterten Dreiteilung merkt FRITZ an, dass prinzipiell auch im Rahmen von explorativen Untersuchungen deskriptive und kausale bzw. explikative Aussagen[628] getroffen werden können, weshalb er die bisherige Dreiteilung erweitert und in Anlehnung an die Verfahren der Datenanalyse zwischen explorativen und konfirmatorischen Forschungsdesigns unterscheidet.[629] Innerhalb dieser beiden Typen werden dann entsprechende explikative bzw. deskriptive Aussagen getroffen. Explorative Untersuchungen stellen dabei auf die Entdeckung und Erkundung von Strukturen, Zusammenhängen und technischen Anwendungen ab, während konfirmatorische Untersuchungen auf die Prüfung von Hypothesen derartiger Sachverhalte ausgerichtet sind. Diese Abgrenzung soll auch der vorliegenden Arbeit zugrunde gelegt werden.

Anhand der eingangs abgegrenzten Zielsetzung bietet sich für die vorliegende Untersuchung die explorative Vorgehensweise an. Wie bei explorativen Untersuchungen üblich, liegt der Schwerpunkt zunächst auf einer deskriptiven Analyse des Instruments Geomarketing. Gemäß FRITZ werden im Rahmen der Untersuchung auch explikative Aussagen erarbeitet, und zwar indem die befragten Experten Einschätzungen darüber abgeben, weshalb Geomarketing beispielsweise noch nicht in sämtlichen Anwendungsbereichen umfassend genutzt wird bzw. welche Probleme dieser Anwendung aus ihrer Sicht entgegenstehen. Nach NIESCHLAG, DICHTL und HÖRSCHGEN eignen sich für explorative Untersuchungen insbesondere Gruppen-

---

[625] Vgl. Nieschlag, R./ Dichtl E./ Hörschgen, H. (1997), S. 676; Böhler, H. (1992), S. 30 f.
[626] Nieschlag, R./ Dichtl E./ Hörschgen, H. (1997), S. 676.
[627] In der wissenschaftlichen Forschung lässt sich häufig feststellen, dass die Daten der deskriptiven Forschung oft überinterpretiert werden. Dies geschieht in dem Sinne, dass aus beobachtbaren Phänomenen bereits auf deren Ursachen geschlossen wird, ohne jedoch den Einfluss vieler nicht beobachteter, vielleicht nicht einmal bekannter Einflüsse zu berücksichtigen. Vgl. hierzu Raab, G./ Unger, A./ Unger, F. (2004), S. 25.
[628] Vgl. Fritz, W. (1995), S. 60.
[629] Vgl. ebenda, S. 60.

diskussionen, Einzelinterviews und Expertenbefragungen als Primärerhebungsverfahren, wobei, wie bereits dargelegt, Einzelinterviews für die vorliegende Untersuchung ausgewählt wurden.[630]

Nachdem auf Basis der vorangegangenen Erläuterungen die Zielsetzung, der Aufbau und die Methodik der Untersuchung festgelegt worden sind, wird im Folgenden der Schwerpunkt auf die Durchführung der Untersuchung sowie die Auswertung der Daten gelegt.

5.1.4 Durchführung der explorativen Befragung und Auswertung der Daten

Zur Identifikation der Erfolgspotenziale von Geomarketing wurden die identifizierten Experten im Zeitraum von Ende November bis Mitte Dezember 2005 telefonisch kontaktiert und um einen Interviewtermin gebeten. Um einen zusätzlichen Anreiz zur Teilnahme zu bieten, wurde den Teilnehmern die Zusendung eines Auswertungsberichts zugesagt. Innerhalb des Erhebungszeitraums von Anfang Dezember 2005 bis Ende Januar 2006 erklärten sich 17 Experten bereit an der Befragung teilzunehmen.[631] Insgesamt wurden acht Interviews persönlich und die anderen telefonisch durchgeführt, wobei jeweils derselbe Interviewleitfaden genutzt wurde. Die Beantwortung nahm je nach Auskunftsbereitschaft der befragten Experten zwischen 25 und 95 Minuten in Anspruch, wobei die Durchschnittszeit 40 Minuten betrug. Sämtliche Gespräche wurden dabei auf einem Tonträger aufgezeichnet und direkt im Anschluss an das Gespräch niedergeschrieben. So wurde sichergestellt, dass keine Aspekte des Gespräches unberücksichtigt bleiben und sämtliche Informationen für die Auswertung herangezogen werden können.

Alle Gesprächspartner erhielten ein schriftliches Gesprächsprotokoll mit der Bitte um kritische Durchsicht per E-Mail zugeschickt. Hiermit sollte sichergestellt werden, dass sich die Expertenaussagen, die während des Interviews gemacht wurden, auch mit der tatsächlichen Meinung des Experten übereinstimmen und folglich keine Missverständnisse bei der Wiedergabe der Expertenaussagen verbleiben konnten. Die Auswertung der quantitativen Daten erfolgte elektronisch mit Hilfe einer in MS Excel XP

---

630 Vgl. Nieschlag, R./ Dichtl E./ Hörschgen, H. (1997), S. 676.

631 Bezogen auf die identifizierten 21 Experten ergibt sich daraus eine Rücklauf- oder Responsequote von 80,95 Prozent. Nach der Durchführung der Interviews wurden sämtliche Antworten hinsichtlich ihrer Vollständigkeit und Konsistenz geprüft, wobei eine Unvollständigkeit bereits während des Interviews überprüft und gegebenenfalls durch ergänzende Fragestellungen vermieden werden konnte.

erstellten Datenbank, in welcher die einzelnen Antworten aggregiert und graphisch aufbereitet wurden. Die Auswertung der qualitativen Daten erfolgt zum einen auf Basis einer Beschreibung der Äußerungen einzelner Experten sowie zum anderen auf Basis einer schriftlich-qualitativen Bewertung der tabellarisch-quantitativen Auswertung.

Im Einzelnen haben Interviews mit den folgenden Gesprächspartnern stattgefunden:

	Name	Unternehmen	Position
Automobilhersteller	Dirk Arndt	DaimlerChrysler AG	Head of aCRM Projects Research and Technology
	Dr. Wilm Eggert	Porsche Deutschland GmbH	Leiter Marketingplanung
	Uwe Füllenbach	Audi AG	Service Marktbearbeitung
	Marco Gerleit von Eynatten	BMW AG	CRM Systeme + Datenmanagement Region Deutschland
	Marcus Kappler	Adam Opel GmbH	Vertriebsnetzplanung
	Matthias Kunst	Ford GmbH	Leiter Marketing
	Hendrik Ockenga	Dr. Ing. h. c. F. Porsche AG	Marketing Kommunikation
	Martin Odebrecht	BMW Bank	Analytisches CRM / SF 1-15
	Dr. Uwe Steinlein	BMW AG	AQ-1 / Unternehmensqualität
	Rolf Stübner	Volkswagen AG	Management Vertrieb Deutschland – Netzorganisation/Vertriebsnetzplanung
	Dr. Steffen Weber	Adam Opel GmbH	Händlernetzplanung
Dienstleister Geomarketing	Oliver Kommhard	Urban Science International GmbH	Account Manager
	Susanne Meier-Steen	MP Marketing Partner AG	Consultant
	Jens Müller	Acxiom Deutschland GmbH	Sales Manager
	Markus Pöttinger	GKK DialogGroup GmbH	Mitglied der Geschäftsleitung
	Dirk Schuckenberg	Nexolab GmbH	Manager
	Kerstin Volkery	Winterberg IS	Consultant

Tabelle 6: Teilnehmer der explorativen Expertenbefragung[632]

Um das Ergebnis der Untersuchung so repräsentativ wie möglich zu gestalten, wurde wie bereits erwähnt bei der Auswahl der Experten darauf geachtet, dass sowohl Vertreter der einzelnen deutschen Automobilhersteller als auch Dienstleister selbiger im Bereich Geomarketing befragt wurden. Mit elf Befragten aus dem Bereich der Automobilhersteller und sechs Befragten von Seiten der Dienstleister ist die Verteilung relativ ausgeglichen. In diesem Zusammenhang muss jedoch darauf hingewiesen werden, dass einzelne Automobilhersteller sämtliche Aufgaben, welche die Anwendung von Geomarketing betreffen, an einen externen Dienstleister outgesourct haben. Im Folgenden werden die einzelnen Kriterien nicht hinsichtlich der Zugehörigkeit

[632] Eigene Darstellung.

zum Bereich der Automobilhersteller oder Dienstleister unterschieden, da Rückschlüsse z.B. auf Basis von Korrelationsanalysen aufgrund der geringen Fallzahl nicht sinnvoll erscheinen. Zusätzlich hat eine Analyse auf Basis von Häufigkeiten keine wesentlichen Unterschiede in Bezug auf die Erfolgspotenziale hervorgebracht, so dass aus diesem Grund die Untersuchungsergebnisse in aggregierter Form dargestellt werden.

Auch hinsichtlich der Verteilung der Befragten auf die einzelnen Unternehmensbereiche kann von einer relativen Ausgeglichenheit gesprochen werden, da jeder Bereich von mindestens drei Experten abgedeckt wird. Abbildung 26 verdeutlicht diesen Sachverhalt noch einmal graphisch, indem gezeigt wird, in welchen Unternehmensbereichen die Befragten jeweils tätig sind:

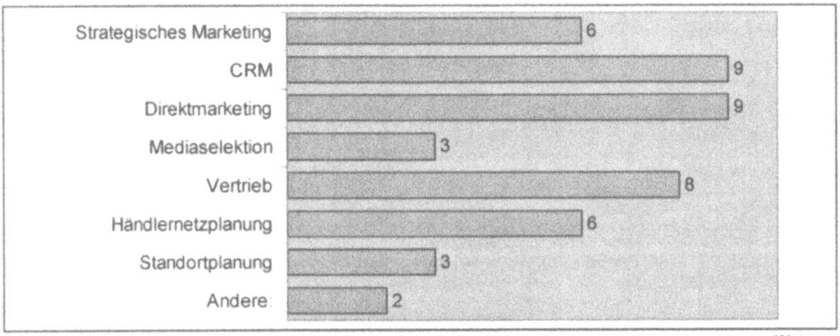

Abbildung 28: Verteilung der Befragten im Hinblick auf den Tätigkeitsbereich im Unternehmen[633]

5.2 Ergebnisse der explorativen Expertenbefragung

Die Darstellung und Interpretation der Ergebnisse orientiert sich an der bisherigen theoretischen Vorgehensweise sowie dem Aufbau des fragebogenbasierten Interviewleitfadens. In einem ersten Schritt werden zunächst Aussagen zur Nutzungsintensität bzw. der allgemeinen Anwendungsbereiche betrachtet, wobei konkrete Anwendungs- und Umsetzungsprobleme ebenfalls berücksichtigt werden (Kap. 5.2.1). In einem zweiten Schritt werden die qualitätsorientierten Erfolgspotenziale von Geomarketing analysiert. Hierbei wird insbesondere hinsichtlich der unterschiedlichen Anwendungsgebiete von Geomarketing differenziert und jedes einzelne Anwendungsgebiet im Detail untersucht (Kap. 5.2.2). In einem weiteren Schritt erfolgt die Analyse der kosten- und zeitorientierten Erfolgspotenziale von Geomarketing (Kap. 5.2.3 und Kap. 5.2.4). Abschließend findet eine Betrachtung der Anwendungsmög-

633 Eigene Darstellung. Auswertung der Frage 2 (n = 17). Mehrfachnennungen waren möglich.

lichkeiten von Geomarketing aus Sicht eines Automobilherstellers auf europäischen Märkten statt, wobei neben den reinen Anwendungsmöglichkeiten insbesondere auch die Verbreitung dieses Instruments in einzelnen Ländern analysiert wird (Kap. 5.2.5). Die Struktur der folgenden Ausführungen kann wie in Abbildung 29 dargestellt werden.

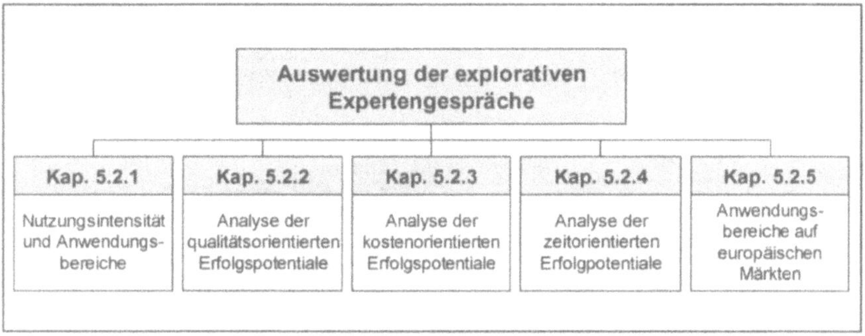

Abbildung 29: Auswertungsstruktur der explorativen Expertenbefragung[634]

5.2.1 Auswertung der Nutzungsintensität und der aktuellen Anwendungsbereiche von Geomarketing

Der Argumentation des zweiten und dritten Kapitels folgend lässt sich feststellen, dass die *Nutzungsintensität* des Instruments Geomarketing zum einen davon abhängt, inwiefern Geomarketing überhaupt genutzt und zum anderen in welchen bzw. wie vielen Unternehmensbereichen es eingesetzt wird. Durch einen umfassenden Einsatz von Geomarketing lassen sich Daten bzw. Informationen gezielt für die Vermarktung von Produkten einsetzen. Der Ansatz, aus dem Verstehen der Konsumentenbedürfnisse eine optimale Leistungserbringung für selbige zu erreichen, bedingt eine effiziente Generierung, aber auch einen effizienten Umgang mit den Kundendaten.[635] Durch den systematischen Einsatz von Datenbanken sind Unternehmen in der Lage, große Datenmengen zu speichern. Damit und vor allem auch durch die gestiegene Qualität des externen Datenangebots wird es ermöglicht, sämtliche Marketing- und Vertriebsaktivitäten zielgerichtet zu steuern.

Die Auswertung der explorativen Expertenbefragung zeigt, dass die deutschen Automobilhersteller[636] die Bedeutung einer effizienten Nutzung von internen sowie ex-

634 Eigene Darstellung.
635 Vgl. Arndt, D./ Gersten, W./ Wirth, R. (2001), S. 605.
636 Unter dem Begriff „Automobilhersteller" werden sowohl die Meinungen der Experten deutscher Automobilhersteller als auch die von Dienstleistern im Bereich Geomarketing subsumiert.

ternen Daten erkannt haben. Jeder deutsche Automobilhersteller nutzt das Instrument Geomarketing aktuell, wobei durchaus Bestrebungen bestehen, die Nutzung durch die Ausweitung auf weitere Unternehmensbereiche zu intensivieren. Trotz dieser Eindeutigkeit muss hinsichtlich der Nutzungsintensität in den einzelnen Unternehmensbereichen differenziert werden. Insgesamt geben 88% der Experten an, dass Geomarketing aktuell von ihnen in ihrem Unternehmensbereich eingesetzt wird. Lediglich 12% der Experten nutzen es in den jeweiligen Unternehmensbereichen nicht, suchen jedoch nach Möglichkeiten es zukünftig einzusetzen.[637]

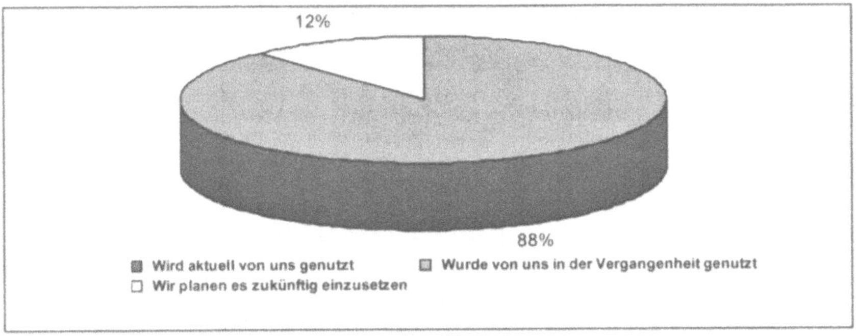

Abbildung 30: Nutzungsintensität von Geomarketing[638]

Wie bereits erläutert, stellt Geomarketing ein Instrument dar, welches von allen deutschen Automobilherstellern genutzt wird. Dennoch ist dies kein Indiz dafür, dass es auch in sämtlichen Bereichen eingesetzt wird, in denen es einen Mehrwert liefern kann. Die Ergebnisse der Expertenbefragung zeigen deutlich, dass aus Sicht der Praxis Gründe bestehen, die einer intensiveren Nutzung von Geomarketing entgegenwirken. Nachfolgend werden daher zunächst die aus Sicht der Experten relevanten Gründe erläutert, die gegen eine Nutzung von Geomarketing sprechen, bevor im Anschluss intensiv auf die konkreten Anwendungsgebiete eingegangen wird.

In Bezug auf die Gründe, die einer intensiveren Nutzung entgegenwirken, kommt aus Sicht der Praxis der Existenz einer gewissen Unkenntnis des Nutzens aber auch hinsichtlich der Anwendungsmöglichkeiten von Geomarketing eine besondere Bedeutung zu. Viele Unternehmensbereiche verfügen zum jetzigen Zeitpunkt noch nicht über das notwendige Know-how und können deshalb nur schwer abschätzen, welchen konkreten Nutzen das Instrument Geomarketing mit sich bringt bzw. auf welche Art und Weise diese Analysen in den täglichen Arbeitsablauf integriert werden kön-

637 Vgl. Experteninterview Nr. 4, S. 1.
638 Eigene Darstellung. Auswertung der Frage 3 (n = 17). Mehrfachnennungen waren möglich.

nen.[639] Ferner kann es in einzelnen Bereichen als noch nicht allgemein bekannt angesehen werden, dass mit Hilfe von Sekundärdaten Rückschlüsse auf das eigene Datenmaterial möglich sind bzw. die eigenen Zielgruppen mit Hilfe dieser Daten genauer bestimmt werden können.[640] Neben dem genannten Aspekt des unklaren Nutzens sind die Kosten einer Implementierung ein weiterer Grund dafür, dass Geomarketing nicht in sämtlichen relevanten Unternehmensbereichen eingesetzt wird. Dies bezieht sich in der Regel nicht darauf, dass man die erzielten Ergebnisse als *„zu teuer"* erachtet, sondern vielmehr darauf, dass Budgets für die Einführung eines solchen Instruments nicht zur Verfügung stehen.[641] Trotz der in Deutschland jährlich im Automobilvertrieb umgesetzten 160 Milliarden Euro befinden sich sämtliche deutschen Hersteller stark unter Druck, da die Kernmärkte in Europa stagnieren und in vielen Ertragsmärkten, bspw. bei Ersatzteilen und Finanzdienstleistungen, neue Wettbewerber in den Markt drängen.[642] Aus diesem Grund wird häufig versucht auf der Ausgabenseite *„Einsparungen"* vorzunehmen, um dem Ziel einer höheren Profitabilität zu dienen. Dies wird insbesondere dadurch deutlich, dass die Bereitschaft neue Instrumente *„auszuprobieren"* sehr gering ist und neue Instrumente deshalb nur selten Anwendung finden, wenn sich diese nicht bereits flächendeckend durchgesetzt haben.[643]

Hinzufügend gilt es anzumerken, dass die Nutzung von Geomarketing immer mit einem zusätzlichen Arbeitsaufwand verbunden ist und die Ergebnisse aus Sicht der Praxis zwar sehr vielversprechend, aber nicht unumstritten sind. In diesem Zusammenhang häufig genannte Kritikpunkte stellen dabei die Datenqualität, aber vor allem das Aggregationsniveau der Daten dar.[644] Aus Praxissicht wird ausdrücklich kritisiert, dass die Richtigkeit der Daten nicht in ausreichendem Maße gewährleistet ist, wobei hiermit nicht die Adresse an sich, sondern vielmehr die zugeordneten Merkmale, wie beispielsweise Gehalt, Wohnsituation etc., gemeint sind. Neben der Richtigkeit ist auch die Kleinräumigkeit der Daten aus Sicht der Experten ein Problembereich des Geomarketing. Aufgrund der Datenschutzbestimmungen ist es in Deutschland nicht erlaubt, Adressdaten bis auf einzelnen Haushalte herunterzubrechen. Wegen dieser rechtlichen Restriktionen ist es nur bedingt möglich, die Streuverluste, beispielsweise bei einer Direktmarketingaktion, signifikant zu minimieren.[645]

---

[639] Vgl. Experteninterview Nr. 14, S. 3.
[640] Vgl. Experteninterview Nr. 6, S. 1 f.
[641] Vgl. Experteninterview Nr. 17, S. 1.
[642] Vgl. Mercer Management Consulting: Systemprofit – Automobilvertrieb 2015, München 2005, S. 4-6.
[643] Vgl. Experteninterview Nr. 8, S. 1.
[644] Vgl. Experteninterview Nr. 15, S. 1; sowie Experteninterview Nr. 1, S. 1.
[645] Vgl. Experteninterview Nr. 8, S. 1; sowie Experteninterview Nr. 1, S. 1.

Die genannten Gründe, die aus Sicht der Experten gegen eine Nutzung von Geomarketing sprechen bzw. sprechen können, machen deutlich, dass die konkreten Anwendungsgebiete von Geomarketing in vielen Unternehmen bzw. auch bei vielen potenziellen Nutzern noch nicht in ausreichendem Maße bekannt sind. Es zeigt sich, dass, abgesehen von den Kritikpunkten hinsichtlich der Datenqualität bzw. Kleinräumigkeit, nicht die Anwendungsmöglichkeiten per se gegen eine Nutzung von Geomarketing sprechen, sondern vielmehr die teilweise in der Praxis anzutreffende Unkenntnis des Instruments an sich. Diese Unkenntnis wird zu einem gewissen Teil dadurch begünstigt, dass einzelne Unternehmensbereiche, beispielsweise Vertrieb und Marketing, vollkommen unabhängig voneinander arbeiten und ein Informationsaustausch auf der operativen Ebene überhaupt nicht oder nur sehr begrenzt stattfindet.[646] Aus diesem Grund erklärt sich auch, warum jeder deutsche Automobilhersteller Geomarketing nutzt, dennoch große Unterschiede in der Nutzungsintensität existieren. Im Folgenden wird deshalb zunächst darauf eingegangen, in welchen Unternehmensbereichen Geomarketing konkret Anwendung findet.

Zwischenfazit der Kritikpunkte, die der Nutzung von Geomarketing entgegenstehen:

Im Zusammenhang mit den genannten Kritikpunkten, welche eine Nutzung von Geomarketing aus Sicht der Praxis verhindern, lässt sich Folgendes festhalten:

- In vielen Unternehmensbereichen existiert zum jetzigen Zeitpunkt eine gewisse Unkenntnis hinsichtlich des konkreten Nutzens bzw. der genauen Anwendungsbereiche von Geomarketing. Dies ist primär auf das mangelnde Know-how in diesem Bereich zurückzuführen, weshalb eine Integration dieses Instruments in den täglichen Arbeitsablauf häufig nicht erreicht wird.

- Zusätzlich stehen die Kosten der Implementierung von Geomarketing der Nutzung selbigen Instruments häufig entgegen. Die Ursache hierfür ist vor allem in der mangelnden Verfügbarkeit von Budgets zur Einführung neuer Instrumente zu sehen.

- Des Weiteren sind der erforderliche Mehraufwand einer Geomarketing-Analyse sowie die Richtigkeit des zugrunde gelegten Datenmaterials weitere Aspekte, die eine Nutzung bzw. eine intensivere Nutzung aktuell verhindern.

---

646 Vgl. Experteninterview Nr. 4, S. 2.

Die Auswertung der Analyseergebnisse macht dennoch deutlich, dass Geomarketing in sämtlichen der im Rahmen der vorliegenden Untersuchung behandelten[647] Anwendungsgebiete genutzt wird. Insbesondere in den Bereichen CRM, Direktmarketing[648] und Zielgruppenanalyse, aber auch im Bereich der Vertriebs- und Händlernetzplanung findet Geomarketing Anwendung. Einzig im Bereich der Mediaselektion konnte sich Geomarketing bis zum jetzigen Zeitpunkt nicht unternehmensübergreifend durchsetzen. Abbildung 29 zeigt die Unternehmensbereiche, in denen Geomarketing aktuell genutzt wird.

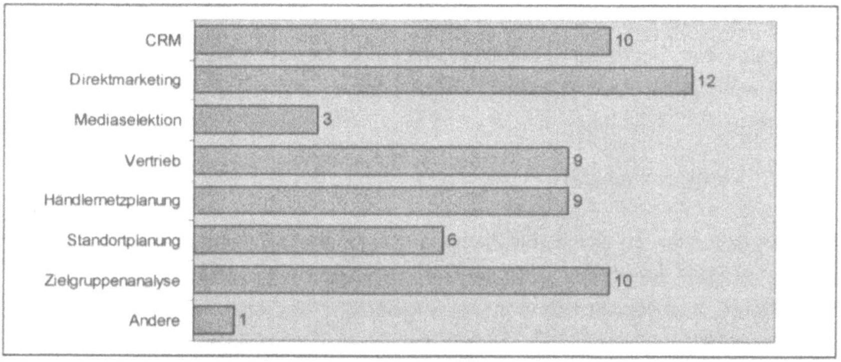

Abbildung 31: Anwendungsbereiche von Geomarketing[649]

Basierend auf dieser rein quantitativen Auswertung soll nun analysiert werden, ob sich durch die Nutzung von Geomarketing auch qualitative Verbesserungen der Analyseergebnisse eingestellt haben und wie diese konkret aussehen, wobei hier zwischen den einzelnen Anwendungsbereichen differenziert wird. Darauf aufbauend werden dann die Auswertungen hinsichtlich der kosten- und zeitorientierten Erfolgspotenziale dargestellt und interpretiert, bevor ein Vergleich der Anwendungsmöglichkeiten in Deutschland mit denen auf anderen europäischen Märkten diesen Abschnitt abrundet.

647 Vgl. hierfür die Ausführungen in Kap. 3.

648 Bedingt durch die organisatorische Trennung von CRM und Direktmarketing bei vielen deutschen Automobilherstellern, werden beide Bereiche im Rahmen der explorativen Expertenbefragung getrennt analysiert, obwohl inhaltlich gesehen eine große Übereinstimmung zwischen selbigen festzustellen ist.

649 Eigene Darstellung. Auswertung der Frage 4 (n = 17). Mehrfachnennungen waren möglich.

5.2.2 Analyse der qualitätsorientierten Erfolgspotenziale von Geomarketing

Sämtliche Aktivitäten des Geomarketing zielen inhaltlich darauf ab, die Qualität der marktrelevanten Maßnahmen zu verbessern.[650] Für die nachstehenden Auswertungen der Befragung wurde aufbauend auf dem Grad der Verbreitung/Nutzung von Geomarketing betrachtet, ob in den einzelnen Unternehmens- bzw. Anwendungsbereichen durch die Nutzung von Geomarketing qualitative Verbesserungen der Analyseergebnisse festgestellt werden konnten. Hierzu wurden die Experten jeweils bezogen auf die Anwendungsbereiche, in denen sie auch tatsächlich tätig sind, befragt, ob sich aus ihrer Sicht eine Qualitätsverbesserung der Analyseergebnisse eingestellt hat und wenn ja, durch welche Merkmale sich diese auszeichnet.

5.2.2.1 Zielgruppenanalyse

Wie bereits in Kap. 3.1 dargestellt, ist es für die deutschen Automobilhersteller nahezu nicht möglich, sämtliche Konsumenten eines bestimmten Marktes gleichermaßen zu bedienen. Aus diesem Grund ist es notwendig, den Gesamtmarkt in Konsumentengruppen mit möglichst gleichen oder ähnlichen Bedürfnissen zu unterteilen, um die identifizierten Konsumentengruppen effizient bearbeiten zu können. Bei der Aufteilung der einzelnen Segmente stellt die Zuhilfenahme von internen und externen Daten einen wichtigen Bestandteil dar und kann einen erheblichen Mehrwert bei der Analyse der eigenen, aber auch der potenziellen Zielgruppen bilden. Diese Ansicht bestätigt sich auch in der Praxis. Insgesamt geben 50% der befragten Experten an, dass sich durch die Nutzung von Geomarketing Qualitätsverbesserungen der Ergebnisse im Bereich der Zielgruppenanalyse eingestellt haben.[651] Weitere 40% haben zumindest tendenziell in einigen Bereichen Qualitätsverbesserungen feststellen können.

---

650 Vgl. Schüssler, F. (2000), S. 16.

651 An dieser Stelle gilt es zu berücksichtigen, dass den Fragenkomplex zur Zielgruppenanalyse lediglich 10 der insgesamt 17 befragten Experten beantwortet konnten und sich aus diesem Grund die Gesamtheit bei den Prozentangaben anders zusammensetzt.

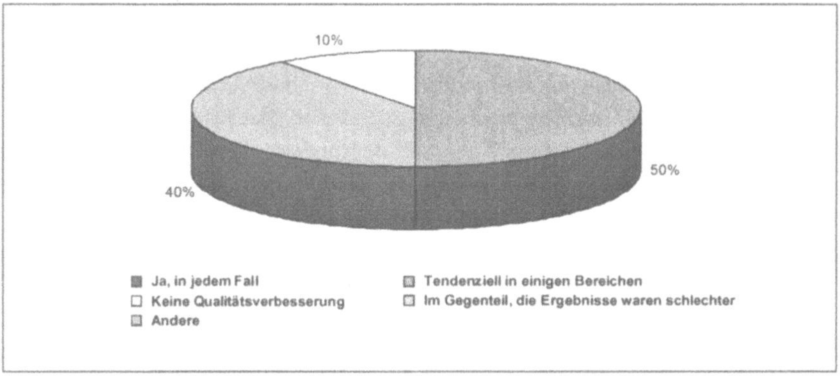

Abbildung 32: Qualitätsverbesserungen im Bereich der Zielgruppenanalyse[652]

Die Automobilindustrie zeichnet sich im Allgemeinen dadurch aus, dass sie über große Mengen an internen Kundendaten verfügt,[653] diese in der Vergangenheit jedoch im Rahmen der Zielgruppenanalyse nicht in ausreichendem Maße genutzt wurden. Neben der großen Menge an internen Daten generieren Automobilhersteller auf Fachmessen oder über andere Medien wie bspw. das Internet zusätzlich eine Vielzahl an Daten von potenziellen Kunden, die zunächst nicht hinsichtlich ihres Potenzials bewertet werden können. Insbesondere bei der Qualifizierung von Interessenten kann Geomarketing einen wichtigen Beitrag leisten, da man mit Hilfe der eigenen Zielgruppenbeschreibung in der Lage ist, bis dahin unbekannte Interessenten zu selektieren und zu bewerten.[654] Die Möglichkeit zur Selektion und Bewertung von Interessenten, aber auch von bereits vorhandenen Kunden, ergibt sich aus der Zuordnung von raum- und attributbezogenen Daten, welche erst die vielfältigen Analysemöglichkeiten zulässt. Durch das Hinzukaufen von unternehmensexternen Daten, wie etwa demographischen, ökonomischen oder sozialen Strukturmerkmalen, sind Unternehmen mittels Korrelationsanalysen in der Lage, Klassifikationen von Kunden, aber vor allem auch von Interessenten vorzunehmen und diese auch fundiert zu begründen.[655] Insgesamt gaben 78% der Experten an, dass sie aufgrund der Verarbeitung größerer Datenmengen in der Lage sind, genauere Ergebnisse in Bezug auf die Zielgruppenanalyse herauszuarbeiten.

652 Eigene Darstellung. Auswertung der Frage 6a (n = 10).

653 Es ist bekannt, dass der Austausch von Kundendaten zwischen Händler und Hersteller sowohl qualitativ als auch quantitativ von Unternehmen zu Unternehmen durchaus sehr unterschiedlich sein kann. Keiner der Befragten hat jedoch angegeben, dass der Datenaustausch nicht in einem adäquaten Maße stattfindet. Aus diesem Grund kann zunächst angenommen werden, dass der Hersteller über die Informationen des Händlers in Bezug auf die Kundendaten verfügen kann.

654 Vgl. Experteninterview Nr. 9, S. 2.

655 Vgl. Cresswell, P. (1995), S. 194 und S. 204.

Ein ähnliches Bild ergibt sich, wenn die Bedeutung der Visualisierung bei der Zielgruppenanalyse betrachtet wird. Wie bereits im zweiten Kapitel erläutert, stellt die Visualisierung einen wichtigen Bestandteil von Geomarketing dar. Informationen lassen sich durch die Verwendung einer kartographischen Darstellungsform so verdichten, dass sie dem menschlichem Auge und der menschlichen Denkweise sehr gerecht werden.[656] Auch in der Praxis wird der Visualisierung von Ergebnissen eine hohe Bedeutung beigemessen. 78% der Experten gaben an, dass sie durch die graphische Darstellung auf Basis von thematischen Karten in der Lage sind, Ergebnisse bzw. Informationen besser auszuwerten und zu interpretieren.

Für eine effiziente Nutzung von Geomarketing ist es zwingend notwendig, dass die Aktualität der Daten gewährleistet ist. Insbesondere im Bereich Geomarketing hängt der Erfolg bzw. Misserfolg der Analyse stark von der Qualität der raum- und attributbezogenen Daten ab. Ein entsprechendes Know-how vorausgesetzt, können mit Geomarketing ohne Einschränkungen umfangreiche Analysen durchgeführt werden. Hiermit wird gewährleistet, dass die Aktualität der ermittelten Daten bei einer zeitnahen Auswertung stets vorhanden ist. Jedoch muss in diesem Zusammenhang beachtet werden, dass sich die Aktualität der Daten nicht allein durch eine zeitnahe Bearbeitung bzw. Auswertung derselben erreichen lässt. Neben der Aktualität der internen Daten muss außerdem sichergestellt werden, dass die hinzugekauften, meist attributbezogenen, Daten ebenfalls aktuell sind. Es gilt darauf zu achten, dass die hinzugezogenen Daten insgesamt möglichst aus dem gleichen Zeitraum stammen, damit Differenzen aufgrund unterschiedlicher Entwicklungen ausgeschlossen werden können.[657] Die Befragung zeigt, dass lediglich 22% der Experten der Meinung sind, durch die schnelle Durchführungsmöglichkeit einer umfassenden Analyse auch aktuelle Ergebnisse zu erzielen. Dies bestätigt, dass die Aktualität der Ergebnisse nicht nur von einer zeitnahen Ermittlung und Auswertung der internen Daten, sondern in besonderem Maß auch von dem zusätzlich verwendeten Datenmaterial abhängt. Aufgrund des großen Datenangebots fällt es jedoch schwer, die Qualität bzw. die Aktualität der Daten ausreichend einschätzen und bewerten zu können. Auch wenn die Aktualität sämtlicher Daten im Zusammenhang mit Geomarketing immer stärker gewährleistet ist, hat sich die Aktualität der Ergebnisse im Bereich der Zielgruppenanalyse zum jetzigen Zeitpunkt noch nicht als entscheidende Qualitätsverbesserung etabliert.

---

[656] Die Hälfte aller Neuronen des menschlichen Gehirns ist mit dem Sehen assoziiert. Aus diesem Grund können Menschen graphische Zusammenhänge weit schneller aufnehmen, als dies bei schriftlichen oder akustischen Informationen der Fall ist. Vgl. Bartelme, N. (1995), S. 5.

[657] So verändert sich bspw. die Rentnerquote eines bestimmten Gebietes weitaus langsamer als dessen relevante Kaufkraftquote. Aus diesem Grund wird die Aktualität der Daten häufig von der betrachteten Variablen bestimmt. Vgl. hierzu Schüssler, F. (2000), S. 41.

Neben einer möglichst optimalen Segmentierung der einzelnen Kundensegmente wird im Rahmen der Zielgruppenanalyse ebenfalls angestrebt, die Responserate innerhalb der ermittelten Zielgruppen zu erhöhen. Eine Verbesserung der Responserate kann sich dabei auf zweierlei Weise zusammensetzen: Zum einen können aufgrund der genaueren Bestimmung der Zielgruppe, z.B. durch die Anreicherung mit zusätzlichen Merkmalen, die Marketingaktivitäten besser auf die individuellen Bedürfnisse der einzelnen Nachfrager abgestimmt werden. Dies kann in einer höheren Response bezogen auf die ausgewählte Zielgruppe resultieren. Zum anderen ist es auch möglich, dass sich die Grundgesamtheit einer Zielgruppe aufgrund einer detaillierteren Spezifikation reduzieren lässt und folglich mit einem geringeren Mitteleinsatz die gleiche Responserate erzielt werden kann.[658] Die Auswertung zeigt, dass 56% der Befragten durch die Nutzung von Geomarketing eine Verbesserung der Responserate feststellen konnten. Als problematisch erweist sich in diesem Zusammenhang jedoch, dass sich die Messung der Responseerhöhung vor allem im Automobilbereich als äußerst schwierig darstellt. Im Allgemeinen wird im Automobilbereich nicht direkt die Response gemessen, sondern nur die Anzahl der verkauften Fahrzeuge. Hierbei lassen sich in der Regel keine quantitativen Aussagen treffen, ob Geomarketing einen Beitrag dazu geleistet hat oder nicht, da eine Erhöhung der Verkaufszahlen durchaus auch andere Gründe haben kann. Folglich lässt sich eine Verbesserung der Responserate im Automobilbereich ex post nur effektiv messen, wenn man mit einem geringeren Mitteleinsatz, beispielsweise bei einer Direktmarketingaktion, die gleiche Response erzielt hat, da in einem solchen Fall die Auswirkungen direkt einer einzelnen Maßnahme zugeordnet werden können. Dies bedeutet keinesfalls, dass sich durch Geomarketing nicht auch auf andere Weise Verbesserungen der Responserate erzielen lassen. Jedoch können bzw. werden diese in der Praxis nicht direkt gemessen. Aus diesem Grund ist eine Zuordnung zu einem einzelnen Instrument bzw. einer einzelnen Aktion nicht möglich und lässt deshalb Raum für Spekulationen, wobei es als erwiesen angesehen werden kann, dass mit einer genauer beschriebenen Zielgruppe auch höhere Responseraten erzielt werden können.

Das Hinzufügen von weiteren Merkmalen im Rahmen der Zielgruppenanalyse ermöglicht es, wie bereits erläutert, die Zielgruppen exakter zu beschreiben. Zusätzlich zu einer genauen Beschreibung ist es jedoch ebenfalls notwendig zu wissen, in welchen Städten bzw. Regionen die angestrebte Zielgruppe anzutreffen ist und inwiefern die aktuelle Ist-Kundenzahl mit der angestrebten Soll-Kundenzahl übereinstimmt. Mit Hilfe einer detaillierten Darstellung der Zielgruppenverteilung innerhalb einzelner Regionen/Städte können sowohl die aktuelle Penetration aber auch die zukünftigen Po-

---

[658] Vgl. Experteninterview Nr. 6, S. 2; sowie auch Experteninterview Nr. 14, S. 2.

tenziale analysiert werden.[659] In diesem Zusammenhang geben immerhin 44% der Experten an, dass sich durch eine solche Darstellungsmöglichkeit die Qualität der Analyseergebnisse verbessert. Diese Qualitätsverbesserung kann dadurch bestätigt werden, dass auf Basis der Analysen Über- und Unterdeckungen in den jeweiligen Gebieten sehr genau festgestellt werden können. Auf Grundlage dieser Ergebnisse können dann konkrete Marketingaktivitäten initiiert und gesteuert werden mit der Zielsetzung, die Potenziale weiter auszuschöpfen. Insgesamt zeigt sich, dass die konkrete Nutzung von Geomarketing in Bezug auf Penetrations- und Potenzialanalysen noch nicht flächendeckend genutzt wird, jedoch durchaus konkrete Bestrebungen in diese Richtung zu erkennen sind.[660]

Wie bereits im Rahmen der Marktsegmentierung erläutert, stellt die zeitliche Stabilität ein wichtiges Anforderungskriterium für die Zielgruppenanalyse dar, da die Bearbeitung der einzelnen Zielgruppensegmente strategisch von besonderer Bedeutung ist und aus diesem Grund tendenziell eine mittel- bis langfristige Orientierung angestrebt wird. Die besondere Bedeutung der zeitlichen Stabilität ergibt sich aus der Tatsache, dass sämtliche Entscheidungen im Rahmen der Marktbearbeitung an der ermittelten Zielgruppe ausgerichtet werden. Sollten sich Änderungen im Hinblick auf die Zusammensetzung der Zielgruppe ergeben, so haben diese in der Regel weitreichende Konsequenzen und können hohe Kosten verursachen. Aus diesem Grund gilt es nach Merkmalen zu suchen, welche im Zeitablauf nach Möglichkeit keinen großen Schwankungen ausgesetzt sind. Mit Hilfe von Geomarketing ermittelte Zielgruppen zeichnen sich dadurch aus, dass sie eine höhere zeitliche Stabilität aufweisen.[661] Dies kann damit begründet werden, dass neben verschiedenen attributiven Merkmalen auch geographische Merkmale berücksichtigt werden, welche in der Regel geringeren Schwankungen ausgesetzt sind, als dies beispielsweise bei attributiven Merkmalen der Fall ist. Überraschenderweise wurde jedoch lediglich von einem Drittel der Experten bestätigt, dass sich eine mit Hilfe von Geomarketing ermittelte Zielgruppe durch eine höhere zeitliche Stabilität auszeichnet. Dies verwundert insofern, als der zeitlichen Stabilität im Rahmen der Zielgruppenanalyse eine besondere Bedeutung zukommt und geographische Merkmale zweifelsfrei eine höhere zeitliche Stabilität aufweisen als attributive. Eine Begründung für diesen Sachverhalt kann unter Umständen darin gefunden werden, dass die immer kürzer werdenden Produktlebenszyklen im Automobilbereich dazu führen, dass der zeitlichen Stabilität der ermittelten Zielgruppe keine besondere Bedeutung mehr beigemessen wird. Diese Vermutung lässt sich ebenfalls dadurch stützen, dass es auch bei einzelnen Modellwechseln zu Verschiebungen im Bereich der Zielgruppen kommen kann, die nicht

---

659 Vgl. Experteninterview Nr. 2, S. 2.

660 Vgl. Experteninterview Nr. 16, S. 3; sowie auch Experteninterview Nr. 2, S. 2.

661 Vgl. Experteninterview Nr. 1, S. 2.

auf geographische Ursachen, sondern vielmehr auf eine neue Modellpositionierung an sich zurückzuführen sind.[662]

Neben den genannten Aspekten sollte mit Hilfe der vorliegenden Befragung ebenfalls analysiert werden, inwiefern die Effizienz der Vorgehensweise bzw. des Arbeitsaufwands durch die Nutzung von Geomarketing zu einer qualitativen Verbesserung der Analyseergebnisse beitragen kann. Lediglich ein Drittel der befragten Experten gab hierbei an, dass die effiziente Vorgehensweise im Rahmen einer Analyse durchaus zu einer Qualitätsverbesserung beiträgt. Dieser relativ geringe Prozentsatz kann zweierlei Ursachen haben: Einerseits lassen sich die von der Theorie vielfach proklamierten Effizienzvorteile in der Praxis nicht realisieren. Andererseits ist Geomarketing bei vielen Herstellern noch nicht in dem Umfang implementiert, dass sich die Effizienzvorteile uneingeschränkt erkennen lassen. Wie die Expertenbefragung jedoch zeigt, ist es aus Sicht der Praxis entscheidend, an welchem Punkt der Lernkurve sich das Unternehmen gerade befindet und inwieweit Geomarketing als ganzheitlicher Prozess implementiert ist.[663] Erst wenn die jeweiligen Unternehmen über fundierte Kenntnisse in Bezug auf die Anwendungsgebiete bzw. hinsichtlich des konkreten Nutzens von Geomarketing verfügen, lassen sich Analysen einfach bzw. schnell durchführen und Effizienzvorteile nutzen.[664] Zum jetzigen Zeitpunkt sind viele der deutschen Automobilhersteller davon jedoch noch entfernt.[665]

Ergänzend wurde von zwei Experten angegeben, dass durch Geomarketing nicht nur genauere Ergebnisse erzielt werden können, sondern vor allem durch die genauere Beschreibung der Zielgruppe bzw. einzelner Merkmale die Analysequalität steigt.[666] Aus Sicht der Experten lassen sich hierdurch genauere Individualprofilanalysen erstellen, welche im Rahmen der Interessentenselektion von Bedeutung sind.

---

662 Vgl. Experteninterview Nr. 16, S. 4. Hierbei ist es nicht von Bedeutung, ob die neue Positionierung des Modells vom Hersteller bewusst initiiert wurde oder ob sich selbige ohne direkten Einfluss ergeben hat.

663 Vgl. Experteninterview Nr. 16, S. 4.

664 Vgl. Experteninterview Nr. 14, S. 2.

665 Vgl. Experteninterview Nr. 16, S. 4.

666 Vgl. Experteninterview Nr. 9, S. 2; vgl. auch Experteninterview Nr. 15, S. 2.

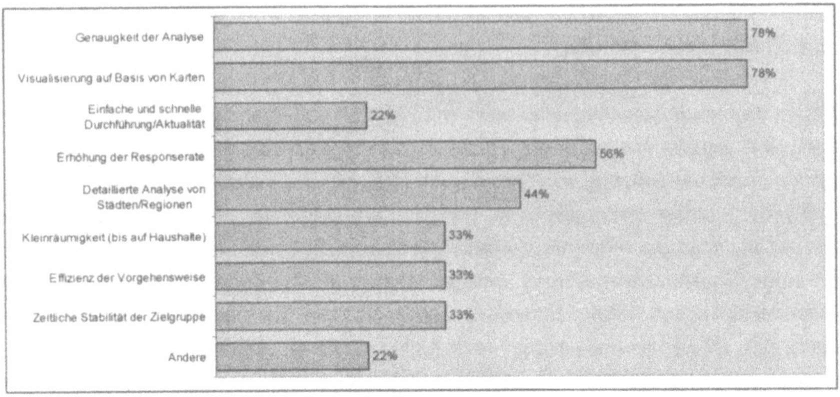

Abbildung 33: Merkmale der Qualitätsverbesserungen im Bereich der Zielgruppenanalyse[667]

<u>*Zwischenfazit für den Bereich der Zielgruppenanalyse:*</u>

Bei einer Betrachtung der qualitativen Verbesserungen der Analyseergebnisse durch Geomarketing im Bereich der Zielgruppenanalyse lässt sich Folgendes festhalten:

- Die Potenziale von Geomarketing hinsichtlich der Selektion und Bewertung von Interessenten und bestehenden Kunden, aber auch in Bezug auf die Genauigkeit der Ergebnisse im Rahmen der Zielgruppenanalyse werden von der Praxis erkannt und stellen eine effektive Qualitätsverbesserung dar.

- Die Visualisierung mit Hilfe von thematischen Karten ist ebenfalls eine Qualitätsverbesserung aus Sicht der Automobilhersteller, da die graphische Darstellung dazu beiträgt, die Aussagekraft zu erhöhen und Ergebnisse leichter interpretieren zu können.

- Die Mehrheit der Befragten kann eine Erhöhung der Responserate bei den identifizierten Zielgruppen feststellen. Die Auswirkungen von Geomarketing sind in diesem Punkt jedoch schwer zu bewerten, da im Automobilbereich ausschließlich die Anzahl verkaufter Autos von Relevanz ist. Andere wichtige Faktoren, wie beispielsweise die Responserate, werden nicht gemessen, weshalb ein Rückschluss auf den anteiligen Erfolg einzelner Maßnahmen/Instrumente nicht nachvollzogen werden kann.

---

[667] Eigene Darstellung. Auswertung der Frage 6c (n = 9). Mehrfachnennungen waren möglich.

- Knapp die Hälfte aller Befragten sieht in der Möglichkeit einer Darstellung der Zielgruppenverteilung innerhalb einzelner Regionen/Städte eine Verbesserung der Analysequalität, da daraus sowohl die Penetration als auch die zukünftigen Potenziale abgeleitet werden können.

- Die höhere zeitliche Stabilität einer mit Hilfe von Geomarketing ermittelten Zielgruppe bedeutet für die Automobilindustrie keine qualitative Verbesserung im operativen Geschäft. Die Ursache hierfür ist in der geringer werdenden Bedeutung der zeitlichen Stabilität zu suchen, welche aufgrund eines sich schnell verändernden Marktumfeldes stetig abnimmt.

- Die Nutzung von Effizienzvorteilen durch Geomarketing hängt in starkem Maße von dem Know-how und der Erfahrung des Unternehmens (bezogen auf Geomarketing) ab. Fundierte Kenntnisse in Bezug auf die Anwendungsgebiete bzw. hinsichtlich des konkreten Nutzens von Geomarketing ermöglichen die Realisierung von Effizienzvorteilen, wobei viele deutschen Automobilhersteller aktuell von diesem Kenntnisstand noch entfernt sind.

- Die konkreten Anwendungsgebiete und der konkrete Nutzen von Geomarketing sind bei einzelnen deutschen Automobilherstellern noch nicht bekannt. Problematisch für die Verbreitung des Instruments Geomarketing ist in diesem Zusammenhang, dass eine Vielzahl der Verbesserungen im Bereich der Analysequalität in der Automobilindustrie nicht gemessen wird bzw. nicht gemessen werden kann.

5.2.2.2 Mediaselektion

Im Rahmen von Kap. 3.2 wurde bereits erläutert, dass die Anwendungsmöglichkeiten von Geomarketing in Bezug auf einzelne Medien begrenzt sind.[668] Aus diesem Grund wurde die Untersuchung lediglich auf die Anwendungsmöglichkeiten von Geomarketing im Bereich der Insertionsmedien und der Außenwerbung fokussiert.

Grundsätzlich bedarf es im Bereich der Mediaselektion vieler Informationen, um die geeigneten Werbeträger im Hinblick auf die aktuelle Nachfragersituation auszuwählen. Basierend auf einer durchgeführten Zielgruppenanalyse, insbesondere der räumlichen Bestimmung der Zielgruppe, kann neben der Auswahl der geeigneten Werbeträger ebenfalls analysiert werden, welche Veränderungen im Kaufverhalten sich

---

668 Vgl. ausführlich Kap. 3.2.1.

durch die einzelnen Werbeträger ergeben. Die daraus resultierenden Vorteile werden grundsätzlich von Seiten der Experten bestätigt. Auch wenn ein Drittel der Befragten diese nur in einigen Bereichen realisieren kann, so gibt insgesamt dennoch jeder an, dass sich durch die Nutzung von Geomarketing die Qualität der Analyseergebnisse verbessert hat.[669]

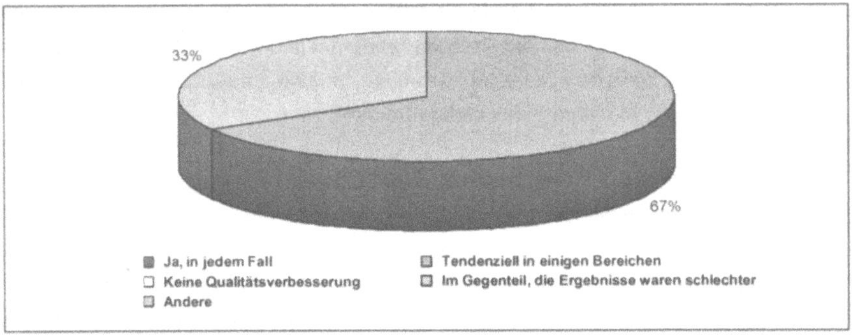

Abbildung 34: Qualitätsverbesserungen im Bereich der Mediaselektion[670]

Generell sieht sich Geomarketing im Bereich der Mediaselektion dem Problem gegenübergestellt, dass der Erfolg einzelner Marketingaktivitäten bzw. einzelner Werbeträger im Automobilbereich nicht gemessen wird. Dies ist darin begründet, dass ein Kunde im Schnitt alle fünf Jahre ein Auto kauft und deshalb die Response nur schwer einem einzelnen Werbeträger zugeordnet werden kann.[671] Immerhin geben zwei Drittel der Experten an, dass es aus ihrer Sicht eine Verbesserung der Analyseergebnisse darstellt, wenn man zumindest theoretisch in der Lage ist, einzelnen Werbeträgern bzw. Werbekampagnen Umsatzsteigerungen zuzuordnen. Diese Messbarkeit der Werbezielerreichung stellt insofern eine qualitative Verbesserung der Analyseergebnisse dar, da zum einen Umsatzsteigerungen, aber auch Veränderungen im Kaufverhalten innerhalb einzelner Regionen bzw. Städte analysiert werden können.[672]

Neben dem Aspekt der Messbarkeit der Werbezielerreichung bietet Geomarketing ebenfalls die Möglichkeit, die Effektivität einzelner Werbeträger zu beurteilen. Hierbei

---

669 Hierbei gilt es zu berücksichtigen, dass nicht jeder deutsche Automobilhersteller sämtliche Mediengattungen für seine Werbezwecke nutzt. Einer der Befragten hat angegeben, dass Geomarketing in seinem Bereich nicht genutzt wird. Zudem stellte sich im weiteren Verlauf der Befragung heraus, dass der Schwerpunkt der Marketing-Aktivitäten in den für diese Arbeit nicht relevanten Bereichen liegt. Aus diesem Grund wurden die Antworten des Befragten bei dieser Teilfrage nicht berücksichtigt.

670 Eigene Darstellung. Auswertung der Frage 7a (n = 3).

671 Vgl. Experteninterview Nr. 6, S. 3.

672 Vgl. Experteninterview Nr. 8, S. 2; sowie auch Experteninterview Nr. 14, S. 3.

gilt es neben einer Betrachtung der regionalen Verbreitung (z.B. bei Zeitungen) auch die Übereinstimmungen der Leserschaft mit der werblichen Zielgruppe zu analysieren. Im Rahmen einer solchen Analyse kann mit Hilfe von Geomarketing eine Detailorientierung erreicht werden, die ohne dieses Instrument nicht möglich ist.[673] Zustimmend gibt immerhin ein Drittel der Experten an, dass sie durch Geomarketing in die Lage versetzt werden zu analysieren, mit welchen Werbeträgern welche Region und welche Zielgruppe erreicht werden. Insbesondere im Bereich der stationären Außenwerbung kann Geomarketing als Planungsinstrument zur Selektion und Bewertung von Plakatstandorten herangezogen werden. Hierbei können ähnlich wie im Rahmen der Zielgruppenanalyse auch im Bereich der Mediaselektion durch das Hinzuziehen größerer Datenmengen wesentlich genauere Analyseergebnisse herausgearbeitet werden.

Zusätzlich zu den genannten Aspekten trägt auch die Visualisierung in Form von kartographischen Darstellungen zu einer Verbesserung der Analyseergebnisse bei. Mit Hilfe dieser Darstellungsform können beispielsweise das Einzugsgebiet eines Händlers, das Verbreitungsgebiet einer regionalen Zeitung und die Zulassungszahlen für bestimmte Automobile miteinander verglichen werden. Basierend auf diesen Erkenntnissen kann dann der optimale Werbeträger identifiziert werden. Zwei Drittel der Experten bestätigen, dass durch die Möglichkeit einer graphischen Darstellung auf Basis von Karten eine Qualitätsverbesserung der Analyseergebnisse erreicht wird.

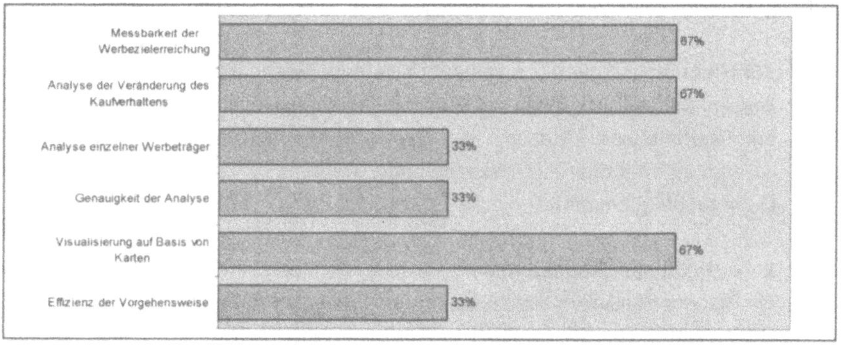

Abbildung 35: Merkmale der Qualitätsverbesserungen im Bereich der Mediaselektion[674]

Im Ganzen betrachtet kann festgestellt werden, dass die Akzeptanz von Geomarketing im Bereich der Mediaselektion aus Herstellersicht sehr begrenzt ist. Als Grund

---

[673] Vgl. Experteninterview Nr. 6, S. 3; sowie auch Experteninterview Nr. 16, S. 2.

[674] Eigene Darstellung. Auswertung der Frage 7c (n = 3). Mehrfachnennungen waren möglich.

für diese relativ geringe Zustimmung, aber auch für die insgesamt geringe Zahl an Experten, die für die Beantwortung dieses Anwendungsbereichs zur Verfügung stand, kommen zwei Punkte zum Tragen: Zum einen ist der Grund darin zu sehen, dass Kommunikationsaktivitäten der Automobilhersteller in der Regel überregional geplant werden und sich aus diesem Grund auf Medien wie TV sowie überregionale Zeitungen und Zeitschriften konzentrieren. Wie bereits in Kap. 3.2.1 dargestellt, eignet sich Geomarketing für überregionale Medien nur in begrenztem Maße, da eine Regionalisierung bei diesen Medien nicht angestrebt wird.[675] Lediglich auf Händlerebene wird die Notwendigkeit der Nutzung von Geomarketing als relevant angesehen, da hierdurch die Auswahl der optimalen Titel im Einzugsgebiet eines Händlers nicht nur erleichtert, sondern vielmehr auch objektiv messbar gemacht wird.[676] Zum anderen kommt hier wiederum zum Vorschein, dass die Bereitschaft in der Automobilindustrie, die Werbezielerreichung ex post zu messen, als gering einzustufen ist. Die aus Herstellersicht einzig relevante Zahl ist die der insgesamt verkauften Autos. Der Tatsache, dass die gestiegene Zahl an verkauften Autos auf eine gelungene Zielgruppenanalyse oder aber auf die Auswahl der geeigneten Werbeträger (oder beides) zurückzuführen ist, wird aus Sicht der Automobilhersteller keine besondere Bedeutung beigemessen.[677]

Zwischenfazit für den Bereich der Mediaselektion:

Bei einer Betrachtung der qualitativen Verbesserungen der Analyseergebnisse durch Geomarketing im Bereich der Mediaselektion lässt sich Folgendes festhalten:

- Die Befragungsergebnisse zeigen, dass eine Regionalisierung bei *„above the line-Aktivitäten"* aus Sicht der Automobilhersteller nicht angestrebt wird. Erst bei einer intensiven Nutzung von *„below the line-Aktivitäten"* wie beispielsweise dem Internet oder der Plakatwerbung werden die Vorteile der Nutzung von Geomarketing erkannt.

- Zwei Drittel der Experten geben an, dass die Messbarkeit der Werbezielerreichung eine qualitative Verbesserung der Analyseergebnisse darstellt, da Umsatzsteigerungen, aber auch Veränderungen im Kaufverhalten innerhalb einzelner Regionen bzw. Städte analysiert werden können.

- Aus Sicht der Experten kann im Rahmen der Selektion und Bewertung einzelner Werbeträger mit Hilfe von Geomarketing eine Detailorientierung erzielt

[675] Vgl. Experteninterview Nr. 16, S. 4.
[676] Vgl. Experteninterview Nr. 7, S. 1.
[677] Vgl. Experteninterview Nr. 14, S. 2.

werden, die zu einer effektiven Qualitätsverbesserung der Analyseergebnisse beiträgt.

- Auch im Bereich der Mediaselektion wird die Visualisierung mit Hilfe von thematischen Karten als eine Qualitätsverbesserung bei der Selektion und Bewertung einzelner Werbeträger gesehen, da die graphische Darstellung dazu beiträgt, die Aussagekraft zu erhöhen und Ergebnisse leichter interpretieren zu können.

- Trotz der genannten und von Seiten der Experten bestätigten Vorteile von Geomarketing, konnte sich selbiges Instrument im Bereich der Mediaselektion bis zum jetzigen Zeitpunkt nicht umfassend durchsetzen. Einer der Hauptgründe für diese Entwicklung liegt in der nicht vorhandenen Bereitschaft die erzielte Qualitätsverbesserung im Nachhinein zu messen.

- Insbesondere im Bereich der Mediaselektion werden Entscheidungen in Bezug auf *„above the line-Aktivitäten"* oder die Auswahl einzelner Werbeträger häufig noch von Erfahrungen aus der Vergangenheit bestimmt. Eine fundierte Analyse der Effektivität der einzelnen Aktionen bzw. Werbeträger wird in den meisten Fällen für nicht erforderlich gehalten.

- Bedingt durch die immer größer werdende Bedeutung von *„below the line-Aktivitäten"* wird auch bei den Automobilherstellern Geomarketing im Bereich der Mediaselektion zukünftig an Bedeutung gewinnen. Zum jetzigen Zeitpunkt wird die Notwendigkeit der Nutzung von Geomarketing lediglich auf Händlerebene erkannt.

5.2.2.3 Vertriebsplanung

Die Produkte der konkurrierenden deutschen Automobilhersteller werden vom Grundsatz her immer homogener. Deshalb müssen sie nach Wegen suchen, um sich von ihren Konkurrenten zu differenzieren. Die effiziente Aufteilung von Vertriebsgebieten kann dabei ein wichtiger Bestandteil sein, wenn es darum geht sich im Bereich der Service- und Kommunikationsfähigkeit voneinander abzugrenzen bzw. die Potenziale der einzelnen Regionen optimal auszuschöpfen. Wie bereits in Kap. 3.3 erläutert, können die Daten und Methoden des Geomarketing hierbei einen entscheidenden Beitrag leisten. Dabei zeigen die Ergebnisse der Expertenbefragung deutlich, dass sich die aus theoretischer Sicht proklamierten Qualitätsverbesserungen auch in weiten Teilen der Praxis realisieren lassen. Insgesamt geben 62% der Befragten an, dass sie in jedem Fall Qualitätsverbesserungen der Analyseergebnisse feststellen konnten. Weitere 23% bestätigen diese in einzelnen Bereichen, wohingegen lediglich 15% angeben, dass sie keine Qualitätsverbesserungen erzielen konnten.

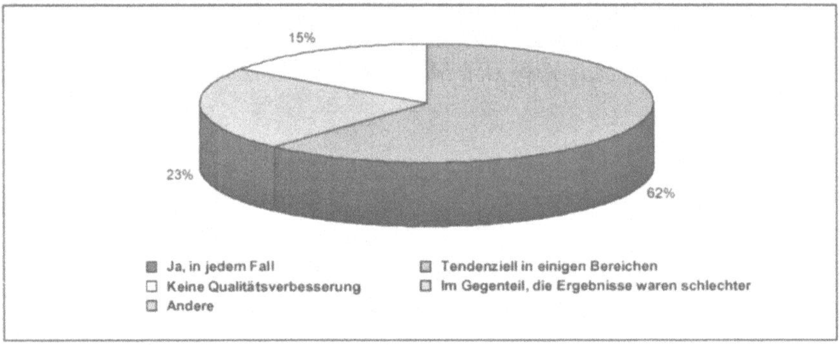

Abbildung 36: Qualitätsverbesserungen im Bereich der Vertriebsplanung[678]

Als Ursache dafür, dass sich keine Qualitätsverbesserungen der Analyseergebnisse erzielen lassen, wird einerseits angegeben, dass die Daten, die für die Analysen herangezogen werden, aufgrund der Vielzahl an statistischen Vereinfachungen, letzten Endes zu hoch verdichtet sind.[679] Diese hohe Verdichtung der Daten kann dazu führen, dass gewisse Verzerrungen auftreten, welche die Qualität der Analyseergebnisse beeinflussen. Andererseits wird der allgemeine Fokus von Geomarketing auf einer Optimierung der bestehenden Vertriebsplanung als Ursache dafür gesehen, dass sich aktuell keine Qualitätsverbesserungen erzielen lassen. Dies ist darin begründet, dass Geomarketing im Bereich der Vertriebsplanung darauf abzielt, nicht erkannte Potenziale zu identifizieren und diese nach Möglichkeit zu realisieren. Die angestrebte Realisierung der Potenziale lässt sich jedoch nicht erreichen, wenn in dem jeweiligen Unternehmen nicht auch ein gewisser Wunsch zu Realisierung dieser Potenziale vorhanden ist. Bedingt durch das ambivalente Verhältnis von Hersteller und Händler werden solche Instrumente häufig nicht als Chance, sondern als Bedrohung gesehen. In der Konsequenz führt das dazu, dass eine gewisse Ablehnung gegen das Instrument an sich, insbesondere aber gegen die vorgeschlagenen Änderungen zu verspüren ist, welche es schwierig machen, die Qualität des Vertriebsnetzes zu verbessern.[680]

---

678 Eigene Darstellung. Auswertung der Frage 8a (n = 13).
679 Vgl. Experteninterview Nr. 1, S. 2.
680 Vgl. Experteninterview Nr. 3, S. 2.

Streng genommen wird Geomarketing bzw. werden geographische Daten im Bereich der Vertriebsplanung von Automobilherstellern schon seit 20 Jahren genutzt.[681] Die Tatsache, dass sämtliche deutsche Automobilhersteller ihre Vertriebsgebiete auf Basis von geographischen Daten planen, lässt vermuten, dass sich in diesem Bereich keine großen Erfolgspotenziale durch die Nutzung von Geomarketing realisieren lassen. Dennoch kann diese Vermutung aus Sicht der Praxis nicht bestätigt werden. Alle befragten Experten geben an, dass sich durch die Identifikation von brachliegenden bzw. vernachlässigten Gebieten deutliche Qualitätsverbesserungen im Bereich der Analyseergebnisse erzielen lassen. Nachdem früher Vertriebsgebiete gemäß dem *„trial and error-Prinzip“* oder anhand von vergangenheitsorientierten Kriterien geplant wurden, lassen sich heute Qualitätsverbesserungen dadurch erreichen, dass mit Hilfe von Geomarketing die notwendigen Analysemöglichkeiten zur Verfügung stehen, um eine optimale Vertriebsgebietsplanung zu ermöglichen. Während in der Vergangenheit die Vertriebsgebiete einzelner Vertragshändler über Jahre bzw. Jahrzehnte unangetastet blieben, zeigt sich heute, dass eine effiziente Marktausschöpfung nur durch eine regelmäßige Analyse und gegebenenfalls Reorganisation der Vertriebsgebiete ermöglicht wird. Grundvoraussetzung für eine optimale Analyse sind neben detaillierten Karten aktuelle unternehmensinterne und -externe Daten.

Auch wenn nur 45% der Befragten angeben, durch die Verarbeitung größerer Datenmengen die Genauigkeit der Ergebnisse verbessern zu können, so lässt sich die besondere Bedeutung von unternehmensinternen und -externen Daten im Rahmen der Vertriebsplanung nicht leugnen. Durch eine Analyse demographischer, ökonomischer oder sozialer Strukturmerkmale sowie der bereits vorhandenen unternehmensinternen Daten sind Automobilhersteller in der Lage, Klassifikationen von Vertriebsgebieten vorzunehmen und diese auch fundiert zu begründen. Diese Klassifikationen zeichnen sich dadurch aus, dass die einzelnen Gebiete nach unterschiedlichen Kategorien, z.B. privaten und gewerblichen Kunden, aufgespalten werden können und demnach eine optimierte Vertriebsplanung ermöglichen. Zusätzlich zu der Aufspaltung anhand einzelner Merkmale können durch statistische Methoden einzelne Verzerrungen umgangen werden, welche die Genauigkeit der ermittelten Ergebnisse weiter verbessern.[682] Trotz der genannten Vorteile gilt es jedoch zu berücksichtigen, dass die Auswertung größerer Datenmengen bzw. die Vielzahl an analysierbaren Parametern zwar zu einer Qualitätsverbesserung der Analyseergebnisse beiträgt, dies aber auch einen zusätzlichen Aufwand bedeutet. Aus diesem Grund muss ge-

---

681 Vgl. Experteninterview Nr. 12, S. 1.
682 Vgl. Experteninterview Nr. 12, S. 2.

währleistet sein, dass die Hinzunahme weiterer Parameter stets einen konkreten Mehrwert liefert und nicht zu einer zusätzlichen Verwirrung beiträgt.[683]

Interessanterweise zeigen die Ergebnisse der Expertenbefragung, dass durch die Nutzung von Geomarketing nur 36% der Befragten eine verbesserte Erreichbarkeit des Kunden feststellen konnten. Wie bereits in den Kapiteln 3.1.2 und 3.1.4 erläutert, sind die deutschen Automobilhersteller durch Geomarketing in der Lage, die eigenen Kunden flächendeckend zu lokalisieren. Neben der reinen Lokalisierung gibt vor allem die Kombination aus demographischen Strukturmerkmalen und internen Kundendaten einen Aufschluss darüber, auf welche Art und Weise die Hersteller ihre Kunden erreichen können bzw. wie der Kontakt zwischen Kunden und Händler, aber auch zum Hersteller direkt, optimiert werden kann. Demnach ist davon auszugehen, dass durch die Nutzung von Geomarketing eine Qualitätsverbesserung der Analyseergebnisse hinsichtlich einer besseren Erreichbarkeit des Kunden erzielt werden kann. Der Grund dafür, dass diese qualitative Verbesserung von Seiten der Automobilhersteller allgemein nicht erkannt wird, basiert auf der Tatsache, dass die Hersteller ihre Vertriebsstrategien nicht direkt am Kunden ausrichten. Dies ist insbesondere auf die historisch gewachsenen Vertriebsstrukturen im Automobilbereich zurückzuführen, da aus Sicht der Hersteller der Händler für gezielte Vertriebsmaßnahmen zur individuellen Kundenansprache oder Interessentengenerierung zuständig ist. Geomarketing dient den Herstellern in diesem Zusammenhang lediglich als Entscheidungsunterstützung, nicht jedoch als strategisches Instrument zur konkreten Ausgestaltung der Vertriebsplanung.[684] Für die Zukunft scheint es jedoch absehbar, dass die Erreichbarkeit des Kunden aus Herstellersicht immer stärker an Bedeutung gewinnen wird, da der Stellenwert des Händlers aus Kundensicht abnimmt und sich gleichzeitig die Möglichkeiten des direkten Kundenkontaktes aus Herstellersicht verbessern. Aus diesem Grund wird auch die Bedeutung von Geomarketing in diesem Bereich in Zukunft deutlich zunehmen.

Anders sieht es im Bereich der Optimierung von Vertriebsgebieten aus. Insgesamt bestätigen 82% der befragten Experten, dass sie mit Hilfe von Geomarketing Qualitätsverbesserungen im Bereich der Analyseergebnisse erzielen konnten. Diese durchaus hohe Zahl lässt sich unter anderem dadurch begründen, dass bereits durch eine gezielte Identifikation von brachliegenden bzw. vernachlässigten Gebieten eine Optimierung des Vertriebsgebietes erreicht werden kann. Des Weiteren lassen sich auch Optimierungen hinsichtlich der Potenziale der einzelnen Vertriebsgebiete realisieren, wobei zunächst aus Herstellersicht die Anforderungen an eine optimale Ver-

683 Vgl. Experteninterview Nr. 17, S. 2.
684 Vgl. Experteninterview Nr. 2, S. 3.

triebsstruktur festzulegen sind. Als Hauptziel wird in der Regel der höchstmögliche Absatz an Fahrzeugen angestrebt, wobei eine umfassende Service- und Händlernetzabdeckung bei vielen Herstellern als Nebenbedingung ebenfalls Beachtung findet.[685]

Während die Vertriebsgebiete aus Herstellersicht Regionen darstellen, in denen eine gewisse Anzahl von Händlern zu finden ist, stellen Marktverantwortungsregionen die jeweiligen Vertriebsgebiete aus Sicht der Händler dar. Während bis zum Jahre 2002 die Marktverantwortungsregionen der einzelnen Händler klar abgegrenzt waren, traten mit Einführung der Neuregelung der Gruppenfreistellungsverordnung gravierende Änderungen ein.[686] Auf diesen aufbauend, nutzten viele Automobilhersteller die Möglichkeit, die Marktverantwortungsregionen hinsichtlich ihrer Potenziale zu optimieren. Auch in diesem Bereich bestätigt eine deutliche Mehrheit der Befragten, nämlich 64%, dass mit Hilfe von Geomarketing auch im Bereich der Optimierung von Marktverantwortungsregionen Qualitätsverbesserungen der Analyseergebnisse zu erzielen sind. Ähnlich wie bei der Optimierung der Vertriebsgebiete gilt es auch bei der Optimierung der Marktverantwortungsregionen zunächst die Anforderungen aus Herstellersicht zu definieren. Als Hauptziel wird auch hier in der Regel der höchstmögliche Absatz an Fahrzeugen angestrebt, wobei eine umfassende Service- und Händlernetzabdeckung ebenfalls nicht zu vernachlässigen ist. Um eine möglichst optimale Ausgestaltung der Vertriebsgebiete bzw. Marktverantwortungsregionen zu erhalten, ist es notwendig, dass die zur Verfügung stehenden internen Daten sowohl in Bezug auf die Kundendaten, als auch hinsichtlich der erzielten Absatz- bzw. Umsatzzahlen keinerlei Fehler aufweisen. Im Gegensatz zu früher, als Vertriebsgebiete bzw. Marktverantwortungsregionen anhand von geographischen Grenzen wie Autobahnen, Flüssen und Stadtgrenzen aufgeteilt wurden, besteht mit Hilfe von Geomarketing die Möglichkeit der Differenzierung anhand von Produkt-, Kunden-, Funktions- oder geographischen Kriterien. Diese Vielzahl an Merkmalen, die im Rahmen einer Geomarketing-Analyse berücksichtigt werden können, ermöglicht eine optimale Ausgestal-

---

685 Vgl. Experteninterview Nr. 6, S. 4.

686 Am 1. Oktober 2002 ist die Neuregelung der Gruppenfreistellungsverordnung für den Kraftfahrzeughandel in Kraft getreten. Die wichtigste Änderung dieser Verordnung liegt in der Auflage an die Hersteller, zwischen einem exklusiven und einem selektiven Vertrieb zu wählen, wobei der selektive Vertrieb sich dadurch auszeichnet, dass der Hersteller Händler nur in bestimmter Anzahl zum Vertrieb seiner Produkte zulässt. Hierbei kann er nur Händler einsetzen, die seinem Qualitätsstandard entsprechen (so genannte qualitative Selektion) oder er kann die Anzahl der Händler beschränken (so genannte quantitative Selektion). Beim exklusiven Vertrieb vergibt der Hersteller jedem Händler das Alleinvertriebsrecht für ein abgegrenztes Gebiet. Zum Schutz der anderen Händler wird jedem Exklusivhändler untersagt, aktiv außerhalb seines Gebietes zu werben. Soweit der Hersteller sich demnach für einen selektiven Vertrieb entscheidet, kann er nicht mehr verhindern, dass diese den aktiven Verkauf in anderen Gebieten betreiben und zum Beispiel auch Werbepost sowie persönliche E-Mails an Verbraucher in anderen Regionen versenden. Vgl. hierfür GVO Nr. 1400/2002 vom 31.07.2002, Abl. Nr. L 203, S. 30 f.

tung der Vertriebsgebiete bzw. Marktverantwortungsregionen hinsichtlich der angestrebten Zielsetzungen.[687] Insgesamt gesehen haben die deutschen Hersteller die Bedeutung von Geomarketing in diesem Bereich erkannt. Bereits in der Vergangenheit konnten die einzelnen Vertriebsregionen bzw. Marktverantwortungsregionen optimiert werden und diese Entwicklung setzt sich auch aktuell fort, wobei die Ausrichtung stets an einer optimalen Ausschöpfung der vorhandenen Potenziale orientiert ist. Hierbei dienen Potenzialanalysen dazu, die Leistungen innerhalb eines Vertriebsgebietes bzw. einer Marktverantwortungsregion zu ermitteln und auf Basis eines Abgleichs zwischen den erzielten Leistungen und den ermittelten Potenzialen neue Möglichkeiten aufzuzeigen, mit welchen die vorhandenen Reserven gehoben werden können.[688]

Neben den genannten Aspekten wurden die Experten ebenfalls befragt, inwiefern der Einsatz von Service- und Vertriebsfahrzeugen durch die Nutzung von Geomarketing effizienter gestaltet werden konnte. Interessanterweise hat keiner der Experten angegeben, dieses Ziel mit Geomarketing erreicht zu haben, obwohl auch in diesem Bereich Qualitätsverbesserungen erzielt werden können.[689] Ein Grund für dieses etwas überraschende Ergebnis wird darin vermutet, dass der Einsatz von Servicefahrzeugen ausschließlich im Verantwortungsbereich der jeweiligen Händler liegt und weder die strategische Ausrichtung noch die operative Durchführung direkt vom Hersteller ausgehen. Folglich kann davon ausgegangen werden, dass die deutschen Automobilhersteller überhaupt nicht versuchen den Einsatz von Servicefahrzeugen zu optimieren. Ein weiterer Grund besteht darin, dass lediglich ein deutscher Automobilhersteller über eigene Servicefahrzeuge verfügt und Geomarketing, trotz der erläuterten Vorteile, aus diesem Grund bei den meisten Herstellern überhaupt nicht von Bedeutung ist.[690] Auch im Bereich der Routenplanung von Vertriebsfahrzeugen kam Geomarketing bis zum jetzigen Zeitpunkt auf Seiten der Hersteller nicht zum Einsatz, weshalb es nicht verwunderlich erscheint, dass in diesem Bereich keine Erfahrungen mit Geomarketing vorliegen.

Als abschließender Aspekt wurde im Rahmen der Untersuchung betrachtet, inwiefern die Visualisierung in Form von kartographischen Darstellungen zu einer Verbesserung der Analyseergebnisse beiträgt. Ähnlich wie im Bereich der Zielgruppenanalyse

---

687 Es gilt in diesem Zusammenhang zu beachten, dass eine Reorganisation des Vertriebsnetzes im Automobilbereich aufgrund vertraglicher Regelungen nicht besonders einfach durchzuführen ist. Die auf Basis von Geomarketing-Analysen ermittelten Ergebnisse können jedoch dazu beitragen, zukünftige Entscheidungen anhand der optimierten Vertriebsgebietsaufteilung auszurichten und folglich langfristig ein verbessertes Ergebnis zu erzielen.

688 Vgl. Experteninterview Nr. 11, S. 4.

689 Vgl. hierfür ausführlich Kap. 3.3.2.

690 Vgl. Experteninterview Nr. 6, S. 3.

bzw. der Mediaselektion geben hier 91% der befragten Experten an, dass sie durch die Visualisierung Ergebnisse besser analysieren und auswerten können. Insbesondere bei der Analyse einzelner Regionen bietet die graphische Darstellung einen erheblichen Vorteil, welcher von Seiten der Experten nicht nur erkannt, sondern auch in der Praxis genutzt wird. So können beispielsweise Gebiete mit einer niedrigen Durchdringung farblich hervorgehoben werden, so dass bei einer Analyse einzelne Problemfelder konkret deutlich gemacht werden können.[691]

Neben den vorgegebenen Antworten wurden zwei weitere Aspekte genannt, die aus Sicht der Experten zusätzlich zu einer Verbesserung der Analysequalität beitragen. Zum einen bietet sich die Möglichkeit einer wertorientierten Vertriebsplanung an, da man in der Lage ist Geomarketing mit anderen Instrumenten zu kombinieren.[692] Diese Kombination von Instrumenten kann dazu genutzt werden, einzelne Reports oder Analysen automatisiert zu erstellen, was aus Sicht der Automobilhersteller eine erhebliche Vereinfachung ergibt.[693] Zum anderen sehen die Experten die Möglichkeit einer Ursachenforschung als Vorteil, da auf Basis einer Verknüpfung von sozioökonomischen und internen Daten, z.B. internen Zulassungs- und Bestandsdaten, eine Reihe von Merkmalen abgefragt wird, die unter Umständen auf viele Fragen Antworten geben können.[694]

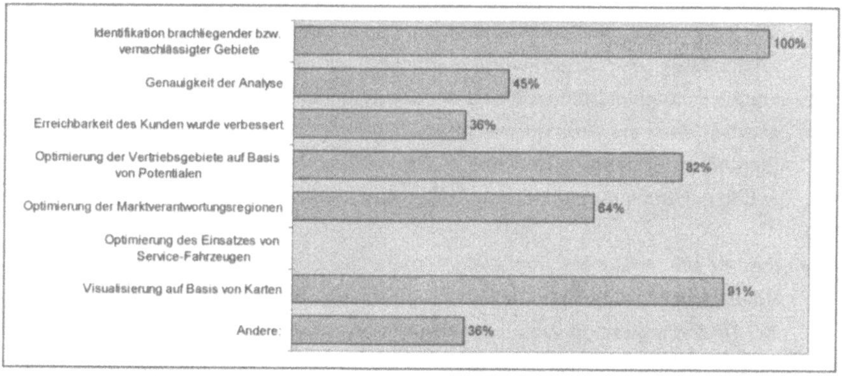

Abbildung 37: Merkmale der Qualitätsverbesserungen im Bereich der Vertriebsplanung[695]

691 Vgl. Experteninterview Nr. 3, S. 3.
692 Vgl. Experteninterview Nr. 13, S. 2.
693 Vgl. Experteninterview Nr. 2, S. 4.
694 Vgl. Experteninterview Nr. 3, S. 3.
695 Eigene Darstellung. Auswertung der Frage 8c (n = 11). Mehrfachnennungen waren möglich.

Zwischenfazit für den Bereich der Vertriebsplanung:

Bei einer Betrachtung der qualitativen Verbesserungen der Analyseergebnisse durch Geomarketing im Bereich der Vertriebsplanung lässt sich Folgendes festhalten:

- Die Untersuchungsergebnisse zeigen, dass Geomarketing aus Sicht der Experten insbesondere bei der Identifikation von brachliegenden bzw. vernachlässigten Vertriebsgebieten enorme qualitative Verbesserungen der Analyseergebnisse liefert.

- Ferner bestätigen die Experten, dass durch das Instrument Geomarketing sowohl im Bereich der Optimierung von Vertriebsgebieten als auch hinsichtlich der Optimierung von Marktverantwortungsbereichen erhebliche Fortschritte realisiert werden konnten, aber auch gegenwärtig erzielt werden können.

- Zwar gibt nur knapp die Hälfte der Befragten an, durch die Verarbeitung größerer Datenmengen genauere Ergebnisse zu erzielen, jedoch lässt sich die besondere Bedeutung von unternehmensinternen und -externen Daten im Rahmen der Vertriebsplanung nicht leugnen.

- Die Potenziale von Geomarketing im Zusammenhang mit einer besseren Erreichbarkeit des Kunden werden lediglich von einem Drittel der Befragten erkannt. Es kann jedoch aufgrund der dargestellten Gründe davon ausgegangen werden, dass die direkte Erreichbarkeit des Kunden aus Sicht der Hersteller in Zukunft an Bedeutung gewinnen wird, weshalb auch das Instrument Geomarketing zukünftig einen höheren Stellenwert einnehmen wird.

- Genau wie im Bereich der Zielgruppenanalyse bzw. Mediaselektion stellt die Visualisierung mit Hilfe von kartographischen Darstellungen auch im Rahmen der Vertriebsplanung eine Eigenschaft dar, die erhebliche Qualitätsverbesserungen hinsichtlich der Analyse und der Interpretation von Ergebnissen ermöglicht.

- Der Einsatz von Service- und Vertriebsfahrzeugen bzw. die Planung von Routen mit Hilfe von Geomarketing ist aus Sicht der Automobilhersteller nicht von Bedeutung, da diese in der Regel von den einzelnen Händlern gesteuert werden und deswegen nicht in den direkten Verantwortungsbereich der Automobilhersteller fallen.

5.2.2.4 *Standortplanung und Händlernetzplanung*

Grundsätzlich existieren aus Sicht der Automobilhersteller zwei Formen von Standortentscheidungen, wobei explizit zwischen der Standortsuche als Planung geeigneter neuer Standorte[696] oder aber der Standortbewertung bzw. Standortoptimierung bei gegebenen Standorten unterschieden werden kann.[697] Bedingt durch das historisch gewachsene Händlernetz und der momentan teilweise vorherrschenden Überversorgung der Märkte sind aus Sicht der Automobilhersteller insbesondere Instrumente zur Optimierung des bestehenden Händlernetzes in den Fokus gerückt. Wie bereits in Kap. 3.4 ausführlich dargestellt, kann Geomarketing sowohl im Bereich der Standortneuplanung als auch bei der Optimierung des bestehenden Händlernetzes einen entscheidenden Beitrag leisten.

Die Ergebnisse der Befragung zeigen sehr deutlich, dass die deutschen Automobilhersteller den Nutzen von Geomarketing im Bereich der Standortplanung bzw. Händlernetzoptimierung erkannt haben. Insgesamt gibt jeder der Experten an, dass er durch die Anwendung von Geomarketing eine Qualitätsverbesserung der Analyseergebnisse feststellen konnte. Einschränkend gilt es jedoch anzumerken, dass 30% der Befragten diese Qualitätsverbesserungen lediglich in einzelnen Teilbereichen feststellen konnten. Die folgende Abbildung fasst die erläuterten Aussagen noch einmal anschaulich zusammen:

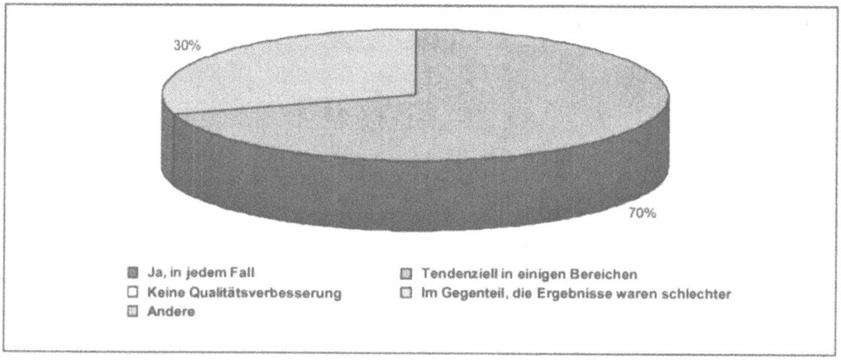

Abbildung 38: Qualitätsverbesserungen im Bereich der Standortplanung/Händlernetzoptimierung[698]

---

696 Die Planung neuer Standorte kann sich hierbei sowohl auf die Planung neuer Herstellerstandorte, z.B. neue Fabrikationswerke, oder aber auf die Planung neuer Händlerstandorte beziehen.

697 Vgl. Scheuch, F.: Marketing, München 1996, S. 319.

698 Eigene Darstellung. Auswertung der Frage 9a (n = 10).

Die Gründe, warum lediglich in einzelnen Bereichen Qualitätsverbesserungen erzielt werden konnten, sind aus Sicht der Experten zum einen auf das mangelnde Know-how in Bezug auf die Nutzung von Geomarketing zurückzuführen, zum anderen aber auch wiederum darauf, dass die erzielten Erfolge nur schwer nachweisbar bzw. quantifizierbar sind.[699] Wie bereits eingangs geschildert können bei mangelndem Know-how nicht sämtliche Vorteile von Geomarketing realisiert werden bzw. in einzelnen Fällen lernen Unternehmen diese erst gar nicht kennen.[700] Wie die Ergebnisse zeigen, sind auch im Bereich der Standortplanung bzw. Händlernetzoptimierung der mangelnde Kenntnisstand hinsichtlich der konkreten Anwendungsgebiete sowie die teilweise nicht vorhandene Möglichkeit zur Messung von konkreten Erfolgsgrößen ursächlich dafür, dass sich aus Sicht einiger Experten lediglich in einzelnen Bereichen Qualitätsverbesserungen ergeben.

Ähnlich wie bei den zuvor behandelten Anwendungsbereichen von Geomarketing ist auch im Rahmen der Standortplanung bzw. Händlernetzoptimierung die Visualisierung auf Basis von thematischen Karten ein entscheidender Indikator für die Qualitätsverbesserung der Analyseergebnisse. Insgesamt bestätigen 80% der Experten, dass sie durch die Visualisierung in der Lage sind, Ergebnisse wesentlich einfacher interpretieren zu können. Hierbei wird insbesondere betont, dass sich im Rahmen der Analyse von Ergebnissen ein erheblicher Unterschied ergibt, wenn man selbige in Form einer Karte und nicht in Form einer Tabelle darstellt.[701] Folglich wird auch im Bereich der Standortplanung bzw. Händlernetzoptimierung bestätigt, dass die Aussagekraft der Ergebnisse im Rahmen des Entscheidungsprozesses aus Sicht der Experten höher ist.[702]

Immerhin geben 50% der Experten an, dass sie durch die Nutzung von Geomarketing Fehlentscheidungen bei der Planung bzw. Optimierung von Standorten vermeiden konnten. Generell ist die Planung und Gestaltung des Händlernetzes, aber auch von neuen Unternehmensstandorten, strategisch ausgerichtet und basiert demnach auf einer mittel- bis langfristigen Planung. Bedingt durch die Tatsache, dass Änderungen bzw. Fehlentscheidungen in diesem Bereich immer unfassende Investitionen sowohl bei Herstellern als auch bei Partnern mit sich bringen, ist eine hohe Qualität der Planung besonders wichtig.[703] Aufgrund der Integrationsmöglichkeit verschiedener Anforderungsmerkmale an einen Standort, können mit Hilfe von Geomarketing Fehlentscheidungen vermieden werden, da eine Vielzahl von Faktoren berücksichtigt

---

699 Vgl. Experteninterview Nr. 1, S. 3.
700 Vgl. Experteninterview Nr. 14, S. 3 f.
701 Vgl. Experteninterview Nr. 10, S. 2.
702 Vgl. Experteninterview Nr. 11, S. 3.
703 Vgl. Experteninterview Nr. 11, S. 3.

werden kann. Allgemein kann hinsichtlich der Vermeidung von Fehlentscheidungen festgehalten werden, dass Geomarketing dazu beitragen kann, selbige bereits im Vorfeld zu erkennen und folglich auch zu vermeiden.[704] Hierbei erweist es sich jedoch wieder als äußerst schwierig, dies im Nachhinein zu quantifizieren.[705] Auch bei diesem Aspekt zeigt sich wiederum deutlich, dass der Erfolg von Geomarketing stark von der Möglichkeit einer Quantifizierung abhängt.

Interessanterweise zeigen die Untersuchungsergebnisse, dass lediglich 10% der Befragten durch die Anwendung von Geomarketing eine Straffung des Händlernetzes erreichen konnten. Dieses Ergebnis verwundert insofern, da sämtliche deutschen Hersteller in den letzten zehn Jahren eine erhebliche Straffung ihres bestehenden Händlernetzes vorgenommen haben. Diese Straffung beinhaltete aber nicht zwangsläufig auch immer die Schließung einzelner Händlerstützpunkte, sondern unter Umständen wurden einzelne Betriebsstätten in reine Servicebetriebe umgewandelt, so dass diese nicht mehr über die Möglichkeit des Neuwagenverkaufs verfügen.[706] Wie bereits im Rahmen von Kap. 3.4 dargestellt, bietet Geomarketing eine Reihe von Möglichkeiten, einzelne Händlerstützpunkte auf Basis verschiedener Kriterien zu bewerten bzw. miteinander zu vergleichen. Diese Kriterien können sich dabei sowohl auf reine Absatz- bzw. Umsatzzahlen, aber auch beispielsweise auf die jeweilige Serviceabdeckung, konzentrieren.[707] Der Grund für diese relativ geringe Zustimmung von Seiten der Experten kann auf der einen Seite darin liegen, dass weitere Diskussionen in Bezug auf die Straffung des Händlernetzes bzw. der verwendeten Instrumente seitens der Automobilhersteller vermieden werden sollen. Auf der anderen Seite kann es aber auch daran liegen, dass Geomarketing aus Sicht der Hersteller lediglich zur Vorbereitung von Entscheidungen dient, nicht jedoch das Instrument darstellt, welches als alleinige Entscheidungsgrundlage herangezogen wird.[708] Dies würde verdeutlichen, dass Geomarketing zwar Qualitätsverbesserungen hinsichtlich der Analyseergebnisse ermöglicht, diesen jedoch aus Sicht der Hersteller keine große strategische Bedeutung beigemessen werden, da aus ihrer Sicht andere Kriterien einen größeren Einfluss auf diese Entscheidungen haben.

Wie bereits anhand der anderen Anwendungsbereiche von Geomarketing gezeigt werden konnte, ist auch im Bereich der Standortplanung bzw. Händlernetzoptimierung die Genauigkeit der Ergebnisse von besonderer Bedeutung. 50% der befragten Experten stimmen hier der Aussage zu, dass durch die Verarbeitung größerer Da-

---

[704] Vgl. Experteninterview Nr. 2, S. 4.
[705] Vgl. Experteninterview Nr. 3, S. 3.
[706] Vgl. Experteninterview Nr. 16, S. 5.
[707] Vgl. Experteninterview Nr. 6, S. 4.
[708] Vgl. Experteninterview Nr. 12, S. 2.

tenmengen genauere Ergebnisse herausgearbeitet werden können. Insbesondere im Bereich der Händlernetzoptimierung können durch die gleichzeitige Berücksichtigung verschiedener Kriterien wesentlich genauere Ergebnisse erzielt werden, als dies beispielsweise der Fall ist, wenn das bestehende Händlernetz lediglich anhand von Umsatzzahlen bewertet wird. Sowohl für den Bereich des Neufahrzeugverkaufs als auch im Bereich der Servicewerkstätten, liefert Geomarketing die Voraussetzung dafür, dass das Händlernetz optimal ausgestaltet ist.[709]

Neben den genannten Aspekten wurde im Rahmen der Untersuchung ebenfalls analysiert, inwiefern die Konkurrenzstandorte anderer Automobilhersteller im Planungsprozess berücksichtigt werden. Wie die Ergebnisse zeigen, ist die Berücksichtigung von Konkurrenzstandorten durchaus von großer Bedeutung, da insgesamt 70% der Experten angeben, dass Geomarketing in diesem Bereich zu einer Verbesserung der Analyseergebnisse beiträgt. Einschränkend gilt es an dieser Stelle jedoch zu berücksichtigen, dass speziell bei der Standortneuplanung[710] die Auswahlmöglichkeiten durchaus begrenzt sind. Auf der einen Seite sind die Automobilhersteller lediglich in der Lage neue Standorte innerhalb eines Industriegebietes zu errichten, da mit einem neuen Händlerstandort gewisse Bedingungen[711] verbunden sind. Auf der anderen Seite existieren in vielen Städten so genannte *„Automeilen"*, auf denen sämtliche Automobilhersteller vertreten sind und welche aufgrund der vorhandenen Laufkundschaft einen geeigneten Standort darstellen.[712] Zusätzlich muss an der gewünschten Stelle bzw. dem gewünschten Gebiet eine Fläche zum Erwerb zur Verfügung stehen, welche den Anforderungen des jeweiligen Herstellers gerecht wird und sich finanziell in einem angemessenen Rahmen befindet. Demnach sind bestimmte Standortentscheidungen bereits durch einzelne Faktoren beeinflusst, die auch vom jeweiligen Hersteller nicht verändert werden können. Geomarketing-Analysen bieten jedoch die Möglichkeit zum einen die genannten Faktoren zu berücksichtigen und zum anderen eine Vielzahl von weiteren Kriterien, z.B. Hauptverkehrsstraßen etc., zu analysieren und folglich unter Berücksichtigung der einzelnen Konkurrenzstandorte den optimalen Standort auszuwählen.

Abschließend wurden die Experten befragt, ob die Vorgehensweise bzw. der Arbeitsaufwand im Rahmen des Planungsprozesses durch die Anwendung von Geomarketing vereinfacht werden konnte. Die Untersuchungsergebnisse zeigen, dass immerhin 40% der befragten Experten angeben, Effizienzsteigerungen festgestellt zu

---

709 Vgl. Experteninterview Nr. 11, S. 3.

710 Diese bezieht sich hierbei sowohl auf neue Händlerstützpunkte als auch auf neue Produktionsstandorte, obwohl angemerkt werden muss, dass der Einfluss des Herstellers auf die Standortneuplanung von Händlerstützpunkten aktuell noch sehr begrenzt ist.

711 Unter „Bedingungen" sind hier bspw. Auflagen für gewerbliche Immobilien zu verstehen.

712 Vgl. Experteninterview Nr. 2, S. 4.

haben, welche zu qualitativen Verbesserungen der Analyseergebnisse beitragen. Diese Verbesserungen drücken sich in der Praxis beispielsweise dadurch aus, dass verschiedene Szenarien hinsichtlich unterschiedlicher Standortplanungen nach dem *„trial and error-Prinzip"* analysiert werden können und sich so miteinander vergleichen lassen.[713] Dennoch bleibt auch im Bereich der Standortplanung bzw. Händlernetzoptimierung festzuhalten, dass die erzielbaren Effizienzvorteile noch nicht von sämtlichen Automobilherstellern erkannt werden. Dies kann, in Anlehnung an die im Rahmen der Anwendungsmöglichkeiten von Geomarketing im Bereich der Zielgruppenanalyse gemachten Erläuterungen, zum einen daran liegen, dass sich die von der Theorie vielfach proklamierten Effizienzvorteile in der Praxis nicht realisieren lassen, oder aber zum anderen daran, dass Geomarketing bei vielen Herstellern noch nicht in dem Umfang implementiert ist, dass sich selbige uneingeschränkt erkennen lassen. Ein Grund kann selbstverständlich auch sein, dass die einzelnen Analysen ein hohes Maß an Spezifität und Individualität aufweisen und deshalb per se einen gewissen Aufwand darstellen, welcher aus Sicht der Hersteller nicht unbedingt als *„Vereinfachung"* angesehen wird.[714] Dennoch gilt es in diesem Zusammenhang das erzielte Ergebnis mit dem jeweiligen Aufwand in Verbindung zu setzen und da zeigt sich, wenn auch nicht sehr deutlich, dass Geomarketing einerseits wesentlich genauere Ergebnisse liefert und andererseits auch der Arbeitsaufwand, gemessen an der Zunahme der Genauigkeit der Ergebnisse, vereinfacht wird.

Zusätzlich zu den vorgegebenen Antwortkategorien haben einige Experten weitere Aspekte benannt, welche aus ihrer Sicht, bedingt durch die Nutzung von Geomarketing, zu einer Qualitätsverbesserung der Analyseergebnisse beitragen. Wie bereits im Rahmen der Vertriebsplanung erläutert, können mit Hilfe von Geomarketing so genannte Fahrzeitmodelle berechnet werden.[715] Bei der Berechnung der Fahrzeitmodelle werden neben den Kundenstandorten vor allem auch die jeweiligen Gebiete der anderen Händler berücksichtigt, um Überschneidungen in den einzelnen Gebieten möglichst zu vermeiden.[716] Aus Sicht der Experten lassen sich durch die Möglichkeit der graphischen Darstellung in Kombination mit einer gleichzeitigen Berücksichtigung verschiedener Kriterien Ergebnisse erzielen, welche eine erhebliche Qualitätsverbesserung gegenüber bisher genutzten Methoden darstellen. Ferner wird von Seiten der Experten ebenfalls darauf hingewiesen, dass die konkrete Integration von regionalen Aspekten, welche durch mikrogeographische Daten erreicht wird, dazu beiträgt, die Aussagekraft der Ergebnisse zu erhöhen.[717]

---

713 Vgl. Experteninterview Nr. 10, S. 2.
714 Vgl. Experteninterview Nr. 17, S. 3.
715 Vgl. Experteninterview Nr. 2, S. 4.
716 Vgl. Experteninterview Nr. 5, S. 2.
717 Vgl. Experteninterview Nr. 3, S. 4.

Einschränkend gilt es zum Abschluss anzumerken, dass sich die erläuterten Qualitätsverbesserungen nur im Rahmen der Händlernetzplanung realisieren lassen, da Entscheidungen für die Errichtung neuer Produktionsstätten in der Regel auf Basis von politischen, steuerlichen oder anderen Gründen getroffen werden.[718]

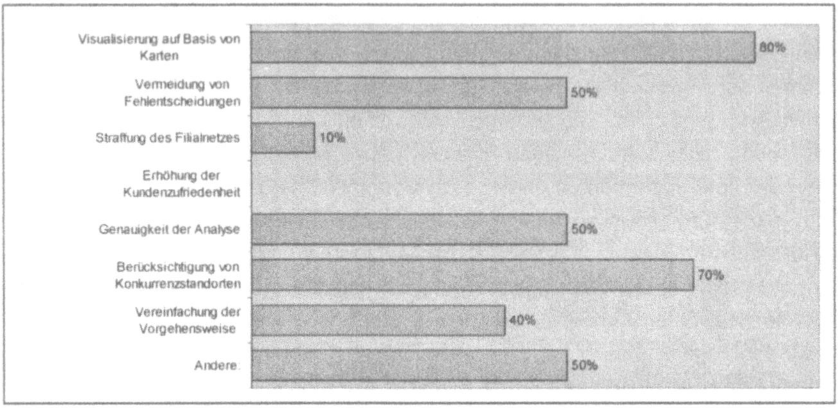

Abbildung 39: Merkmale der Qualitätsverbesserungen im Bereich der Standortplanung/Händlernetzoptimierung[719]

<u>*Zwischenfazit für den Bereich der Standortplanung/Händlernetzoptimierung:*</u>

Bei einer Betrachtung der qualitativen Verbesserungen der Analyseergebnisse durch Geomarketing im Bereich der Standortplanung/Händlernetzoptimierung lässt sich Folgendes festhalten:

- Die Befragungsergebnisse machen deutlich, dass auch im Bereich der Standortplanung/Händlernetzoptimierung die Visualisierung auf Basis von thematischen Karten aus Sicht der Experten entscheidend zur Qualitätsverbesserung der Analyseergebnisse beiträgt.

- 70% der befragten Experten geben an, dass die konkrete Berücksichtigung von Konkurrenzstandorten ebenfalls zu einer Qualitätsverbesserung der Analyseergebnisse beiträgt. Hierbei gilt es jedoch anzumerken, dass andere Faktoren, wie beispielsweise die Grundstücksverfügbarkeit oder Infrastruktur, dazu führen können, dass ein bezogen auf das Konkurrenzumfeld als optimal erachteter Standort nicht realisiert werden kann.

---

718 Vgl. Experteninterview Nr. 6, S. 3.

719 Eigene Darstellung. Auswertung der Frage 9c (n = 10). Mehrfachnennungen waren möglich.

- Einhergehend mit der höheren Genauigkeit der Ergebnisse geben 50% der Experten an, dass sie durch die Nutzung von Geomarketing Fehlentscheidungen vermeiden konnten. Als problematisch erweist sich hierbei, dass eine Messbarkeit in der Ex-post-Betrachtung äußerst schwierig ist und aus diesem Grund der genaue Erfolg von Geomarketing schwer zu quantifizieren ist.

- Überraschenderweise werden die Vorteile bzw. Möglichkeiten von Geomarketing als Instrument zur Fundierung von Restrukturierungsmaßnahmen im Händlernetz von Seiten der Experten nicht bestätigt. Eine mögliche Begründung ist darin zu sehen, dass Geomarketing in diesem Bereich aus Sicht der Hersteller keinen direkten strategischen Einfluss hat und hierbei andere Gründe ausschlaggebend sind.

- Der Realisierung von Effizienzvorteilen durch die Nutzung von Geomarketing können lediglich 40% der Experten zustimmen. Ursächlich für diese geringe Zustimmung ist zum einen die Tatsache, dass die Geomarketing-Analysen allgemein als zusätzlicher Aufwand betrachtet werden, und zum anderen, dass einzelnen Herstellern das entsprechende Know-how bzw. die Erfahrung fehlt, um Effizienzvorteile zu realisieren.

5.2.3 Analyse der kostenorientierten Erfolgspotenziale von Geomarketing

Nach der ausführlichen Analyse der qualitätsorientierten Erfolgspotenziale von Geomarketing, werden im folgenden Abschnitt die kostenorientierten Erfolgspotenziale untersucht. Hierbei liegt das Hauptaugenmerk auf der Feststellung, ob die deutschen Automobilhersteller durch die Anwendung von Geomarketing grundsätzlich in der Lage sind, Kosten einzusparen. Die Analyse der Kostenaspekte betrachtet dabei primär die Einsparungsmöglichkeiten im operativen Geschäft, wobei die einmaligen Anschaffungskosten bei der Betrachtung ebenfalls Berücksichtigung finden.[720]

Die Auswertungen der Expertenbefragung zeigen, dass 38% der Befragten der Aussage zustimmen, durch die Anwendung von Geomarketing Kosteneinsparungen erzielt zu haben. Weitere 50% geben an, dass sie zumindest in einzelnen Teilbereichen Kosteneinsparungen erzielen konnten. Lediglich 12% konnten keine Kosteneinsparungen feststellen. Dieses Ergebnis verdeutlicht, dass der aus Sicht einzelner

[720] Hierbei gilt es zu beachten, dass die Implementierung von Geomarketing grundsätzlich Kosten verursacht und unter Umständen durch die Inanspruchnahme von externen Dienstleistern weitere Kosten entstehen. Im Rahmen der vorliegenden Untersuchung werden bei der Betrachtung der Kosteneinsparungen die gesamten Ausgaben den erzielten Einsparungen gegenübergestellt und die eventuell existierenden Kosteneinsparungen ermittelt.

Experten durch Geomarketing verursachte *„Mehraufwand"* sich nicht in einem zusätzlichen Kostenaufwand niederschlägt, sondern lediglich zu einem zeitlichen Mehraufwand führt.

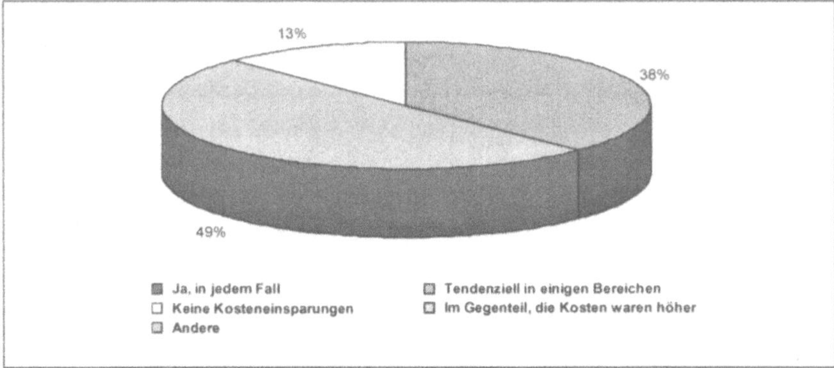

Abbildung 40: Kostenorientierte Erfolgspotenziale von Geomarketing[721]

Im Folgenden gilt es deshalb zu analysieren, in welchen Bereichen durch die Nutzung von Geomarketing Kosteneinsparungen erzielt werden können und wodurch diese begründet sind. Gleichzeitig gilt es jedoch ebenfalls herauszufinden, weshalb sich aus Sicht einzelner Experten keine Kosteneinsparungen bzw. nur in einzelnen Teilbereichen erzielen lassen.

Grundsätzlich zeigen die Befragungsergebnisse, dass sich in allen angegebenen Anwendungsbereichen Kosteneinsparungen realisieren lassen. Aus Sicht der Experten sind insbesondere in den Bereichen CRM und Direktmarketing direkte Kosteneinsparungen durch die Anwendung von Geomarketing zu erzielen, wobei diese vor allem auf die geringere Anzahl an Streuverlusten bzw. die wesentlich genauere Zielgruppenansprache zurückzuführen sind.[722] Bezogen auf konkrete CRM- bzw. Direktmarketingaktivitäten bedeutet das vor allem, dass sich Kosteneinsparungen im operativen Bereich auf zweierlei Art und Weise erzielen lassen: Zum einen besteht mit Geomarketing die Möglichkeit, eine höhere Anzahl von Personen mit dem gleichen Kostenaufwand oder aber zum anderen die gleiche Anzahl von Personen zu einem niedrigeren Preis zu erreichen, da aufgrund der wesentlich besseren Selektionsmöglichkeiten effektiv weniger Leute angeschrieben werden müssen.[723] Einzelne Experten beziffern die Einsparungspotenziale in diesem Bereich auf 50-70%, wobei

721 Eigene Darstellung. Auswertung der Frage 10a (n = 16).
722 Vgl. Experteninterview Nr. 1, S. 4.
723 Vgl. Experteninterview Nr. 6, S. 4.

sich diese Zahl aufgrund verschiedener Faktoren nicht verallgemeinern lässt.[724] Diese eben beschriebenen Einsparungen beziehen sich dabei ebenfalls auf die Klassifizierung von Interessenten, da mit Hilfe der wesentlich feineren Selektion bzw. der differenzierteren Scoring-Ansätze Budgets konzentrierter für geeignete Interessenten verwendet werden können.[725] Insgesamt stellen die Minderung der Streuverluste und die Reduktion des Versandvolumens aus Sicht der Experten die zentralen Größen dar, welche zu direkten Kosteneinsparungen im Bereich des CRM bzw. Direktmarketing führen.

Daneben lassen sich aber nach Meinung der Experten zusätzlich weitere Begründungen finden, warum mit Hilfe von Geomarketing Kosteneinsparungen erreicht werden können. 71% der Befragten geben dabei an, dass aufgrund der Genauigkeit der Analyse bzw. der Ergebnisse Kosteneinsparungen erzielt werden können. Hierbei wird insbesondere im Bereich der Zielgruppenanalyse deutlich, dass sich ein wesentlich größerer Hebel ergibt, als dies bei Aktivitäten in der Vergangenheit der Fall war.[726] Dieser Hebel kann durch eine wesentlich genauere Profilierung der einzelnen Zielgruppen, aber auch von Interessenten, charakterisiert werden, welche in der Vergangenheit nur über aufwendige Marktforschungsuntersuchungen erreicht werden konnte.[727]

Auch im Zusammenhang mit den angesprochenen Kosteneinsparungen wird der Effizienz der Vorgehensweise eine besondere Bedeutung beigemessen. Durch die Aufbereitung von flächenhaften und standortbezogenen Daten in Form einer kartographischen Darstellung wird die Entscheidungsgrundlage für das Management erheblich vereinfacht. Während früher selbige Daten aufwendig und umständlich in Excel und Access ausgewertet wurden, kann heutzutage eine wesentlich größere Datenmenge innerhalb kürzester Zeit ausgewertet werden, was nicht nur zu einer zeitlichen Einsparung, sondern vor allem auch zu besseren Ergebnissen führt.[728]

In den Bereichen Vertriebsplanung und Standortplanung bzw. Händlernetzoptimierung wird den Möglichkeiten zur Realisierung von Einsparungspotenzialen eine nicht minder geringe Bedeutung beigemessen. Knapp 60%[729] der befragten Experten in diesen Bereichen geben an, dass sich durch die Nutzung von Geomarketing Kosten-

---

724 Vgl. Experteninterview Nr. 13, S. 3; sowie auch Experteninterview Nr. 9, S. 3.

725 Vgl. Experteninterview Nr. 2, S. 5.

726 Vgl. Experteninterview Nr. 9, S. 3.

727 Vgl. Experteninterview Nr. 16, S. 6. Insbesondere im Bereich der Zielgruppenanalyse bestätigen 80% der befragten Experten, dass sich hierbei erhebliche Kosteneinsparungen erzielen lassen.

728 Vgl. Experteninterview Nr. 3, S. 4.

729 Der Wert bezieht sich immer auf die Anzahl der Experten, die auch im Bereich der qualitätsorientierten Erfolgspotenziale in selbigem Bereich geantwortet haben.

einsparungen erzielen lassen. Im Gegensatz zu den Bereichen CRM/Direktmarketing bzw. Zielgruppenanalyse geht es hier jedoch nicht um die Realisierung von direkten Kosteneinsparungen, sondern einerseits um die Vermeidung von Fehlentscheidungen und andererseits um die Effizienzsteigerung im Rahmen des Planungsprozesses. Aus Sicht der Hersteller ist die Ausgestaltung eines optimalen Vertriebs- und Händlernetzes von besonderer Bedeutung, welches die Verbesserung der Kundenzufriedenheit und der Absatz- bzw. Umsatzziele zur Zielsetzung hat.[730] Hierbei geht es primär darum, die Qualität der Planung zu verbessern und konkrete Fehlentscheidungen zu vermeiden, welche letztendlich ebenfalls zu hohen Kosten führen können. Neben der Vermeidung von Fehlentscheidung spielt jedoch auch die effiziente Nutzung von Ressourcen eine bedeutende Rolle, welche ebenfalls zu Kosteneinsparungen führen kann.[731]

Immerhin zwei Drittel der Befragten geben an, dass sich auch im Bereich der Mediaselektion Kosteneinsparungen durch Geomarketing erzielen lassen. Ähnlich wie in den Bereichen der Vertriebsplanung und der Standortplanung bzw. Händlernetzoptimierung beziehen sich die Kosteneinsparungen auch hier nicht auf direkt erzielbare Kosteneinsparungen, sondern vielmehr auf eine effizientere Allokation des bestehenden Budgets auf potenzielle Werbeträger. Hierbei kann mit Hilfe von Geomarketing analysiert werden, wo die Verbreitungsgebiete der einzelnen Werbeträger sind und inwiefern hier eine Übereinstimmung mit der werblichen Zielgruppe vorliegt. Die dabei erzielbare Detailorientierung ermöglicht es auch im Bereich der Mediaselektion Fehlallokationen zu vermeiden, was indirekt zu einer Kostenersparnis führt.

Trotz der dargestellten Möglichkeiten zur Erzielung von Kosteneinsparungen geben einige Experten an, diese nicht oder nur in einzelnen Teilbereichen erreichen zu können. Allgemein sieht sich Geomarketing auch hier der Problematik gegenübergestellt, dass sich die Auswirkungen auch in Bezug auf die Kosten nicht messen bzw. quantifizieren lassen.[732] Dies liegt darin begründet, dass bei vielen deutschen Herstellern die Kosten nicht differenziert betrachtet werden und demnach auch nicht auf einzelne Aktionen aufgeschlüsselt werden können.[733] Im Bereich des CRM/Direktmarketing ist eine solche Zuordnung der Kosten zu den erzielten Einsparungen relativ einfach möglich, wohingegen selbiger Sachverhalt im Rahmen der Vertriebsplanung oder der Händlernetzplanung wesentlich schwerer ist. Den größten Anteil der allgemeinen Kosten tragen neben den Software- und Lizenzkosten vor allem die Pro-

---

730 Vgl. Experteninterview Nr. 11, S. 4.

731 Vgl. Experteninterview Nr. 11, S. 4.

732 Vgl. Experteninterview Nr. 1, S. 4.

733 Vgl. Experteninterview Nr. 14, S. 4. Würde eine solche Aufschlüsselung in der Praxis durchgeführt, so ließe sich nach Meinung der meisten Experten nahezu immer eine Kostenersparnis nachweisen.

jektkosten, die einen nicht unerheblichen Teil der Gesamtkosten ausmachen.[734] Hierbei sieht sich Geomarketing jedoch mit der bereits im Rahmen der Analyse der qualitätsorientierten Erfolgspotenziale betrachteten Problematik konfrontiert, dass sowohl der Nutzen bzw. Erfolg, als auch die damit verbundenen Kosten nicht adäquat gemessen werden. Folglich können die deutschen Hersteller auch nicht exakt quantifizieren, inwiefern Geomarketing hier einen direkten Erfolgsbeitrag leistet. Allgemein wird jedoch von den Experten bestätigt, dass die Möglichkeiten zur Erzielung von Kosteneinsparungen davon abhängig sind, wie oft das Instrument genutzt wird, da mit zunehmender Zahl der Anwendungen selbstverständlich auch die Anfangskosten auf eine größere Zahl von *„Projekten"* umgelegt werden können.[735]

Wie bereits erläutert lassen sich im Bereich des CRM/Direktmarketing Kosten direkt einsparen, da aufgrund der gestiegenen Effizienz beispielsweise weniger Geld für Druckkosten anfallen.[736] Im Bereich der Vertriebs- bzw. Händlernetzplanung liegt die Zielsetzung vielmehr auf der bereits beschriebenen Optimierung des bestehenden Systems. In diesem Zusammenhang lassen sich keine direkten Kosten einsparen, sondern diese Optimierung zielt darauf ab, dass konkrete Fehlentscheidungen, welche mit enormen Folgekosten verbunden sein können, vermieden werden. Aus Sicht einzelner Experten können diese Einsparungen jedoch nur auf theoretischer Ebene quantifiziert werden, da es ex post sehr schwer zu beurteilen ist, ob eine Fehlentscheidung durch Geomarketing verhindert werden konnte.[737] Demnach lässt sich in diesem Zusammenhang festhalten, dass die Kosteneinsparungen in allen Anwendungsbereichen, abgesehen von den Bereichen CRM/Direktmarketing und Zielgruppenanalyse, stark von den erzielten Qualitätsverbesserungen abhängen, da eine quantitative Messung nicht durchführbar ist. Hierbei stellt sich häufig die Frage des *„besser Machens"* und nicht die nach den erzielten Kosteneinsparungen.[738]

Die im Rahmen der Untersuchung angestrebte Unterscheidung der Kosteneinsparungen in personen- und sachbezogene Kosten kann als nicht durchführbar angesehen werden, wenn eine allgemeine Betrachtung der Kostensituation bei den deutschen Automobilherstellern im Hinblick auf die Nutzung von Geomarketing ausbleibt. Zwar geben einzelne Experten an, dass sich im Bereich der sachbezogenen Kosten

---

[734] Vgl. Experteninterview Nr. 16, S. 6.

[735] Vgl. Experteninterview Nr. 9, S. 4. Hierbei gilt es zu berücksichtigen, dass sich die Aufwendungen teilweise mit der ersten Anwendung amortisieren können. Vgl. Experteninterview Nr. 13, S. 3.

[736] Vgl. Experteninterview Nr. 14, S. 4.

[737] Vgl. Experteninterview Nr. 12, S. 3.

[738] Vgl. Experteninterview Nr. 16, S. 6. Selbstverständlich ergeben sich durch die Optimierung des Vertriebs- oder Händlernetzes auch Möglichkeiten zur Kosteneinsparung, jedoch werden diese in der Praxis selten gemessen.

Einsparungsmöglichkeiten ergeben.[739] Diese stehen jedoch immer gewissen Investitionskosten (Software, Lizenzen etc.) gegenüber. Die Befragungsergebnisse zeigen sehr deutlich, dass die deutschen Automobilkonzerne in den meisten Bereichen nicht nachweisen können, ob sich durch die Anwendung von Geomarketing sachbezogene Kosteneinsparungen erzielen lassen oder nicht. Gleiches gilt für die Betrachtung der personenbezogenen Kosten. In diesem Bereich stellt die Nutzung von Geomarketing einerseits einen Mehraufwand dar, welcher sich auch hinsichtlich der Kosten bemerkbar macht. Andererseits lassen sich durch die genannten Effizienzvorteile wiederum Einsparungen erreichen, welche jedoch von Seiten der Automobilhersteller ebenfalls nicht quantifiziert werden können, da Kostenaufspaltungen in dieser Form in der Regel nicht gemacht werden.[740] Grundsätzlich muss aus Sicht eines Automobilherstellers immer hinterfragt werden, inwieweit sich der Einsatz eigener Ressourcen im Zusammenhang lohnt.[741] Wenn eine permanente Aktualität sämtlicher Geomarketing-Analysen nicht zwingend erforderlich ist, stellt das Outsourcing an externe Dienstleister im Bereich Geomarketing hier eine Möglichkeit dar, bei welcher nur dann Kosten anfallen, wenn die Analysen benötigt werden.[742] Dies hilft zum einen Kosten einzusparen und führt zum anderen dazu, dass die Transparenz im Hinblick auf die individuellen Kosten pro Aktion erhöht wird.[743]

Zwischenfazit hinsichtlich der kostenorientierten Erfolgspotenziale von Geomarketing:

Bei einer Betrachtung der kostenorientierten Erfolgspotenziale von Geomarketing lässt sich Folgendes festhalten:

- Grundsätzlich sieht sich Geomarketing, insbesondere hinsichtlich einer Quantifizierung der erzielten Kosteneinsparungen, der Problematik gegenübergestellt, dass bei deutschen Automobilherstellern keine Zuordnung einzelner Kosten zu bestimmten Aktionen erfolgt. Demnach lassen sich die jeweiligen Kosteneinsparungen nicht oder nur sehr schwierig messen.

- Die Untersuchungsergebnisse zeigen dennoch deutlich, dass sich durch die Nutzung von Geomarketing direkte Kosteneinsparungen im Bereich des CRM bzw. Direktmarketing erzielen lassen. Die Minderung der Streuverluste und

739 Vgl. Experteninterview Nr. 14, S. 4; sowie auch Experteninterview Nr. 6, S. 4; auch Experteninterview Nr. 15, S. 3.

740 Vgl. Experteninterview Nr. 16, S. 6.

741 Vgl. Experteninterview Nr. 9, S. 3.

742 Vgl. Experteninterview Nr. 14, S. 4.

743 Je nach Spezifität und vorhandenen Ressourcen gilt es auch hier die jeweiligen Vor- und Nachteile eines Outsourcing gegeneinander abzuwägen.

die Reduktion des Versandvolumens stellen aus Sicht der Experten die primären Gründe dar, welche zu direkten Kosteneinsparungen im Bereich des CRM bzw. Direktmarketing führen.

- Auch für den Bereich der Zielgruppenanalyse geben die Experten an, dass sich Kosteneinsparungen durch eine wesentlich genauere Profilierung der einzelnen Zielgruppen, aber auch von Interessenten erzielen lassen, da diese Erkenntnisse andernfalls nur über aufwendige Marktforschungsuntersuchungen erreicht werden könnten.

- Gleiches gilt für den Bereich der Mediaselektion, da Geomarketing aus Sicht der Experten erheblich dazu beitragen kann, dass die vorhandenen Budgets effizient auf die einzelnen Werbeträger allokiert werden können. Die Bedeutung von Geomarketing in diesem Bereich wird insbesondere durch den Trend hin zu einer intensiveren Nutzung von *„below the line-Aktivitäten"* weiter zunehmen.

- Im Bereich der Vertriebs- und Händlernetzplanung liegt der Fokus der deutschen Automobilhersteller auf einer Optimierung der bestehenden Netze. Dementsprechend rückt nicht die Erzielung von Kosteneinsparungen in den Mittelpunkt der Betrachtung, sondern vielmehr die Vermeidung von Fehlentscheidungen, welche unter Umständen erhebliche Folgekosten verursachen können.

- Eine differenzierte Betrachtung der Einsparungsmöglichkeiten hinsichtlich der personen- bzw. sachbezogenen Kosten ist zum jetzigen Zeitpunkt nur schwer möglich. Es kann lediglich festgehalten werden, dass die festgestellten Effizienzvorteile (in Bezug auf die personenbezogenen Kosten) sowie die erzielten Kosteneinsparungen (in Bezug auf die sachbezogenen Kosten) aus Sicht der Experten den Mehraufwand und die erforderlichen Anfangsinvestitionen[744] deutlich überkompensieren.

---

[744] Die Anfangsinvestitionen beziehen sich hier sowohl auf die Kosten für Software und Lizenzen als auch auf die individuellen Projektkosten zur Implementierung von Geomarketing innerhalb eines Unternehmens.

5.2.4 Analyse der zeitorientierten Erfolgspotenziale von Geomarketing

Neben den qualitäts- und kostenorientierten sind auch die zeitorientierten Erfolgspotenziale von Geomarketing Bestandteil der vorliegenden Untersuchung. Hierbei liegt das Hauptaugenmerk auf der Feststellung, ob die deutschen Automobilhersteller durch die Anwendung von Geomarketing grundsätzlich in der Lage sind, Zeiteinsparungen zu erzielen. Die Zeiteinsparungen beziehen sich in diesem Zusammenhang sowohl auf die Durchführung komplexer Analysen (Schnelligkeit) als auch auf die Möglichkeit, auf veränderte Marktbedingungen schnell reagieren zu können (Flexibilität).

Im Gegensatz zu den bereits untersuchten Erfolgspotenzialen von Geomarketing ist bei den Experten hinsichtlich der Beurteilung der zeitorientierten Erfolgspotenziale kein einheitliches Meinungsbild zu erkennen. Insgesamt geben 50% der befragten Experten an, dass sie durch die Nutzung von Geomarketing Zeiteinsparungen feststellen konnten, wobei wiederum die Hälfte nur in einzelnen Teilbereichen. Auf der anderen Seite geben knapp 20% der Experten an, dass sie keine Zeiteinsparungen feststellen konnten, weitere knapp 20% sprechen sogar davon, dass einzelne Prozesse durch Geomarketing länger dauern. Im Folgenden gilt es aus diesem Grund näher zu erläutern, warum lediglich ein Teil der Experten davon überzeugt ist, dass sich durch Geomarketing Zeiteinsparungen erreichen lassen. Zusätzlich gilt es ebenfalls zu hinterfragen, was die konkreten Gründe sind, die gegen das Erreichen selbiger sprechen.

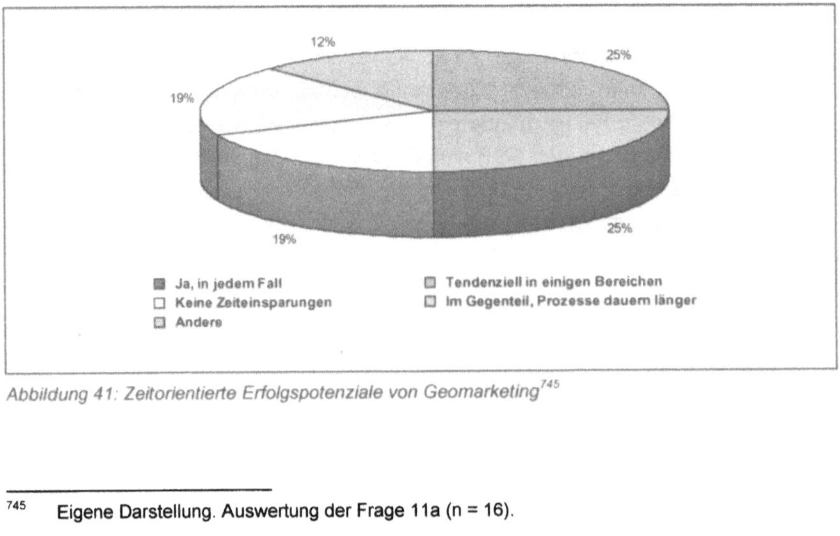

Abbildung 41: Zeitorientierte Erfolgspotenziale von Geomarketing[745]

[745] Eigene Darstellung. Auswertung der Frage 11a (n = 16).

Bei genauer Analyse der einzelnen Anwendungsbereiche von Geomarketing wird deutlich, dass sich die erzielbaren Zeiteinsparungen aus Sicht der Experten nicht auf einzelne Anwendungsbereiche konzentrieren. In nahezu allen Anwendungsbereichen geben ca. 50% der Experten an, dass sich Zeiteinsparungen realisieren lassen.[746] Folglich ist eine Betrachtung der einzelnen Anwendungsbereiche vordergründig weniger von Interesse als eine Analyse der ursächlichen Gründe von Seiten der Experten. Insgesamt geben 88% der Befragten an, dass sie durch Geomarketing in der Lage sind, Effizienzsteigerungen zu erzielen und gleichzeitig auch die Flexibilität zu erhöhen. Insbesondere im Vergleich zu Marktforschungen ergeben sich die Vorteile dadurch, dass einzelne Analysen wesentlich schneller durchgeführt werden können.[747] Dieser Vorteil ist dadurch begründet, dass im Rahmen von Geomarketing-Analysen Informationen, aber vor allem auch die entsprechenden Ergebnisse schneller zur Verfügung stehen, weshalb darauf aufbauende Entscheidungen ebenfalls schneller getroffen werden können.[748] Hinsichtlich der Bedeutung der erzielten Zeiteinsparungen muss jedoch zwischen den einzelnen Anwendungsbereichen differenziert werden. Während diese Zeiteinsparungen im Bereich des CRM bzw. Direktmarketing, aber auch im Rahmen der Mediaselektion eine erhebliche Vereinfachung des operativen Geschäfts darstellen können, haben sie im Bereich der Vertriebs- bzw. Händlernetzplanung eher singulären Charakter und sind aus diesem Grund nicht von besonders hoher Bedeutung für die deutschen Automobilhersteller.[749]

Neben der Schnelligkeit wird vor allem auch die höhere Flexibilität von Seiten der Experten genannt. Hierbei geben diese an, dass durch die Nutzung von Geomarketing die Möglichkeit besteht, Analysevarianten (im Hinblick auf die analysierten Merkmale) flexibel zu ändern und an neue Marktbedingungen anzupassen. Dies führt aus Sicht der Experten nicht nur zu einem reinen Zeitgewinn, sondern kann auch in erheblichem Maß zu Kosteneinsparungen führen.[750] Die Flexibilität zeichnet sich dadurch aus, dass die Anwender innerhalb des Unternehmens Analysen auf einfache Art und Weise auch kurzfristig durchführen können, sofern das jeweilige Know-how unternehmensintern vorhanden ist. Einschränkend ist an dieser Stelle jedoch darauf hinzuweisen, dass sowohl die Schnelligkeit als auch die Flexibilität immer von den jeweiligen Anwendern und dem verfügbaren Datenmaterial abhängig sind. Bei unge-

---

746 Die angegebenen Prozentwerte beziehen sich hierbei immer auf die Anzahl an Experten, die im Rahmen des jeweiligen Anwendungsbereiches geantwortet haben. Vgl. hierfür Kap. 4.2.2.

747 Vgl. Experteninterview Nr. 16, S. 7.

748 Vgl. Experteninterview Nr. 3, S. 5. In diesem Zusammenhang gilt es zu berücksichtigen, dass die Schnelligkeit der Informationsgewinnung nicht zwangsläufig mit der Schnelligkeit der Entscheidungsfindung zusammenhängt, diese jedoch zumindest ermöglicht.

749 Vgl. Experteninterview Nr. 2, S. 6. Der Zeitgewinn stellt zwar eine Erleichterung im Rahmen der operativen Tätigkeit dar, jedoch stehen die bereits erläuterten qualitativen Verbesserungen der Analyseergebnisse hier im Vordergrund.

750 Vgl. Experteninterview Nr. 3, S. 5.

eigneten Mitarbeitern oder schlechten bzw. falschen Daten können zum einen falsche Ergebnisse erzielt werden, und zum anderen kann der Prozess wesentlich länger dauern, so dass sich die genannten Vorteile nicht erzielen lassen.[751] Nur bei richtiger Anwendung lassen sich Verbesserungen hinsichtlich Qualität, Kosten und Zeit realisieren.

Trotz der eben beschriebenen Sachverhalte geben nahezu 40% der befragten Experten an, dass keine Zeiteinsparungen erzielt werden bzw. dass einzelne Prozesse sogar länger dauern. Der Grund ist nach Meinung einiger Experten darin zu sehen, dass die Daten zunächst beschafft und anschließend in einzelnen Prozessschritten analysiert werden müssen, was einen zusätzlichen Mehraufwand bedeutet. Bedingt durch hohe Anzahl an Analysen sowie eventuell notwendige Abstimmungsrunden ergibt sich eine längere Prozessdauer.[752] Grundsätzlich ist dieser Tatsache zuzustimmen, da aufgrund der Durchführung einzelner Analysen mehr Zeit in Anspruch genommen wird, als dies ohne solche der Fall wäre. Hierbei muss jedoch auch sichergestellt sein, dass möglichst die gleichen Sachverhalte miteinander verglichen werden. Zeitlich gesehen ist es sicherlich ein großer Unterschied, ob Briefsendungen im Rahmen einer Direktmarketing-Aktion ohne vorherige Prüfung bzw. Selektion verschickt werden oder ob im Vorfeld einer solchen Aktion detaillierte Analysen vorgenommen werden, um die Response der Direktmarketing-Aktion möglichst zu optimieren.[753] Da die Selektion und Profilierung von Zielgruppen sowohl bei der Planung von zukünftigen Fahrzeugmodellen als auch bei der direkten Kunden- bzw. Interessentenansprache einen Wettbewerbsvorteil im Automobilbereich darstellt und auch von jedem Hersteller betrieben wird, ist ein Vergleich von Geomarketing mit dem sprichwörtlichen *„Nichtstun"* vor dem Hintergrund der erzielbaren Zeiteinsparungen nicht zulässig. Aus diesem Grund kann Geomarketing auch nur mit den bisher genutzten Verfahren zur Zielgruppensegmentierung bzw. Adressqualifizierung verglichen werden. Im Vergleich mit diesen Verfahren bestätigt die Mehrheit der Experten, dass, bedingt durch die in der Automobilindustrie vorhandenen Datenmengen, Geomarketing ein geeignetes Instrument darstellt, mit dessen Hilfe auch Zeiteinsparungen erzielt werden können.[754]

---

751 Vgl. Experteninterview Nr. 14, S. 5. Ergänzend muss ebenfalls darauf hingewiesen werden, dass im Rahmen von Geomarketing lediglich Daten analysiert werden können, die auch in der internen Datenbank oder bei externen Anbietern verfügbar sind. Sollten die erforderlichen Daten nicht vorhanden sein, so bleibt keine andere Möglichkeit, als auf die Marktforschung zurückzugreifen.

752 Vgl. Experteninterview Nr. 1, S. 4; sowie auch Experteninterview Nr. 13, S. 3.

753 Vgl. Experteninterview Nr. 12, S. 4.

754 Vgl. u.a. Experteninterview Nr. 15, S. 3.

Die Diskussion der zeitorientierten Erfolgsfaktoren zeigt zwei Dinge sehr deutlich: Zum einen ist die Realisierung von Zeiteinsparungen stark von dem im Unternehmen (oder beim beauftragten Dienstleister) vorhandenen Know-how abhängig. Insbesondere im Rahmen der Prozessimplementierung kann die Nutzung von Geomarketing einen erheblichen Mehraufwand bedeuten, welcher erst mit zunehmender Erfahrung verringert wird. Hierbei zeigen die Untersuchungsergebnisse, dass es große Unterschiede bei den deutschen Herstellern hinsichtlich des Know-hows, aber auch hinsichtlich der Erfahrung mit Geomarketing gibt. Während einzelne Hersteller bereits über profunde Kenntnisse verfügen und die Vorteile von Geomarketing auch deutlich erkennbar sind, befinden sich andere Hersteller diesbezüglich noch am Anfang. Zum anderen zeigt sich ebenfalls, dass nicht nur im anfänglichen Stadium, sondern auch bei fortgeschrittener Nutzung die qualitativen und kostenseitigen Verbesserungen der Analyseergebnisse im Vordergrund stehen. Während der Faktor *„Flexibilität"* aus Sicht der Experten durchaus eine qualitative Verbesserung darstellen kann, wird insbesondere dem Faktor *„Schnelligkeit"* eher eine beiläufige Bedeutung beigemessen, da die Gewichtung des Faktors *„Flexibilität"* deutlich überwiegt.

Zwischenfazit hinsichtlich der zeitorientierten Erfolgspotenziale von Geomarketing:

Bei einer Betrachtung der zeitorientierten Erfolgspotenziale von Geomarketing lässt sich Folgendes festhalten:

- Die Untersuchungsergebnisse zeigen, dass mit Hilfe von Geomarketing Zeiteinsparungen im Rahmen von Analysen möglich sind, wobei sich diese größtenteils unabhängig vom jeweiligen Anwendungsbereich erzielen lassen.

- Die Bedeutung der erzielbaren Zeiteinsparungen ist jedoch vom jeweiligen Anwendungsbereich abhängig: Während sie im Bereich des CRM bzw. Direktmarketing, aber auch im Rahmen der Mediaselektion, eine erhebliche Vereinfachung des operativen Geschäfts darstellen können, haben sie im Bereich der Vertriebs- bzw. Händlernetzplanung eher singulären Charakter und sind deshalb aus Anwendersicht nicht von besonderer Bedeutung.

- Die Realisierung von Zeiteinsparungen ist in starkem Maße abhängig von dem im Unternehmen vorhandenen Know-how in Bezug auf die Nutzung von Geomarketing. Je höher der Kenntnisstand bzw. die Nutzungsintensität, desto eher lassen sich Zeiteinsparungen erzielen.

- Insgesamt stehen aus Sicht der Experten die mit der Nutzung von Geomarketing verbundenen qualitativen und kostenseitigen Verbesserungen der Analyseergebnisse im Vordergrund, wohingegen die reine Schnelligkeit lediglich zweitrangig ist. Bei einer Gegenüberstellung von Schnelligkeit und Flexibilität wird dem Zugewinn an Flexibilität von Seiten der Experten eine weitaus größere Bedeutung beigemessen.

5.2.5 Anwendungsbereiche von Geomarketing auf europäischen Märkten

Nachdem nun sehr ausführlich analysiert wurde, in welchen Anwendungsbereichen und mit welcher Intensität Geomarketing auf dem deutschen Markt genutzt wird, gilt es ebenfalls zu untersuchen, inwiefern Geomarketing deutsche Automobilhersteller bei der Bearbeitung europäischer Märkte unterstützen kann. Wie die bisherigen Ausführungen zeigen, stößt die indirekte Kommunikation, im Sinne der klassischen Werbung, insbesondere bei der Neukundenakquisition, aber auch bei der Kommunikation mit bestehenden Kunden schnell an ihre Grenzen.[755] Eine direkte Ansprache der ermittelten Zielgruppe stellt aus diesem Grund einen Ansatz dar, die Verbundenheit von Konsumenten mit den jeweiligen Herstellern zu erhöhen und folglich die Möglichkeit hin zu einer langfristigen Kundenbindung zu ebnen.[756] Geomarketing kann dabei aus Sicht der deutschen Hersteller auch auf europäischen Märkten einen grundsätzlichen Vorteil bieten, da selbige mit diesem Instrument in der Lage sind, die genaue Zielgruppe zu ermitteln, die individuellen Werbeträger auszuwählen sowie das Vetriebs- bzw. Händlernetz auf die jeweiligen Strukturen in den einzelnen Ländern anzupassen. Beeinflusst wird der Erfolg von Geomarketing jedoch maßgeblich von zwei Komponenten: den zur Verfügung stehenden Daten und der jeweiligen Marktsituation.

Grundsätzlich stimmen alle befragten Experten zu, dass sich die auf dem deutschen Markt identifizierten Erfolgspotenziale von Geomarketing auch auf anderen Märkten realisieren lassen bzw. in der Praxis auch realisiert werden.[757] Ausschlaggebend für den Erfolg von Geomarketing ist dabei ausnahmslos die Qualität der angebotenen Daten. Hier lassen sich jedoch in einzelnen Ländern teilweise große Unterschiede hinsichtlich der Granularität, der Aktualität bzw. der Inhalte von Daten feststellen.[758]

---

755 Vgl. Belz, C.: Strategisches Direct Marketing – Vom sporadischen Direct Mail zum professionellen Database Management, Wien 1997, S. 29.

756 Vgl. Holland, H./ Steeg, S. (1998), S. 22; vgl. auch Töpfer, A.: Erfolgsfaktoren beim Einsatz von Direktmarketing, in: Töpfer, A. (Hrsg.): Direktmarketing mit neuen Medien, 3. Aufl., Landsberg/ Lech 1993, S. 3-34.

757 Vgl. u.a. Experteninterview Nr. 17, S. 5; sowie auch Experteninterview Nr. 3, S. 5.

758 Vgl. Experteninterview Nr. 1, S. 4.

Wie bereits in Kap. 2.3.4 dargestellt, ist eine genaue und umfassende Datenbasis der elementare Grundstein für erfolgreiche Geomarketing-Analysen, welche jedoch nicht in allen Ländern Europas gleichermaßen gewährleistet ist. So wird von Seiten der Experten angegeben, dass beispielsweise in England, Dänemark und Schweden sehr genaues Datenmaterial zur Verfügung steht, was für Deutschland nicht der Fall ist. Der Grund für die höhere Qualität der Daten kann einerseits damit angegeben werden, dass die Daten wesentlich kleinräumiger sind und die entsprechenden Auswertungen folglich genauer durchgeführt werden können. Andererseits stehen in den einzelnen Ländern teilweise wesentlich mehr Daten zur Verfügung, da die Datenschutzbestimmungen nicht so rigide sind wie in der Bundesrepublik Deutschland. So war es vor nicht allzu langer Zeit in einzelnen Ländern, z.B. England, noch möglich, Informationen bis auf einzelne Haushalte *„herunterzubrechen"*. Im Rahmen des EU-Datenschutzgesetzes hat jedoch auch hier eine Angleichung stattgefunden, so dass dieser Vorteil aktuell nicht mehr genutzt werden kann bzw. nicht mehr in diesem Maße zum Tragen kommt.[759]

Insgesamt wird von Seiten der meisten Experten bestätigt, dass das in Deutschland vorhandene Datenmaterial im Vergleich zu anderen europäischen Ländern durchaus als *„gut"* zu bezeichnen ist. Hierbei sind für den Automobilbereich die Daten des KBA besonders hervorzuheben, da nur wenige europäische Länder über eine solch genaue Datengrundlage verfügen.[760] Beispielsweise sind die deutschen Hersteller in Frankreich, Italien und Spanien nicht in der Lage, die Anzahl der verkauften Autos nach Regionen zu unterteilen bzw. die Zielgruppen innerhalb einzelner Regionen zu lokalisieren. Aus diesem Grund sind bei der Zielgruppenanalyse bzw. der Mediaselektion teilweise gravierende Unterschiede gegenüber führenden Ländern in diesem Bereich, wie z.B. England, zu erkennen, da den Herstellern hier die notwendigen Daten fehlen. Daran anknüpfend ergibt sich eine Reihe weiterer Konsequenzen für die Planung und Optimierung von Vertriebs- und Händlernetzen, da diese stark von der lokalisierten Zielgruppe abhängig sind. Hieran kann sehr gut verdeutlich werden, dass die Datenqualität und die Datenverfügbarkeit entscheidend den Erfolg von Geomarketing-Analysen beeinflusst. Auch gravierende regionale Unterschiede innerhalb einzelner Länder, beispielsweise Nord- und Süditalien, haben einen großen Einfluss auf die jeweiligen Ergebnisse. So kann es anhand der gezeigten Beispiele durchaus der Fall sein, dass sich die im Rahmen der vorangegangenen Kapitel dargestellten Erfolgspotenziale von Geomarketing in einzelnen Ländern Europas nicht oder nicht in dem genannten Maße realisieren lassen. Grund dafür ist die mangelnde Datenqualität bzw. Datenverfügbarkeit.

---

[759] Vgl. Experteninterview Nr. 1, S. 4.
[760] Vgl. Experteninterview Nr. 3, S. 5.

Bezogen auf die deutschen Automobilhersteller gilt es bei der Betrachtung der europäischen Märkte noch einen weiteren Aspekt zu berücksichtigen. Neben der Datenqualität beeinflussen das Know-how und die Erfahrung in diesem Bereich entscheidend die Qualität der Analyseergebnisse. Bedingt durch die Tatsache, dass die deutschen Hersteller *„neue“* Instrumente in der Regel erst auf dem heimischen Markt implementieren, sind die Vorteile der Nutzung von Geomarketing auf anderen Märkten erst sukzessive zu erkennen, auch wenn von den meisten Experten bestätigt wird, dass es innerhalb Westeuropas bereits weit verbreitet Anwendung findet.[761]

Parallel zu der bereits diskutierten Datenqualität bzw. Datenverfügbarkeit ist auch die jeweilige Marktsituation von entscheidender Bedeutung für die Nutzung von Geomarketing. Bedingt durch die EU-Osterweiterung können deutsche Hersteller nun auch die osteuropäischen Märkte wesentlich einfacher und schneller erschließen. Aus Sicht der deutschen Hersteller wird diesen Märkten auch eine gewisse Bedeutung beigemessen, jedoch aufgrund der geringeren Größe bei weitem nicht das Interesse eines amerikanischen oder chinesischen Marktes zuteil. Folglich kann der osteuropäische Markt aus Sicht der deutschen Hersteller durchaus als Wachstumsmarkt bezeichnet werden, welcher aber aufgrund seines relativ geringen Volumens keine besonders hohe strategische Bedeutung aufweist. Während die meisten deutschen Hersteller in der Vergangenheit mit einzelnen autorisierten Importeuren arbeiteten, werden nun immer häufiger direkte Niederlassungen oder Händlerstützpunkte gegründet. Zwar wäre auch in diesem Stadium die Nutzung von Geomarketing von Vorteil, jedoch werden Standort- oder Vertriebsnetzentscheidungen zum jetzigen Zeitpunkt rein auf Basis von Verkaufszahlen getroffen, ohne andere Faktoren näher zu berücksichtigen. In diesem Zusammenhang gilt es jedoch auch zu beachten, dass die im Rahmen einer Zielgruppenanalyse notwendigen Daten häufig nicht vorhanden sind und deshalb auch nicht für Analysen herangezogen werden können. Die Entwicklung von Geomarketing steckt in diesen Ländern sprichwörtlich noch *„in den Kinderschuhen“* und wird erst in den kommenden Jahren an Bedeutung gewinnen. Im Umkehrschluss zeigt dies jedoch auch sehr deutlich, dass Geomarketing aus Sicht der deutschen Automobilhersteller wesentlich stärker als Instrument zur Optimierung eines bestehenden Systems auf gesättigten Märkten gesehen bzw. genutzt wird, und

761 Vgl. Experteninterview Nr. 17, S. 5.

selten zur Entwicklung von neuen Strategien, wie beispielsweise der Erschließung neuer Märkte, herangezogen wird.[762]

Zwischenfazit hinsichtlich der Anwendungsmöglichkeiten von Geomarketing auf europäischen Märkten:

Bei einer Betrachtung der Anwendungsmöglichkeiten von Geomarketing auf europäischen Märkten lässt sich Folgendes festhalten:

- Die Untersuchungsergebnisse zeigen, dass sich die auf dem deutschen Markt identifizierten Erfolgspotenziale von Geomarketing auch auf anderen Märkten realisieren lassen bzw. in der Praxis auch realisiert werden.

- Sowohl die Datenverfügbarkeit als auch besonders die entsprechende Datenqualität sind Grundvoraussetzungen für den Erfolg von Geomarketing-Analysen.

- Die Marktsituation auf den einzelnen europäischen Märkten hat entscheidenden Einfluss auf die Nutzungsintensität von Geomarketing in dem jeweiligen Markt. Zum heutigen Zeitpunkt wird Geomarketing aus Sicht der Automobilhersteller eher als Optimierungsinstrument auf gesättigten Märkten gesehen und weniger als strategisches Instrument zur Erschließung neuer Märkte.

- Im Vergleich mit anderen europäischen Ländern schneidet das in Deutschland zur Verfügung stehende Datenmaterial gut ab. Insbesondere die KBA-Daten stellen aus Sicht der Experten einen guten Ansatzpunkt für Analysen dar. Einzig die sachbezogenen Daten sind in einzelnen europäischen Ländern (bspw. England) in größerem Umfang und in höherer Kleinräumigkeit verfügbar.

---

762 Sicherlich gilt es in diesem Zusammenhang nochmals darauf hinzuweisen, dass das zur Verfügung stehende Datenmaterial in der Regel nicht dazu ausreicht, profunde Analyseergebnisse zu liefern. Dennoch werden die Möglichkeiten von Geomarketing in aller Regel überhaupt nicht in Erwägung gezogen, da auf so genannten Wachstumsmärkten keine Notwendigkeit zur Optimierung einzelner Sachverhalte gesehen wird.

5.3 Zusammenfassende Bewertung der Ergebnisse der explorativen Expertenbefragung und Ableitung von Handlungsempfehlungen

In diesem Abschnitt sollen nun die Ergebnisse der explorativen Expertenbefragung zusammenfassend dargestellt werden. Selbige geben einen guten Überblick über den derzeitigen Entwicklungsstand des Geomarketing in der deutschen Automobilindustrie sowie dessen potenzielle Entwicklung in der Zukunft. Auch wenn die Ergebnisse aufgrund des explorativen Charakters und der damit verbundenen geringen Stichprobengröße nicht zu verallgemeinern sind, lassen sich dennoch Tendenzaussagen ableiten.

Basierend auf dem in Kap. 4.3.3.3 entworfenen Messmodell sollte analysiert werden, inwiefern Geomarketing einen Erfolgsfaktor für die deutsche Automobilindustrie darstellt und durch welche spezifischen Merkmale dieser bedingt wird. Die dabei zugrunde gelegte Dreiteilung in qualitätsorientierte, kostenorientierte und zeitorientierte Erfolgspotenziale erwies sich dabei als durchaus geeignet, um das Instrument Geomarketing sowohl hinsichtlich der Breite als auch der Tiefe zu analysieren. Basierend auf den gezogenen Zwischenfazits lassen sich die im Rahmen der Analyse gesammelten Erkenntnisse wie folgt zusammenfassen:

1. Die Untersuchungsergebnisse zeigen, dass die deutschen Hersteller die Bedeutung des Instruments Geomarketing erkannt haben. Alle deutschen Automobilhersteller nutzen Geomarketing aktuell, und es sind deutliche Bestrebungen erkennbar, die Nutzung auf zusätzliche Geschäftsbereiche auszuweiten.

2. Trotz der weiten Verbreitung von Geomarketing sieht sich dieses Instrument in vielen Unternehmensbereichen dennoch mit der Problematik konfrontiert, dass der konkrete Nutzen nicht bekannt ist. Dies hat sich als offensichtliches Hindernis bei der Verbreitung von Geomarketing erwiesen. Als problematisch zeigt sich in diesem Zusammenhang ebenfalls, dass eine Vielzahl der mit Hilfe von Geomarketing erzielbaren Verbesserungen in der Automobilindustrie nicht gemessen wird bzw. nicht gemessen werden kann. Bedingt durch die Tatsache, dass die Verbreitung einzelner Instrumente in erheblichem Maße von den kommunizierten Erfolgen abhängt, sieht sich Geomarketing in diesem Zusammenhang vereinzelt Barrieren gegenübergestellt. Selbige treten unter anderem dadurch auf, dass eine abteilungsübergreifende Kommunikation in vielen Konzernen nur unzureichend stattfindet, oder

aber dadurch, dass die erforderlichen Anfangsinvestitionen bedingt durch die teilweise unklaren Anwendungsgebiete abschreckend wirken.

3. Dennoch geben mindestens 50% der befragten Experten an, dass die Qualität der Analyseergebnisse in sämtlichen Anwendungsbereichen erheblich verbessert werden konnte. Ferner bestätigt die Mehrheit der Befragten, dass sich bei verbesserter Qualität der Analyseergebnisse gleichzeitig sowohl der Kosten- als auch der Zeitaufwand reduzieren lässt. Unabhängig vom spezifischen Anwendungsbereich bzw. dem individuellen Nutzen innerhalb der einzelnen Anwendungsbereiche, lassen sich vor allem die Genauigkeit der Ergebnisse und die Möglichkeit zur Visualisierung selbiger als zentrale Vorteile von Geomarketing identifizieren.

4. Sowohl im Bereich der Zielgruppenanalyse als auch im Bereich der Vertriebsplanung wird von Seiten der befragten Experten bestätigt, dass sich durch die Nutzung von Geomarketing erhebliche Qualitätsverbesserungen der Analyseergebnisse eingestellt haben. Durch das Hinzukaufen von unternehmensexternen Daten, wie beispielsweise demographischen, ökonomischen oder sozialen Strukturmerkmalen, verbunden mit einer detaillierten Analyse der unternehmensinternen Daten, sind Automobilhersteller im Rahmen der Zielgruppenanalyse in der Lage, Klassifikationen von Kunden, aber vor allem auch von Interessenten vorzunehmen und zusätzlich zu begründen. Gleiches gilt für die zukünftige Ausrichtung der Vertriebsgebiete, da mit Hilfe von Geomarketing nicht nur vernachlässigte Vertriebsgebiete identifiziert werden können, sondern selbige auch anhand der ermittelten Ergebnisse optimiert werden können. Durch die Nutzung von Geomarketing können sämtliche unternehmensinternen Prozesse (Marketing, Vertrieb und Service) gezielt auf die bestehenden Kundengruppen, aber auch auf potenzielle Interessenten, ausgerichtet werden.

5. Im Bereich der Standortplanung bzw. Händlernetzplanung liegen die konkreten Vorteile von Geomarketing primär in der Standortbewertung sowie in der Standortoptimierung. Der Grund dafür ist in der Tatsache zu finden, dass Entscheidungen zur Standortneugründung (insbesondere bei der Errichtung von neuen Produktionsstätten) in der Regel auf Basis von politischen, steuerlichen oder sonstigen unternehmensinternen Gründen getroffen werden. Bedingt durch das historisch gewachsene Händlernetz, die vorherrschende Überversorgung der Märkte sowie die Stagnation der Verkaufszahlen in Europa sind die deutschen Hersteller verstärkt auf der Suche nach Instrumen-

ten, mit deren Hilfe Optimierungspotenziale in diesem Bereich aufgedeckt werden können. Aus Sicht der befragten Experten dient Geomarketing in diesem Zusammenhang jedoch lediglich der Entscheidungsunterstützung, nicht aber der Strategiefindung.

6. Auch wenn die Vorteile von Geomarketing im Bereich der Mediaselektion von Seiten der Experten durchaus erkannt werden, konnte sich das Instrument zum jetzigen Zeitpunkt noch nicht umfassend durchsetzen. Der Grund für diese Tatsache ist zum einen darin zu sehen, dass eine Regionalisierung bei *„above the line-Aktivitäten"* aus Sicht der Automobilhersteller zum jetzigen Zeitpunkt nicht angestrebt wird. Zum anderen liegt dies an der aktuell nicht vorhandenen Bereitschaft, erzielte Qualitätsverbesserungen im Rahmen der Werbezielerreichung im Nachhinein zu messen. Aus jetziger Sicht wird die Notwendigkeit der Nutzung von Geomarketing lediglich auf Händlerebene gesehen. Zukünftig kann jedoch davon ausgegangen werden, dass durch die konsequente Verbreitung von *„below the line-Aktivitäten"* die Bedeutung von Geomarketing erheblich zunehmen wird.

7. Aus Sicht der Experten lassen sich insbesondere im Bereich des CRM bzw. Direktmarketing direkte Kosteneinsparungen durch die Nutzung von Geomarketing erzielen. Aber auch in sämtlichen anderen Bereichen wird von der Mehrheit der Experten bestätigt, dass sich in ihnen Kosteneinsparungen realisieren lassen. Als problematisch erweist sich hierbei jedoch, dass die deutschen Automobilhersteller die Kosten nicht auf einzelne konkrete Bereiche *„herunterbrechen"* können. Folglich ist eine exakte Quantifizierung der erzielten Kosteneinsparungen nicht möglich.

8. Die Untersuchungsergebnisse machen gleichzeitig deutlich, in welchen Bereichen der Mehrwert von Geomarketing aus Sicht der Experten zu sehen ist. Es zeigt sich, dass die qualitativen Verbesserungen der Analyseergebnisse zweifelsohne den größten Einfluss auf den Erfolg von Geomarketing im Automobilherstellerbereich haben und folglich einen konkreten Mehrwert darstellen. Selbige sind der Hauptgrund für die Nutzung von Geomarketing, wohingegen die Erzielung von Kosten- und Zeiteinsparungen lediglich einen positiven Nebeneffekt darstellen, welcher mit wachsender Intensität der Nutzung und zunehmender Erfahrung in diesem Bereich erzielt werden kann.

9. Die angesprochenen Vorteile von Geomarketing lassen sich aus Sicht der deutschen Automobilhersteller auch bei der Erschließung und Bearbeitung

von europäischen Märkten erzielen. In Anlehnung an den deutschen Markt stellt auch in diesem Fall die Datenverfügbarkeit, aber vor allem die Datenqualität die Grundvoraussetzung für den Erfolg von Geomarketing dar. Nur wenn beide Aspekte gewährleistet sind, lassen sich die betrachteten Erfolgspotenziale realisieren. Zusätzlich zur Datenverfügbarkeit bzw. Datenqualität hat die Marktsituation auf den einzelnen europäischen Märkten einen entscheidenden Einfluss auf die Nutzungsintensität von Geomarketing. Zum jetzigen Zeitpunkt kann konstatiert werden, dass Geomarketing aus Sicht der Automobilhersteller eher als Optimierungsinstrument auf gesättigten Märkten gesehen wird und weniger als strategisches Instrument zur Erschließung neuer Märkte.

Zusammenfassend lässt sich demnach an dieser Stelle festhalten, dass sich die von der Theorie proklamierten Vorteile von Geomarketing auch aus Sicht der deutschen Automobilhersteller realisieren lassen. Dies bestätigen die Experten mit ihren Aussagen im Rahmen der explorativen Expertenbefragung. Einschränkend gilt es jedoch anzumerken, dass die diskutierten Vorteile nicht in allen Bereichen gleichermaßen realisiert werden können und eine differenzierte Betrachtung der einzelnen Anwendungsbereiche zwingend erforderlich ist. Die Untersuchungsergebnisse zeigen ebenfalls, dass mangelnde Kenntnis der konkreten Anwendungsbereiche sowie unzureichendes Know-how im Umgang mit Geomarketing die zentralen Aspekte in der Praxis darstellen, die einer erfolgreichen Nutzung von Geomarketing und der damit verbundenen Realisierung von Erfolgspotenzialen entgegenstehen.

Auch wenn im Rahmen der Untersuchung auf eine Unterscheidung zwischen deutschen Automobilherstellern und Dienstleistern im Bereich Geomarketing bewusst verzichtet wurde, ist diese bei der Ableitung von konkreten Handlungsempfehlungen zwingend erforderlich. Aus Sicht der deutschen Automobilhersteller ist der Einfluss auf die Qualität von unternehmensexternen Daten als relativ gering einzuschätzen, weshalb der Fokus primär auf die unternehmensinternen Daten gelegt werden sollte. Hierbei gilt es aus Unternehmenssicht die Datengenauigkeit sowie die Datenverfügbarkeit zu optimieren, um auf diese Art und Weise die Realisierung der Erfolgspotenziale von Geomarketing zu ermöglichen. Die Verfügbarkeit einer umfassenden unternehmensinternen Datenbank, welche in regelmäßigen Abständen aktualisiert wird, kann dabei als Grundstein für eine erfolgreiche Nutzung von Geomarketing gesehen werden. Auch wenn sämtliche Automobilhersteller über eine solche verfügen, ist vielfach nicht sichergestellt, dass sämtliche kundenrelevanten Daten, aber auch solche von potenziellen Interessenten (bspw. durch das Internet) in der Datenbank gespeichert bzw. auf einem aktuellen Stand gehalten werden. Ferner muss aus Sicht der deutschen Hersteller ein Anreizsystem geschaffen werden, welches einen optimalen Datenfluss zwischen Hersteller und Händler ermöglicht. Selbst wenn die Bedeutung des Händlers als direkter Kontakt zum Kunden zukünftig wahrscheinlich abnehmen wird, so stellt er dennoch gegenwärtig eine entscheidende Informationsquelle im Zusammenhang mit Kundendaten dar. Die Untersuchungsergebnisse der vorliegenden Arbeit zeigen ebenfalls, dass die Potenziale von Geomarketing aufgrund der teilweise mangelnden Kenntnis im Hinblick auf die konkreten Nutzenvorteile (insbesondere im Hinblick auf Zeit- und Kosteneinsparungen) vielfach nicht in vollem Umfang realisiert werden. Dies kann unter anderem dadurch begründet werden, dass einzelne Abteilungen häufig vollkommen unabhängig voneinander arbeiten und ein interner Informationsaustausch nahezu gänzlich ausbleibt. Trotz der enormen Größe einzelner Abteilungen sollte diesbezüglich aus Unternehmenssicht ein abteilungsübergreifender Informationsaustausch angestrebt werden, welcher zum einen Synergieeffekte schafft und zum anderen hilft, kostspielige Fehlentscheidungen zu vermeiden.

Zusätzlich zu den deutschen Automobilherstellern kann auch bei den Dienstleistern im Bereich Geomarketing ein gewisser Handlungsbedarf identifiziert werden. Aufgrund des relativ geringen Einflusses auf das interne Datenmaterial eines Automobilherstellers sollte der Fokus der Dienstleister, insbesondere der Datenanbieter, auf der Datenqualität von unternehmensexternen Daten liegen. Neben der reinen Qualität sollte in diesem Zusammenhang vor allem eine Konzentration auf die spezifischen Bedürfnisse der einzelnen Branchen erfolgen, um auf diese Art und Weise die individuellen branchenspezifischen Erfordernisse (insbesondere im Hinblick auf das Aggregationsniveau) adäquat befriedigen zu können. Ferner sollten von Seiten der Dienstleister Bestrebungen unternommen werden, die durch eine Nutzung von Geomarketing begründeten Erfolge ex post zu quantifizieren, da lediglich messbare Erfolge zu einer kommunikativen Verbreitung eines Instruments beitragen.

6 Schlussbetrachtung und Ausblick

Ausgehend von einer mangelnden theoretischen Fundierung des Instruments Geomarketing galt es im Rahmen der vorliegenden Arbeit einerseits auf Basis eines systematischen Ansatzes die existierenden Wissenslücken aus Sicht der Theorie zu schließen und andererseits die Erfolgspotenziale von Geomarketing am Beispiel der deutschen Automobilhersteller zu analysieren. Vor diesem Hintergrund war das zentrale Erkenntnisziel darin zu sehen, ein grundlegendes Verständnis des Instruments Geomarketing zu vermitteln und Antworten auf die Fragen zu geben,

- *inwiefern das Instrument Geomarketing einen Erfolgsfaktor für die deutschen Automobilhersteller darstellt,*
- *wo die konkreten Anwendungsbereiche von Geomarketing in der Automobilindustrie liegen,*
- *welche Determinanten den Erfolg von Geomarketing aus Sicht der Praxis bestimmen und*
- *welche Hindernisse der Realisierung von Erfolgspotenzialen entgegenstehen.*

Im Mittelpunkt der Betrachtung stand dabei zunächst eine grundlagenorientierte Analyse des Instruments Geomarketing, welche dazu diente, eine Systematisierung der mit Geomarketing im Zusammenhang stehenden Begriffe vorzunehmen. Hierbei konnte von der Metaebene ausgehend konstatiert werden, dass es sich bei Geomarketing sowohl um eine begriffliche als auch um eine inhaltliche Weiterentwicklung der Mikrogeographischen Marktsegmentierung handelt, welche insbesondere durch den Fortschritt im Bereich der Informationstechnologien begünstigt wird. Ferner wurde deutlich, dass Geomarketing sämtliche konstituierenden Elemente des traditionellen Marketingverständnisses, nämlich die Analyse, Planung, Durchführung und Steuerung der Marktaktivitäten, enthält. Dies diente gleichzeitig auch als Ausgangsbasis für die Erkenntnis, dass es sich bei Geomarketing aus Sicht der Wissenschaft um einen eigenständigen Marketingbereich handelt und nicht um einen Teilaspekt eines bereits bestehenden Bereichs. Als differenzierender Faktor zu anderen Marketingbereichen konnte in diesem Zusammenhang die Integration des räumlichen Bezugs der untersuchten Daten durch den Einsatz von GIS gesehen werden, welcher gleichzeitig auch die Besonderheit von Geomarketing verdeutlicht.

Betrachtet man aufbauend auf der grundlegenden Analyse von Geomarketing die spezifischen Anwendungsgebiete im Bereich der Automobilindustrie, so konnten vier *„Hauptanwendungsgebiete"* identifiziert werden: die Zielgruppenanalyse, die Mediaselektion, die Vertriebsplanung sowie die Standortplanung/ Händlernetzoptimierung. Hierbei bildete die ausführliche Beschreibung und Erläuterung der unterschiedlichen Anwendungsbereiche von Geomarketing in der Automobilindustrie eine Ergänzung zu den theoretischen Grundlagen und kann aus diesem Grund als notwendiger Schritt für eine grundlagenorientierte Betrachtungsweise gesehen werden. Die in diesem Zusammenhang vorgestellten Methoden und Möglichkeiten fungierten dabei gleichzeitig auch als Ausgangspunkt für die explorative Expertenbefragung, da die aus Sicht der Theorie identifizierten Anwendungsgebiete im Rahmen selbiger auf ihre Verbreitung und Nutzung in der Praxis hin überprüft wurden.

Im Anschluss an die Identifikation der einzelnen Anwendungsgebiete lag der Fokus auf der Entwicklung eines geeigneten Messmodells, mit dessen Hilfe es festzustellen galt, inwiefern das Instrument Geomarketing einen Erfolgsfaktor für die deutschen Automobilhersteller darstellt. Hierbei wurde in einem ersten Schritt auf die exisitierende Literatur zur empirischen Erfolgsfaktorenforschung bzw. zum Terminus *„Erfolg"* zurückgegriffen, der als Ausgangspunkt für die Entwicklung des Messmodells diente. In einem zweiten Schritt konnte der direkte Zusammenhang zwischen Erfolgspotenzialen und einem strategischen Erfolgsfaktor herausgearbeitet werden, welcher sich in der Form zeigte, dass ein Erfolgsfaktor durch das Ausschöpfen der Erfolgspotenziale determiniert wird. Basierend auf dieser Erkenntnis konnten abschließend drei Dimensionen von Erfolgspotenzialen identifiziert werden, nämlich die qualitätsorientierten, die kostenorientierten und die zeitorientierten Erfolgspotenziale, anhand derer im Rahmen der explorativen Expertenbefragung die Auswirkungen von Geomarketing im Bereich der deutschen Automobilhersteller ermittelt wurden. Das hierbei entwickelte Prüfschema erwies sich dabei als durchaus geeignet, Einschätzungen hinsichtlich der Erfolgspotenziale von Geomarketing aus Sicht der deutschen Automobilhersteller zu erlangen und gleichzeitig auch Barrieren bei der Realisierung von Erfolgspotenzialen zu identifizieren.

Vor diesem Hintergrund kann unter Berücksichtigung der bereits vorgelegten Zwischenergebnisse der zentrale Erkenntnisgewinn der Arbeit wie folgt zusammengefasst werden:

1. Basierend auf den vorliegenden Ergebnissen kann dem Instrument Geomarketing eindeutig attestiert werden, dass die Nutzung desselben positive Auswirkungen auf den Erfolg der deutschen Automobilhersteller im Hin-

blick auf die identifizierten Anwendungsgebiete hat. Dies kann nicht nur durch die vorliegenden Untersuchungsergebnisse, sondern unter anderem auch dadurch begründet werden, dass sämtliche deutschen Automobilhersteller Geomarketing aktuell nutzen und konkrete Bestrebungen zu erkennen sind, die Nutzung durch die Ausweitung auf weitere Unternehmensbereiche zu intensivieren. Unabhängig vom jeweiligen Anwendungsgebiet gibt die Mehrheit der Befragten an, dass die Qualität der Analyseergebnisse bei gleichzeitiger Kosten- und Aufwandsreduktion erheblich verbessert werden konnte. Daraus schließend kann bestätigt werden, dass es sich bei Geomarketing um einen Erfolgsfaktor handelt, welcher von den deutschen Automobilherstellern auch in nahezu allen Bereichen als solcher erkannt wird.

2. Dem Geomarketing eröffnet sich in der Automobilindustrie ein breites Einsatzfeld, wobei die Hauptanwendungsgebiete aktuell im Bereich des CRM und Direktmarketing sowie in der Zielgruppenanalyse liegen. Die unterschiedlichen Ausprägungen in den mikrogeographischen Segmenten ermöglichen hier konkrete Rückschlüsse auf die Wertvorstellungen und Interessen der angestrebten Zielgruppen und sind aus diesem Grund in besonderem Maße geeignet, die inhaltliche Gestaltung kommunikativer Maßnahmen zu beeinflussen bzw. zu unterstützen. Vor allem durch die Kombination aus mikrogeographischen Segmentbeschreibungen und psychologischen Verbrauchermerkmalen ergeben sich neue Möglichkeiten zur Bearbeitung bestehender Kundengruppen, aber insbesondere auch von neuen, bisher nicht identifizierten potenziellen Kunden. Verbunden mit einer detaillierten Analyse der unternehmensinternen Daten sind die deutschen Automobilhersteller im Rahmen der Zielgruppenanalyse in der Lage, Klassifikationen von Kunden und potenziellen Interessenten vorzunehmen und fundiert zu begründen. Selbiger Prozess lässt sich auch auf die Vertriebsgebietsplanung bzw. Standortplanung/Händlernetzplanung übertragen, da mit Hilfe von Geomarketing nicht nur vernachlässigte Vertriebsgebiete bzw. Standorte identifiziert, sondern diese auch auf Basis der ermittelten Ergebnisse optimiert werden können.

3. Bedingt durch die geographische Bezugsbasis der Daten und die damit verbundene Fähigkeit, eine identifizierte Zielgruppe gezielt anzusprechen, erschließen sich vor allem im Bereich der Mediaselektion bzw. genauer im Bereich der Werbeträgerplanung Möglichkeiten zur Effizienzsteigerung durch die Einbeziehung von geographischen Informationen. Im Bereich der

Mediaselektion, aber auch im Bereich des CRM kann Geomarketing aufgrund der kleinräumigen Steuerbarkeit zur Vermeidung von Streuverlusten und damit zu einer effizienteren Allokation von Budgets beitragen. Dieser Vorzug wirkt sich umso intensiver aus, je spezifischer die Eigenschaften der anvisierten Zielgruppe sind. Auch wenn sich Geomarketing im Bereich der Mediaselektion aktuell noch nicht durchsetzen konnte, so kann zukünftig davon ausgegangen werden, dass die deutschen Automobilhersteller die Nutzung von *„below-the-line-Aktivitäten"* intensivieren werden und aus diesem Grund auch die Bedeutung von Geomarketing in diesem Bereich zunehmen wird.

4. Die explorative Expertenbefragung zeigt, dass der Erfolg von Geomarketing durch zwei verschiedene Faktoren entscheidend beeinflusst wird. Zum einen ist hier die zugrunde liegende Datenbasis zu nennen. Aus Sicht der deutschen Automobilhersteller korreliert der Erfolg bzw. Misserfolg von Geomarketing mit der Qualität der verwendeten Daten, was die besondere Bedeutung selbiger für die Analyseergebnisse verdeutlicht. Zum anderen hängt der Erfolg davon ab, inwiefern das Unternehmen bzw. die einzelnen Unternehmensbereiche über ein entsprechendes Know-how verfügen, um die Erfolgspotenziale von Geomarketing adäquat realisieren zu können.

5. Die Untersuchungsergebnisse haben ebenfalls deutlich hervorgebracht, dass die identifizierten Determinanten des Erfolgs aus Sicht der Unternehmenspraxis gleichzeitig auch potenzielle Barrieren bei der Realisierung der Erfolgspotenziale von Geomarketing darstellen. Insbesondere die Datenqualität wird von Seiten der Experten als Hemmnis für die erfolgreiche Nutzung von Geomarketing gesehen, da sowohl die Richtigkeit der zugeordneten Merkmale als auch das Aggregationsniveau der Daten häufig nicht mit den Anforderungen der Nutzer übereinstimmen. Neben der Datenbasis stellt auch das mangelnde Know-how der Nutzer einen weiteren Problembereich bei der Realisierung von Erfolgspotenzialen dar. Abgesehen von den anwenderspezifischen Kenntnissen im Umgang mit Geomarketing fehlt in vielen Unternehmensbereichen ein umfassendes Verständnis im Hinblick auf die Nutzung von Sekundärdaten im Allgemeinen bzw. von Geomarketing im Besonderen. Zusätzlich zu den genannten Aspekten stellen die Implementierungskosten eine weitere Barriere bei der Umsetzung der Erfolgspotenziale von Geomarketing dar. Bedingt durch den immensen Kostendruck, dem sich die deutschen Automobilhersteller aktuell ausgesetzt sehen, ist die Bereitschaft zur Implementierung von neuen In-

strumenten bzw. Methoden äußerst gering. Auch wenn die Erfolgspotenziale von Geomarketing von Seiten der Experten durchaus erkannt werden, stehen in einzelnen Fällen Budgets für die Einführung solcher Instrumente nicht zur Verfügung.

Basierend auf den vorangegangenen Darstellungen wirft die Arbeit verschiedene Möglichkeiten einer weitergehenden Beschäftigung mit dem Instrument Geomarketing und seinen Auswirkungen auf den Unternehmenserfolg auf. Zum einen besteht in diesem Zusammenhang weiterer Forschungsbedarf hinsichtlich der Existenz von zusätzlichen Erfolgspotenzialen in anderen Branchen. Dies würde die Durchführung weiterer branchenbezogener Untersuchungen rechtfertigen, welche in Abhängigkeit von den branchenspezifischen Gegebenheiten neue, weiterführende aber vor allem vergleichende Ergebnisse ermöglichen würde. Auf Basis dieser Erkenntnisse könnten branchenunabhängig die Erfolgspotenziale von Geomarketing analysiert und bewertet werden, was eine fundierte Analyse des betrachteten Instruments erlauben würde. Zum anderen konnten im Rahmen der vorliegenden Untersuchung lediglich Tendenzaussagen darüber getroffen werden, inwiefern die identifizierten Erfolgspotenziale einen Einfluss auf den Erfolg von marktorientierten Maßnahmen haben. Zukünftig könnte es durchaus von besonderem Interesse sein, die Auswirkungen von Geomarketing auf den Unternehmenserfolg am Beispiel einer anderen Branche oder branchenübergreifend empirisch zu überprüfen und dadurch quantifizierbar zu machen. Zusätzlich erscheinen insbesondere in der Ausrichtung der Organisationsstruktur und der Anreizsysteme weitere Forschungsanstrengungen notwendig, welche bspw. die Auswirkungen einer kunden- bzw. informationsorientierten Organisationsstruktur auf den Unternehmenserfolg mit denen einer produktorientierten Organisationsstruktur vergleichen.

Abschließend lässt sich festhalten, dass der gestiegene Preis- und Kostendruck, der gegenwärtig in der Automobilindustrie zu beobachten ist, einen verstärkten Handlungsbedarf erfordert, um in einem kompetitiven Wettbewerbsumfeld weiterhin bestehen zu können. Die zunehmende Orientierung an den Bedürfnissen der Kunden sowie die Fokussierung auf innerbetriebliche Effizienzsteigerungen bedingt eine umfassende Kenntnis des Kunden, der Marktstrukturen und der intraorganisationalen Abläufe. Aus diesem Grund kann davon ausgegangen werden, dass der Stellenwert von Information und folglich auch von Geomarketing als strategischer Erfolgsfaktor zukünftig weiter an Bedeutung gewinnen wird. Während diese Erkenntnis aus jetziger Sicht lediglich in den Bereichen des CRM und des Direktmarketing umfangreich erkannt worden ist, wird die Orientierung sämtlicher Unternehmensaktivitäten an den individuellen Bedürfnissen der Kunden dazu beitragen, dass sich die umfassende

Nutzung von Geomarketing zukünftig auch auf weitere Unternehmensbereiche ausdehnen wird. Vor diesem Hintergrund bleibt es abzuwarten, ob sich Geomarketing aus Sicht der deutschen Automobilhersteller von einem aktuell eher entscheidungsunterstützenden hin zu einem strategischen Instrument für das Management entwickeln kann.

Anhang

Analyse der Erfolgspotentiale von Geomarketing

Name:

Firma:

Adresse:

Telefon:

Telefax:

E-Mail:

Hinweise zum Fragebogen:

1. Sämtliche Daten werden ausschließlich zu Forschungszwecken verwendet. Die Daten werden selbstverständlich gegenüber Dritten anonym behandelt und nur in aggregierter Form im Rahmen der Dissertation veröffentlicht.

2. Bitte nehmen Sie bei der Beantwortung der Fragen Bezug auf einen Unternehmensbereich (synonym Geschäftsfeld, -gebiet), mit dem Sie am meisten vertraut sind. Beziehen Sie sich bitte bei der Beantwortung des Fragebogens durchgängig auf diesen Unternehmensbereich.

3. Die Vollständigkeit der Antworten ist für uns besonders wichtig. Sollten Sie jedoch einzelne Fragestellungen für sich bzw. Ihren Unternehmensbereich nicht sinnvoll beantworten können, so überspringen Sie diese Frage bitte. Jede Antwort trägt zum Erfolg dieser Untersuchung bei - auch wenn Sie nicht jede Frage beantworten können!

4. Einige Fragen werden sich nicht direkt auf Ihren Tätigkeitsbereich beziehen. Bitte geben Sie dann, sofern möglich, Ihre Einschätzung bzgl. dieses Sachverhalts an.

Falls Sie Fragen haben oder weitere Informationen benötigen, so wenden Sie

Dipl.-Kfm. Benjamin M. Trespe
Lehrstuhl Strategisches Marketing
European Business School
Schloss Reichartshausen
65375 Oestrich-Winkel

Tel. 06723 / 69 205
Tel. 0177 / 79 50 364
eMail: Benjamin.Trespe@ebs.de

Hinweis: ***Unter Geomarketing wird die Planung, Koordination und Kontrolle kundenorientierter Marktaktivitäten von Unternehmen mittels Geographischer Informationssysteme verstanden. Es werden Methoden angewendet, die den Raumbezug der untersuchten unternehmensinternen und –externen Daten herstellen, analysieren und visualisieren sowie sie zu entscheidungsrelevanten Informationen aufbereiten.***

Allgemeine Angaben

1. **Welcher Branche ist Ihr Unternehmen zuzuordnen?**

- [ ] Automobilhersteller
- [ ] Dienstleister (Geomarketing)
- [ ] Andere - bitte spezifizieren: ____________________

2. **In welchem Unternehmensbereich arbeiten Sie?**

- [ ] Strategisches Marketing
- [ ] Marketing/CRM
- [ ] Marketing/Direktmarketing
- [ ] Marketing/Mediaselektion
- [ ] Marketing/Vertrieb
- [ ] Marketing/Händlernetzplanung
- [ ] Marketing/Standortplanung
- [ ] Andere - bitte spezifizieren: ____________________

3. **In wiefern nutzen Sie das Instrument Geomarketing in Ihrem Unternehmen?**

- [ ] Wird aktuell von uns genutzt
- [ ] Wurde von uns in der Vergangenheit genutzt
- [ ] Wir planen es zukünftig einzusetzen

4. **In welchen Bereichen findet Geomarketing in Ihrem Unternehmen Anwendung?**
(Mehrfachnennung möglich)

- [ ] CRM
- [ ] Direktmarketing
- [ ] Mediaselektion
- [ ] Vertrieb
- [ ] Händlernetzplanung
- [ ] Standortplanung
- [ ] Zielgruppenanalyse
- [ ] Andere - bitte spezifizieren: ____________________

5. **Was sind die Gründe dafür, dass Geomarketing in Ihrem Unternehmen <u>nicht</u> genutzt wird?**

____

Qualitätsorientierte Erfolgspotentiale

6. a **Konnte durch die Anwendung von Geomarketing eine Qualitätsverbesserung der Analyseergebnisse im Bereich der <u>Zielgruppenanalyse</u> festgestellt werden?**

- [ ] Ja, es konnten in jedem Fall Qualitätsverbesserungen erzielt werden
- [ ] Tendenziell konnten in einigen Bereichen Qualitätsverbesserungen erreicht werden
- [ ] Es konnten keine Qualitätsverbesserungen festgestellt werden
- [ ] Im Gegenteil, die Ergebnisse waren schlechter
- [ ] Andere - bitte spezifizieren:

____

6. b **Was sind aus Ihrer Sicht die Gründe dafür, dass sich in Ihrem Unternehmen keine oder nur geringe Qualitätsverbesserungen in diesem Bereich erzielen ließen?**

____

____

____

____

____

6. c **Wodurch zeichnet sich die erzielte Qualitätsverbesserung aus?**
(Mehrfachnennung möglich)

- ☐ Durch die Verabeitung größerer Datenmengen können genauere Ergebnisse herausgearbeitet werden.
- ☐ Die graphische Darstellung auf Basis von thematischen Karten ermöglicht eine bessere Interpretation der Ergebnisse.
- ☐ Aufgrund der einfachen und schnellen Durchführung ist die Aktualität der Ergebnisse gewährleistet.
- ☐ Die Responserate der Zielgruppe hat sich erheblich verbessert.
- ☐ Einzelne Städte/ Regionen können in der gesamten Größe dargestellt und analysiert werden.
- ☐ Die Zielgruppenanalyse kann bis auf einzelne Haushalte heruntergebrochen werden.
- ☐ Die Vorgehensweise bzw. der Arbeitsaufwand kann als sehr "effizient" bezeichnet werden.
- ☐ Die mit Hilfe von Geomarketing ermittelte Zielgruppe zeichnet sich durch eine höhere "zeitliche Stabilität" aus, da eine auf geographischen Merkmalen basierende Zielgruppenbestimmung geringeren Schwankungen im Zeitablauf unterliegt.
- ☐ Andere - bitte spezifizieren:

____

____

____

7. a **Konnte durch die Anwendung von Geomarketing eine Qualitätsverbesserung der Analyseergebnisse im Bereich der Mediaselektion festgestellt werden?**

- ☐ Ja, es konnten in jedem Fall Qualitätsverbesserungen erzielt werden.
- ☐ Tendenziell konnten in einigen Bereichen Qualitätsverbesserungen erreicht werden.
- ☐ Es konnten keine Qualitätsverbesserungen festgestellt werden.
- ☐ Im Gegenteil, die Ergebnisse waren schlechter.
- ☐ Andere - bitte spezifizieren:

____

____

7. b **Was sind aus Ihrer Sicht die Gründe dafür, dass sich in Ihrem Unternehmen keine oder nur geringe Qualitätsverbesserungen in diesem Bereich erzielen ließen?**

____

____

____

____

____

7. c **Wodurch zeichnet sich die erzielte Qualitätsverbesserung aus?**
(Mehrfachnennung möglich)

- ☐ Das Unternehmen ist nun in der Lage, Umsatzsteigerungen direkt den einzelnen Werbeträgern bzw. Werbekampagnen zuzuordnen.
- ☐ Veränderungen des Kaufverhaltens können direkt den einzelnen Werbeträgern bzw. Werbekampagnen zugeordnet werden.
- ☐ Es kann genau ermittelt werden, welcher Werbeträger erreicht welches Gebiet und folglich auch welche Zielgruppe.
- ☐ Durch die Verabeitung größerer Datenmengen können genauere Ergebnisse herausgearbeitet werden.
- ☐ Die graphische Darstellung auf Basis von thematischen Karten ermöglicht eine bessere Interpretation der Ergebnisse.
- ☐ Die Vorgehensweise bzw. der Arbeitsaufwand kann als sehr "effizient" bezeichnet werden.
- ☐ Andere - bitte spezifizieren:

____

____

____

8. a Konnte durch die Anwendung von Geomarketing eine Qualitätsverbesserung der Analyseergebnisse im Bereich der <u>Vertriebsplanung</u> festgestellt werden?

- [ ] Ja, es konnten in jedem Fall Qualitätsverbesserungen erzielt werden.
- [ ] Tendenziell konnten in einigen Bereichen Qualitätsverbesserungen erreicht werden.
- [ ] Es konnten keine Qualitätsverbesserungen festgestellt werden.
- [ ] Im Gegenteil, die Ergebnisse waren schlechter.
- [ ] Andere - bitte spezifizieren:

____

____

8. b Was sind aus Ihrer Sicht die Gründe dafür, dass sich in Ihrem Unternehmen <u>keine</u> oder <u>nur geringe</u> Qualitätsverbesserungen in diesem Bereich erzielen ließen?

____

____

____

____

____

8. c Wodurch zeichnet sich die erzielte Qualitätsverbesserung aus?
(Mehrfachnennung möglich)

- [ ] Mit Hilfe von Geomarketing konnten brachliegende oder vernachlässigte Vertriebsgebiete ("weiße Flecken") identifiziert werden.
- [ ] Durch die Verabeitung größerer Datenmengen können genauere Ergebnisse herausgearbeitet werden.
- [ ] Die Erreichbarkeit des Kunden konnte erheblich verbessert werden.
- [ ] Die einzelnen Vertriebsgebiete konnten hinsichtlich ihrer Potentiale optimiert werden.
- [ ] Die Aufteilung der einzelnen Marktverantwortungsregionen konnte optimiert werden.
- [ ] Der Einsatz von Service- und Vertriebsfahrzeugen konnte erheblich effizienter gestaltet werden.
- [ ] Die graphische Darstellung auf Basis von thematischen Karten ermöglicht eine bessere Interpretation der Ergebnisse.
- [ ] Andere - bitte spezifizieren:

____

____

____

9. a Konnte durch die Anwendung von Geomarketing eine Qualitätsverbesserung der Analyseergebnisse im Bereich der <u>Standortplanung/ Standortnetzoptimierung</u> festgestellt werden?

- [ ] Ja, es konnte in jedem Fall Qualitätsverbesserungen erzielt werden.
- [ ] Tendenziell konnten in einigen Bereichen Qualitätsverbesserungen erreicht werden.
- [ ] Es konnten keine Qualitätsverbesserungen festgestellt werden.
- [ ] Im Gegenteil, die Ergebnisse waren schlechter.
- [ ] Andere - bitte spezifizieren:

____

____

9. b Was sind aus Ihrer Sicht die Gründe dafür, dass sich in Ihrem Unternehmen <u>keine</u> oder <u>nur geringe</u> Qualitätsverbesserungen in diesem Bereich erzielen ließen?

____

____

____

____

____

9. c **Wodurch zeichnet sich die erzielte Qualitätsverbesserung aus?**
(Mehrfachnennung möglich)

☐ Die graphische Darstellung auf Basis von thematischen Karten erhöhte die Aussagekraft der Analyse im Rahmen des Entscheidungsprozesses
☐ Durch die Nutzung von Geomarketing konnten Fehlentscheidungen aufgrund der Integrationsmöglichkeit verschiedener Anforderungsmerkmale vermieden werden
☐ Es konnte eine Straffung des Filial-/ Händlernetzes erreicht werden
☐ Die Kundenzufriedenheit wurde durch die Straffung des Filial-/ Händlernetzes nicht negativ beeinflusst
☐ Durch die Verabeitung größerer Datenmengen können genauere Ergebnisse herausgearbeitet werden
☐ Die Standorte von wichtigen Konkurrenten konnten im Planungsprozess effizient berücksichtigt werden (sowohl bezogen auf die Planung neuer Produktionsstandorte als auch auf selbige bei Händlerstützpunkten)
☐ Die Vorgehensweise bzw. der Arbeitsaufwand im Rahmen des Planungsprozesses wurde durch Geomarketing vereinfacht
☐ Andere - bitte spezifizieren

____

____

____

Kostenorientierte Erfolgspotentiale

10. a **Lassen sich aus Ihrer Sicht durch die Anwendung von Geomarketing Kosteneinsparungen erzielen?**

☐ Ja, es lassen sich in jedem Fall Kosten einsparen
☐ Tendenziell können in einigen Bereichen Kosten eingespart werden
☐ Es können keine Kosteneinsparungen erzielt werden
☐ Im Gegenteil, die Kosten sind gestiegen
☐ Andere - bitte spezifizieren

____

____

10. b **Was sind aus Ihrer Sicht die Gründe dafür, dass sich mit Geomarketing in Ihrem Unternehmen/ Unternehmensbereich <u>keine</u> Kosteneinsparungen erzielen lassen?**

____

____

____

____

____

10. c **Wenn sich in Ihrem Unternehmen Kosteneinsparungen durch die Anwendung von Geomarketing feststellen lassen, in welchen Bereichen ist dies der Fall?**
(Mehrfachnennung möglich)

☐ CRM
☐ Direktmarketing
☐ Mediaplanung
☐ Vertrieb
☐ Händlernetzplanung
☐ Standortplanung
☐ Zielgruppenanalyse
☐ Andere - bitte spezifizieren

____

____

____

10. d **Worin liegen aus Ihrer Sicht die Gründe für die erreichten Kosteneinsparungen und wie würden Sie diese im einzelnen quantifizieren? Unterscheiden Sie hierbei insbesondere zwischen personellen und sachbezogenen Kosten.**

____

____

____

____

____

Zeitorientierte Erfolgspotentiale

11. a **Lassen sich aus Ihrer Sicht durch die Anwendung von Geomarketing Zeiteinsparungen feststellen?**

- [ ] Ja, es lässt sich in jedem Fall Zeit einsparen.
- [ ] Tendenziell können in einigen Bereichen Prozesse schneller durchgeführt werden
- [ ] Es konnten keine Zeiteinsparungen festgestellt werden.
- [ ] Im Gegenteil, einzelne Prozesse dauern wesentlich länger.
- [ ] Andere - bitte spezifizieren

____

____

11. b **Was sind aus Ihrer Sicht die Gründe dafür, dass sich mit Geomarketing in Ihrem Unternehmen/ Unternehmensbereich <u>keine</u> Zeiteinsparungen erzielen lassen?**

____

____

____

____

____

11. c **Wenn es in Ihrem Unternehmen durch Geomarketing zu einer effizienteren Bearbeitung einzelner Aufgabenbereiche kommt, in welchen Bereichen lässt sich dies feststellen?**
(Mehrfachnennung möglich)

- [ ] CRM
- [ ] Direktmarketing
- [ ] Mediaplanung
- [ ] Vertrieb
- [ ] Händlernetzplanung
- [ ] Standortplanung
- [ ] Zielgruppenanalyse
- [ ] Andere - bitte spezifizieren:

____

____

____

11. d **Worin liegen aus Ihrer Sicht die Gründe für die Zeiteinsparungsmöglichkeiten und wie würden Sie diese im einzelnen quantifizieren? Gehen Sie hierbei insbesondere auf die Aspekte Schnelligkeit (im Sinne des zeitlichen Aufwands) und Flexibilität (im Sinne einer besseren Anpassungsfähigkeit auf sich verändernde Marktbedingungen) ein.**

____

____

____

____

____

Literaturverzeichnis

Aangeenbrug, R.T.: A critique of GIS, in: Maguire, D.J./ Goodchild, M.F./ Rhind, D. W. (Hrsg.): Geographical Information Systems – Principles and Applications, Band 1, New York 1991, S. 101-107.

Abell, D./ Hammond, J.: Strategic Market Planning: Problems and Analytical Approaches, Englewood Cliffs 1979.

Albers, S./ Eggert, K.: Kundennähe – Strategie oder Schlagwort, in: Marketing ZFP, Heft 1, 1988; S. 5-16.

Albrecht, J.: Universal GIS-Operations – A Task-Oriented Systematization of Data Structure-Independent GIS Functionality Leading Towards a Geographic Modeling Language, in: Mitteilungen des Instituts für Strukturforschung und Planung in agrarischen Intensivgebieten, Heft 23, Vechta 1996.

Anderson, P.: Marketing Scientific Progress and Scientific Method, in: Journal of Marketing, 47. Jg., 1983, S. 18-31.

Ansoff, H.I.: Managing surprise and discontinuity – Strategic response to weak signals, in: Zeitschrift für betriebswirtschaftliche Forschung, 28. Jg., 1976, S. 129-152.

Arndt, D./ Gersten, W./ Wirth, R.: Kundenprofile zur Prognose der Markenaffinität im Automobilsektor, in: Hippner, H./ Küsters, U./ Meyer, M./ Wilde, K. (Hrsg.): Handbuch Data Mining im Marketing – Knowledge Discovery in Marketing Databases, Wiesbaden 2001, S. 591-606.

Aronoff, S.: Geographical Information Systems – A Management Perspective, WDL Publications, Ottawa 1989.

Aumann, A./ Baumbach, R.: Strukturwandel im europäischen Automobilvertrieb und After Sales, Studie der Cell Consulting AG, Frankfurt a. M. 2004.

Bähr, H.-P./ Vögtle, T.: Digitale Bildverarbeitung: Anwendung von Photogrammetrie, Kartographie und Fernerkundung, Karlsruhe 1991.

Bamberger, I.: Developing Competitive Advantage in Small and Medium-size Firms, in: Long Range Planning, Nr. 5, 1989, S. 80-88.

Bankhofer, U./ Hilbert, A.: Bestimmungsgrößen des Stichprobenumfangs, in: Wirtschaftswissenschaftliches Studium, 27. Jg., Heft 7, 1998, S. 377-380.

Banning, T.E.: Lebensstilorientierte Marketing-Theorie, Heidelberg 1987.

Bartelme, N.: Geoinformatik – Modelle, Strukturen, Funktionen, Berlin 1995.

Bauer, E.: Markt-Segmentierung als Marketing-Strategie, Berlin 1976.

Bea, F.X./ Hass, J.: Strategisches Management, 3. Aufl., Stuttgart 2001.

Becker, J.: Marketing-Konzeption, 5. Aufl., München 1993.

Belz, C.: Strategisches Direct Marketing – Vom sporadischen Direct Mail zum professionellen Database Management, Wien 1997.

Bendig, T.: Image Malus des Handels – Eine empirische Analyse, Frankfurt am Main 2005.

Benninghaus, H.: Einführung in die sozialwissenschaftliche Datenanalyse, München/Wien 2001.

Berekoven, L./ Eckert, W./ Ellenrieder, P.: Marktforschung: methodische Grundlagen und praktische Anwendung, Wiesbaden 2001.

Berekoven, L.: Erfolgreiches Einzelhandelsmarketing – Grundlagen und Entscheidungshilfen, Köln/Wiesbaden 1990.

Berndt, R.: Kommunikationspolitik im Rahmen des Marketing, in: Berndt, R./ Hermanns, A. (Hrsg.): Handbuch Marketing-Kommunikation – Strategien – Instrumente – Perspektiven, Wiesbaden 1993, S. 3-18.

Berndt, R.: Marketing 2 – Marketing-Politik, Berlin 1992.

Berndt, R.: Marketing, Bd. 1: Käuferverhalten, Marktforschung und Marketing-Prognosen, Berlin 1990.

Bernhardsen, T.: Geographic Information Systems, Arendal 1992.

Bernhardt, U.: GIS-Technologien in der New Economy: Markttransparenz durch Geoinformationssysteme, Heidelbrg 2002.

Bertl, W.: Auf Zielgruppensuche im kleinsten Raum, in: werben & verkaufen, 12. Jg., Nr. 28, 1988, S. 41-43.

Bienert, M.L.: Standortmanagement: Methoden und Konzepte für Handels und Dienstleistungsunternehmen, Wiesbaden 1996.

Bill, R./ Fritsch, D.: Grundlagen der Geo-Informationssysteme, Bd. 1. Hardware, Software, Daten, Heidelberg 1991.

Binz, H.-P.: Die betriebswirtschaftlichen Auswirkungen der Marktsegmentierung als einer Absatzstrategie, Hergiswil 1976.

Birkin, M.: GIS for business and service planning, in: Longley, P./ Clarke, G. (Hrsg.): GIS for business and service planning, Cambridge 1995, S. 104-149.

Böhler, H.: Marktforschung, 2. Aufl., Stuttgart u.a. 1992.

Bonoma, T./ Shapiro, B.P.: Segmenting the Industrial Market, 6. Aufl., Lexington/Toronto 1985.

Bortz, J./ Döring, N.: Forschungsmethoden und Evaluation für Sozialwissenschaftler, Berlin 1995.

Braunschweig, E.: Typen als Zielgruppenkriterien, in: Opfer, G. et al. (Hrsg.): „Typologien“ und ihre Aspekte, Velbert 1975, S. 7-22.

Breuer, N.: Einstellungstypen als Instrument für Produktmarketing-Entscheidungen – Ein Marktsegmentierungsmodell, Köln 1980.

Bruhn, M.: Kommunikationspolitik – Systematischer Einsatz der Kommunikation für Unternehmen, 2. Aufl., München 2003.

Bruhn, M.: Marketing, Wiesbaden 1999.

Bühner, R.: Messung des Erfolgs von Organisationen unter Berücksichtigung situativer Einflussfaktoren, in: Management International Review, 17. Jg., Nr. 3, 1977, S. 51-59.

Burrough, P.A.: Principles of Geographical Information Systems for Land Resources Assessment, Oxford 1986.

Busch, K./ Von den Brinken, C.: Radar ortet Konsumenten – Antworten auf die Fragmentierung: Initiative Media bietet neue Ansätze zur Mediaselektion, in: Horizont – Zeitung für Marketing, Medien und Werbung, Nr. 37, 1999, S. 17-23.

Buttenfield, B.P./ Mackaness, W.A.: Visualization, in: Maguire, D.J./ Goodchild, M.F./ Rhind, D.W. (Hrsg.): Geographical Information Systems – Principles and Applications, Band 1, New York 1991, S. 427-443.

Chalmers, A.: Wege der Wissenschaft – Eine Einführung in die Wissenschaftstheorie, 5. Aufl., Berlin et al. 2001.

Christiansen, T.: Geographical Information Systems for regional Rural Development Projects in Developing countries, Band 75 der Gießener Geographischen Schriften, Gießen 1998.

Clarke, G.P.: Methoden der Standortplanung im Wandel, in: Heinritz, G. (Hrsg.): Die Analyse von Standorten und Einzugsbereichen: methodische Grundfragen der geographischen Handelsforschung, Passau 1999, S. 9-32.

Converse, P. D.: New Laws of Retail Gravitation, in: Journal of Marketing, 14. Jg., Nr. 3, 1949, S. 379-384.

Coppock, J.T./ Rhind, D.W.: The history of GIS, in: Maguire, D.J./ Goodchild, M.F./ Rhind, D.W. (Hrsg.): Geographical Information Systems – Principles and Applications, Band 1, New York 1991, S. 21-43.

Cowen, D.J.: GIS versus CAD versus DBMS: what are the differences?, in: Photogrammetric Engineering and Remote Sensing, Heft 54, 1988, S. 1551-1554.

Cresswell, P.: Customised and proprietary GIS: past, present and future, in: Longley, P./ Clarke, G. (Hrsg.): GIS for business and service planning, Cambridge 1995, S. 192-226.

Crone, B.: Marktsegmentierung – Eine Analyse zur Zielgruppendefinition unter besonderer Berücksichtigung soziologischer und psychologischer Kriterien, Frankfurt a.M. 1977.

Czeranka, M.: Business Geographics und Geomarketing als Schlüssel zur unternehmenseigenen Schatztruhe, in: Fally, M./ Strobl, J. (Hrsg.): Business Geographics – GIS in der Wirtschaft, Heidelberg 2000, S. 1-10.

Dallmer, H.: Das System des Direct Marketing – Einwicklungsfaktoren und Trends, in: Dallmer, H. (Hrsg.): Das Handbuch: Direct Marketing & More, 8. Auflage, Wiesbaden 2002, S. 3-32.

Daniel, D.R.: Management Information Crisis, in: Harvard Business Review, 5/1961, S. 111-121.

Daschmann, H.-A.: Erfolgsfaktoren mittelständischer Unternehmen, Stuttgart 1993.

Dess, G.G./ Robinson, Jr., R.B.: Measuring Organizational Performance in the Absence of Objective Measures: The Case of the Privately-held Firm and Conglomerate Business Units, in: Strategic Management Journal, 5. Jg., Heft 3, 1984, S. 265-273.

Dibb, S. et al.: Marketing – Concepts and Strategies, Boston/New York 1994.

Edelmann, A.: Dienstleistungen von Konsumgüterherstellern: Eine Fallstudienanalyse zu Erfolgsfaktoren bei Primärdienstleistungsangeboten der Konsumgüter-Markenartikelindustrie, Wiesbaden 2004.

Effen, I.: Erfolgsfaktoren strategischer Gruppen dargestellt am Beispiel des Bucheinzelhandels, Saarbrücken 1995.

Engel, J.F./ Fiorillo, H.F./ Cayley, M.A.: Market Segmentation, New York 1972.

Ernst, H.: Erfolgsfaktorenforschung neuer Produkte. Grundlagen für eine valide empirische Forschung, Wiesbaden 2001.

Eschenbach, R./ Eschenbach, S./ Kunesch, H.: Strategische Konzepte: Management-Ansätze von Ansoff bis Ulrich, 4. Aufl., Stuttgart 2003.

Esser, H.: Messfehler bei der Datenerhebung und die Techniken der empirischen Sozialforschung, Vorlesungsunterlagen der Fernuniversität Hagen, Hagen 1984.

Etzioni, A.: Modern Organizations, Englewood Cliffs 1964.

Evanschitzky, H.: Erfolg von Dienstleistungsnetzwerken - Ein Netzwerkmarketingansatz, Wiesbaden 2003.

Feix, C./ Meissner, A./ Stirl, A./ Troch, R.: Filialnetzplanung und Vertriebsoptimierung mit GIS bei der Deutschen Post AG, in: Fally, M./ Strobl, J. (Hrsg.): Business Geographics: GIS in der Wirtschaft, Heidelberg 2000, S. 72-81.

Feix, C.: Standortmanagement in Mittel- und Großunternehmen mit GIS-Technologien, in: Strobl, J./ Blaschke, T. (Hrsg.): Angewandte Geographische Informationsverarbeitung XI: Beiträge zum AGIT-Symposium Salzburg, Heidelberg 1999, S. 188-199.

Festing, M.: Strategisches Internationales Personalmanagement – Eine transaktionskostentheoretisch fundierte Analyse, München/Mering 1996.

Flowerdew, R./ Goldstein, W.: Geodemographics in Practice: Developments in North America, in: Environment and Planning, Vol. 21, No. 5, 1989, S. 605-616.

Fösken, S.: Medien 2005 – Vorsprung durch Mikromarketing, in: Absatzwirtschaft - Zeitschrift für Marketing, 47. Jg., Nr. 9, 2004, S. 140-143.

Franzen, O.: Kundenstrukturanalyse als Instrument zur Informationsgewinnung für Managemententscheidungen im Bereich des Direktmarketing, Göttingen 1990.

Freter, H./ Barzen, D.: Segmentierung im Automobilmarkt, in: Marktforschung und Management, 32. Jg., Nr. 3, 1988, S. 87-92.

Freter, H.: Marktsegmentierung, Stuttgart 1983.

Freter, H.: Mediaselektion – Informationsgewinnung und Entscheidungsmodelle für die Werbeträgerauswahl, Schriftenreihe Unternehmensführung und Marketing, 4. Bd., Wiesbaden 1974.

Freter, H.: Strategien, Methoden und Modelle der Marktsegmentierung bei der Markterfassung und Marktbearbeitung, in: Die Betriebswirtschaft, 40. Jg., Heft 3, 1980, S. 453-463.

Freter, H.: Zielgruppenbestimmung in der Mediaselektion, in: Meffert, H. (Hrsg.): Marketing heute und morgen – Entwicklungstendenzen in Theorie und Praxis, Wiesbaden 1975, S. 87-105.

Fritz, W.: Die Erfolgsfaktorenforschung – ein Misserfolg?, in: DBW, 64. Jg., 2004a, S. 623-625.

Fritz, W.: Über Tautologien, gesicherte Erkenntnisse und ein problematisches Wissenschaftsverständnis, Arbeitspapier der TU Braunschweig, Braunschweig 2004b.

Fritz, W.: Die Produktqualität – ein Schlüsselfaktor des Unternehmenserfolges? In: ZfB, Jg. 64, Nr.8, 1994, S. 1045-1062.

Fritz, W.: Marketing – ein Schlüsselfaktor des Unternehmenserfolges?, in: Marketing ZFP, Jg. 12, Heft 2, 1990, S. 91-110.

Fritz, W.: Marketing-Management und Unternehmenserfolg – Grundlagen und Ergebnisse einer empirischen Untersuchung, 2. Aufl., Stuttgart 1995.

Fritz, W.: Marktorientierte Unternehmensführung und Unternehmenserfolg, in: Marketing ZFP, 15. Jg., Nr. 4, 1993, S. 237-246.

Froböse, M.: Mikrogeographische Segmentierung von Einzelhandelsmärkten, Wiesbaden 1995.

Frühling, J./ Steingrube, W.: Geomarketing: Neue Begriffe = Neue Methoden?, in: Zeitschrift für Wirtschaftsgeographie, 39. Jg., Heft 3-4, 1995, S. 184-198.

Gälweiler, A.: Strategische Unternehmensführung, 3. Aufl., Frankfurt a. M. 2005.

Gardenne, V.: Bewährung, in: Keuth, H. (Hrsg.): Karl Popper – Logik der Forschung, Berlin 2004, S. 125-144.

Gebauer, M.: Vorsprung durch Wissen – Mikrogeographische Daten im Brennpunkt, in: Direkt Marketing, 39. Jg., Nr. 5, 2003, S. 18-20.

Gerczikow, A.: Zeitungs-TKP: „Mehr ökonomische Vorteile", in: Horizont – Zeitung für Marketing, Werbung und Medien, Nr. 37, 1994, S. 90.

Geßner, H.-J.: Handelsmarketing und Raumökonomie, Berlin 1982.

Ghemawat, P.: Commitment: The Dynamic of Strategy, New York 1991.

Ghosh, A./ McLafferty, S.: Location Strategies for Retail and Service Firms, Lexington 1987.

Ghosh, A.: Retail Management, Chicago 1990.

Glasersfeld, E.v.: Einführung in den radikalen Konstruktivismus, in: Watzlawick, P. (Hrsg.): Die erfundene Wirklichkeit – Wie wissen wir, was wir zu wissen glauben? Beiträge zum Konstruktivismus, München 1991, S. 16-38.

Goehrmann, K.: Verkaufsmanagement, Stuttgart 1984.

Göpfert, W.: Raumbezogene Informationssysteme: Datenerfassung – Verarbeitung – Integration – Ausgabe auf der Grundlage digitaler Bild- und Kartenverarbeitung, Karlsruhe 1987.

Gottschalk, B.: Vorwort, in: Verband der Automobilindustrie (Hrsg.): Auto Jahresbericht 2005, S. 3-5.

Grabatin, G.: Effizienz von Organisationen, Berlin/New York 1981.

Graul, C.: Geomarketing – ein effizientes Werkzeug zur Unterstützung des Marketings und der strategischen Managements, in: Fally, M./ Strobl, J. (Hrsg.): Business Geographics – GIS in der Wirtschaft, Heidelberg 2000, S. 11-31.

Green, P.E./ Tull, D.S.: Methoden und Techniken der Marketingforschung, 4. Aufl., Stuttgart 1982.

Greve, K.: Geo-Informationssystem oder Geographisches Informationssystem, in: KGR, 10. Jg., Heft 18, 1996, S. 18-21.

Grimm, U.: Analyse strategischer Faktoren, Wiesbaden 1983.

Gröne, A.: Marktsegmentierung bei Investitionsgütern, Wiesbaden 1977.

Grossmann, H.: GIS in der Geographie, in: Geo-Informations-Systeme, Heft 2, Karlsruhe 1989, S. 2-4.

Grunert, K.G./ Ellegaard, C.: The Concept of Key Success Factors: Theory and Method, in: Baker, M.J. (Hrsg.): Perspectives on Marketing Management, Vol. 3, New York 1993, S. 245-274.

Grünig, R./ Heckner, F./ Zeus, A.: Methoden zur Identifikation strategischer Erfolgsfaktoren, in: Die Unternehmung, Heft 1, 1996, S. 3-12.

Grünreich, D.: Geo-Informationssysteme – Grundlagen und Realisierungsstand, in: Grünreich, D./ Buziek, G. (Red.): Gewinnung von Basisdaten für Geo-Informationssysteme, Schriftenreihe des DVW, Stuttgart 1992, S. 3-18.

GVO Nr. 1400/2002 vom 31.07.2002.

Haedrich, G./ Jenner, T.: Strategische Erfolgsfaktoren in Konsumgütermärkten, in: Die Unternehmung, 50. Jg., Heft 1, 1996, S. 13-26.

Haenecke, H.: Methodenorientierte Systematisierung der Kritik an der Erfolgsfaktorenforschung, in: ZfB, 72. Jg., Nr. 2, 2002, S. 165-183.

Hake, G.: Kartographie I – Allgemeines, Erfassung der Informationen, Netzentwürfe, Gestaltungsmerkmale, topographische Karten, Berlin 1982.

Hake, G.: Kartographie II, Berlin 1985.

Hansen, U.: Absatz- und Beschaffungsmarketing des Einzelhandels, 2. Aufl., Göttingen 1990.

Hansler, D. F./ Riggin, D.L.: Geo-Demographics: Target the Market, in: Fund Raising Management, Vol. 20, No. 10, 1989, S. 35-43.

Hansmann, K.-W.: Industrielles Management, 7. Aufl., München 2001.

Hanssmann, F./ Ruhland, J.: Geographische Marktsegmentierungen für das DATA-BASE-Marketing, in: ZP, 2. Jg., Heft 1, 1991, S. 3-16.

Harneit, D.: Bestellung oder Filialbesuch – Optimierung des Einsatzes von Werbematerialien im Versandhandel mittels Geo-Analysen, in: GeoBIT, 8. Jg., Nr. 7, 2003, S. 36-37.

Häufele, R.: Absonderung – Prozesse sozialer und residentieller Segregation in zivilisationstheoretischer Perspektive, Regensburg 1989.

Heidenreich, K.: Grundbegriffe der Meß- und Testtheorie, in: Roth, E. (Hrsg.): Sozialwissenschaftliche Methoden – Lehr- und Handbuch für Forschung und Praxis, Oldenburg 1995, S. 342-374.

Heineberg, H.: Stadtgeographie, Paderborn 1989.

Heinritz, G./ Klein, K./ Popp, M.: Geographische Handelsforschung, Berlin 2003.

Heinzelbecker, K.: Zielgruppenoptimierung durch mikrogeographische Segmentierung, in: Kongressdokumentation des 20. Direct Marketing-Kongress, Wiesbaden 1988.

Heinzelbecker, K: Zielgruppenoptimierung durch mikrogeographische Segmentierung, in: Schub von Bossiatzky (Hrsg.): Wissen und Entscheiden, schriftliche Fassung der Vorträge vom 24. Kongreß der Deutschen Marktforschung vom 21.-23.5.1989 in Stuttgart, Offenbach 1990, S. 477-516.

Helten, E.: Gleich und gleich gesellt sich gern, in: Versicherungswirtschaft, Nr. 18, 1993, S. 1184-1186.

Hendry, M./ Wilde, K./ Ruhland, J.: Zielgruppen regional aufs Korn genommen, in: absatzwirtschaft, 27. Jg., Heft 4, 1984, S. 79-82.

Hentze, J./ Kammel, A.: Lean Production: Erfolgsbausteine eines integrierten Management-Ansatzes, in: Das Wirtschaftsstudium (WISU), 21. Jg., Nr. 8-9, 1992, S. 631-639.

Hermann, A./ Homburg, C.: Marktforschung: Ziele, Vorgehensweisen und Methoden, in: Hermann, A./ Homburg, C. (Hrsg.): Marktforschung: Methoden, Anwendungen, Praxisbeispiele, Wiesbaden 1999, S. 13-32.

Hermanns, A./ Püttmann, M.: Integrierte Marketing-Kommunikation, in: Berndt, R./ Hermanns, A. (Hrsg.): Handbuch Marketing-Kommunikation – Strategien – Instrumente – Perspektiven, Wiesbaden 1993, S. 19-42.

Hermes, T.: GIS-basierte Konzepte zum Geomarketing, Münster 1996.

Herron, L./ Robinson, R.B.: A Structural Model of the Effects of Entrepreneurial Characteristics on Venture Performance, in: Journal of Business Venturing, Nr. 8, 1993, S. 281-294.

Hertig, L./ Maus, O.: Geomarketing bei Banken und Sparkassen, in: Geo-Informations-Systeme, 11. Jg., Nr. 3, 1998, S. 13-16.

Hesse, J.: Erfolgsforschung im Vertrieb, Wiesbaden 2004.

Hildebrandt, L.: Die quantitative Analyse strategischer Erfolgsfaktoren in der Marketingforschung, Habilitation, Technische Universität Berlin, Berlin 1989.

Hildebrandt, L.: Erfolgsfaktorenforschung im Handel, in: Trommsdorff, V.: Handelsforschung 1986, Heidelberg 1986, S. 37-52.

Hildebrandt, L.: Store Image and the Prediction of Performance in Retailing, in: JBR, Heft 1, 1988, S. 91-100.

Hofmann, F.: Kritische Erfolgsfaktoren – Erfahrungen in großen und mittelständischen Unternehmen, in: Zeitschrift für betriebswirtschaftliche Forschung, 38. Jg., Nr. 10, 1986, S. 831-843.

Hofsäss, M./ Engel, D.: Praxishandbuch Mediaplanung, Berlin 2003.

Holland, H./ Steeg, S.: Erfolgreiche Strategien für die Kundenbindung – Von der Automobilbranche lernen, Wiesbaden 1998.

Holtz, M.: Kundenzufriedenheits-Know-How als Grundlage des Unternehmenserfolges – Operationalisierung und explorative Analyse am Beispiel der Augenoptik, Wiesbaden 2002.

Hölzel, R.-D./ Seibert, C.: Segmentierung und Lokalisierung von Märkten – Neue Methoden und Möglichkeiten, hrsg. von Ogilvy & Mather Dataconsult, Frankfurt a. M. 1987.

Homburg, C./ Krohmer, H.: Die Fliegenpatsche als Instrument des wissenschaftlichen Dialogs, Replik zum Beitrag „Trotz eklatanter Erfolglosigkeit: Die Erfolgsfaktorenforschung weiter auf Erfolgskurs" von Nicolai, A./ Kieser, A., Wissenschaftliches Arbeitspapier, Nr. W74, Mannheim 2004.

Horizont: Informationsbroschüre – Außenwerbung, Frankfurt a. M. 2004.

Hornikel, S.: Internationale Adressbeschaffung – Tipps für Einsteiger und Profis,in: Direkt Marketing, 40. Jg., Nr. 3, 2004, S. 18-21.

Hörschgen, H./ Froböse, M.: Beiträge zum regionalen Marketing, Arbeitspapier Nr. 26 des Instituts für Betriebswirtschaftslehre der Universität Hohenheim, Stuttgart 1991.

Hübner, W.: Zielgruppen-Marketing mit GIS, in: INSTITUTE FOR INTERNATIONAL RESEARCH (Hrsg): Unveröffentlichte Tagungsunterlagen zur Konferenz „Geomarketing" in Frankfurt am Main, Frankfurt a.M. 1996.

Huff, D.L.: Defining and Estimating a Trading Area, in: Journal of Marketing, 28. Jg., Nr. 3, 1964, S. 34-38.

Hugl, U.: Qualitative Inhaltsanalyse und Mind-Mapping, Wiesbaden 1995.

Hünerberg, R.: Zur Segmentierungsproblematik im Rahmen der Marketingpolitik, in: Marktforschung, 25. Jg., Nr. 2, 1981, S. 50-57.

Hüttner, M.: Grundzüge der Marktforschung, 4. Aufl., Berlin/New York 1989.

Hüttner, M.: Markt- und Absatzprognosen, Stuttgart 1982.

IVW-Verbreitungsanalyse 2004.

Jacob, H. (Hrsg.): Allgemeine Betriebswirtschaftslehre, 5. Aufl., Wiesbaden 1988.

Jacob, J.: Geodaten – (k)ein Fall für den Datenschutz?, in: Geobit, Heft 4, 1996, S. 4-6.

Jacobs, S.: Strategische Erfolgsfaktoren der Diversifikation, Wiesbaden 1992.

Jäger, H.-H.: Selektion von Tageszeitungen für die Werbung, in: Leiberich, P. (Hrsg.): Business Mapping im Marketing, Heidelberg 1997, S. 261-283.

Jones, K./ Simmons, J.: The retail environment, London/New York 1990.

Joseph, L./Jorke, D.: Know Your Game Plan: Market Segmentation in the Personal Financial Service Sector, in: Quarterly Review of Marketing, Vol. 15, No. 1, 1989, S. 8-13.

Jungbluth, V. : Denktechniken, in: c't, Nr. 20, 1998, o.S.

Kaiser, A.: Die Identifikation von Marktsegmenten, Berlin 1978.

Kalcsics, J./ Melo, T./ Nickel, S./Gündra, H.: Wenn das Eis schmilzt... Location Based Business Intelligence in der Standortplanung und Vertriebsoptimierung, in: GeoBIT, 6. Jg., Nr. 5, 2001, S. 25-27.

Kalka, R.: Marketingerfolgsfaktoren im Facheinzelhandel, Wiesbaden 1996.

Kamm, V.: Planung optimaler Verkaufsregionen, in: Leiberich, P. (Hrsg.): Business Mapping im Marketing, Heidelberg 1997, S. 159-172.

Kappas, M.: Geographische Informationssysteme, Braunschweig 2001.

Kehl, M.: Strategische Erfolgsfaktoren in der Telekommunikation, Dissertation, Wiesbaden 2002.

Kehl, M.: Strategische Erfolgsfaktoren in der Telekommunikation, Wiesbaden 2001.

Kern, M.: Klassische Erkenntnistheorien und moderne Wissenschaftslehre, in: Raffée, H./ Abel, B. (Hrsg.): Wissenschaftstheoretische Grundfragen der Wirtschaftswissenschaften, München 1979, S. 11-27.

Keuper, F.: Strategisches Management, München, Wien 2001.

Kirschbaum, V.: Unternehmenserfolg durch Zeitwettbewerb. Strategie, Implementation und Erfolgsfaktoren, München 1995.

Klingebiel, N.: Leistungsrechnung/Performance Measurement als bedeutsamer Bestandteil des internen Rechnungswesens, in: Kostenrechnungspraxis, 40. Jg., Nr. 2, 1996, S. 77-84.

Kluge, F.: Etymologisches Wörterbuch der deutschen Sprache, 22. Aufl., Berlin 1989.

Köhler, B.: Mediaplanung – Der Teufel steckt noch im Detail, in: Copy – Magazin für Medien, Kommunikation und Kreation, 9. Jg., Nr. 22, 1988, S. 42-45.

Kohli, M.: Offenes und geschlossenes Interview, in: Soziale Welt, Zeitschrift für sozialwissenschaftliche Forschung und Praxis, 29. Jg., Heft 1, 1978, S. 1-25.

Kols, P.: Bedarfsorientierte Marktsegmentierung auf Produktivgütermärkten, Frankfurt a.M. 1986.

Korte, H.: Stadtsoziologie, Darmstadt 1986.

Kotler, P./ Amstrong, G.: Marketing, Wien 1988.

Kotler, P./ Bliemel, F.: Marketing-Management – Analyse, Planung und Verwirklichung, 10. Aufl., Stuttgart 2001.

Kotler, P./ Bliemel, F.: Marketing-Management – Analyse, Planung und Verwirklichung, 8. Aufl., Stuttgart 1995.

Krafcik, J.F.: Triumph of the lean production system, in: Sloan Management Review, 30. Jg., Fall 1988, S. 41-52.

Krafft, M./ Albers, S.: Ansätze zur Segmentierung von Kunden – Wie geeignet sind herkömmliche Konzepte?, in: ZfbF, 52. Jg., 2000, S. 515-536.

Krautter, J.: Zum Problem der optimalen Marktsegmentierung, in: Zeitschrift für Betriebswirtschaft, 45. Jg., Nr. 2, 1975, S. 109-128.

Kreilkamp, E.: Strategisches Management und Marketing: Markt- und Wettbewerbsanalyse, Strategische Frühaufklärung, Portfoliomanagement, Berlin/New York 1987.

Kreutz, H.: Soziologie der empirischen Sozialforschung – Theoretische Analyse von Befragungstechniken und Ansätze zur Entwicklung neuer Verfahren, Stuttgart 1972.

Kreutzer, R.T.: Zielgruppen-Management mit Kunden-Datenbanken, in: DBW, 52. Jg., Heft 3, 1992, S. 325-340.

Kreutzwald, L.: Mit Gebietsanalysen zum Erfolg in Außendienst und Franchising, in: GeoBIT, 1. Jg., Nr. 4, 1996, S. 18-22.

Kromrey, H.: Empirische Sozialforschung, 8. Aufl., Opladen 1998.

Krüger, W.: Die Erklärung von Unternehmenserfolg: Theoretischer Ansatz und empirische Ergebnisse, in: DBW, Nr. 1, 1988, S. 27-43.

Krüger, W.: Hier irrten Peters/Waterman, in: Harvard Manager, 11. Jg., Nr. 1, 1989, S. 13-18.

Kube, C.: Erfolgsfaktoren im Filialsystem, Diagnose und Umsetzung im strategischen Controlling, Berlin 1991.

Kuhlmann, E.: Die Selektion von Segmentierungsmerkmalen, Arbeitspapiere zum Marketing der Ruhr-Universität Bochum, Nr. 4, Bochum 1979.

Kuhlmann, E.: Industrielles Vertriebsmanagement, München 2001.

Kühn, R./ Grünig, R.: Grundlagen der strategischen Planung, Bern, Stuttgart, Wien 1998.

Kuhn, W.: Marktsegmentierung zum Zwecke segmentspezifischer Werbepolitik, Würzburg 1984.

Lademann, R.: Customer preferences for existing and potential Sales and Servicing Alternatives in Automotive Distribution, Studie im Auftrag der Europäischen Kommission, 2001, elektronisch veröffentlicht unter: http://europa.eu.int/com

m/competition/car_sector/distribution/eval_reg_1475_95/studies/customer_ p references.pdf, abgerufen am 23.09.2005.

Landmann, R.: Mitten in einer Revolution – Herausforderungen und Lösungsansätze für den Automobilvertrieb der Zukunft, in: Wolters, H./ Landmann, R. (Hrsg.): Die Zukunft der Automobilindustrie – Herausforderungen und Lösungsansätze für das 21. Jahrhundert, Wiesbaden 1999, S. 75-97.

Lange, B.: Bestimmung strategischer Erfolgsfaktoren und Grenzen ihrer empirischen Fundierung – Dargestellt am Beispiel der PIMS-Studie, in: Die Unternehmung, 36. Jg., Nr. 1, 1982, S. 27-41.

Langner, H.: Segmentierungsstrategien für den europäischen Markt, Wiesbaden 1991.

Lee, P.: The Micro-Marketing Revolution, in: Small Business Reports, Vol. 15, 1990, S. 71-82.

Leiberich, P./ Pal, E.: Thematische Daten für das Business Mapping, in: Leiberich, P. (Hrsg.): Business Mapping im Marketing, Heidelberg 1997, S. 79-116.

Leiberich, P.: Einführung zum Business Mapping im Marketing, in: Leiberich, P. (Hrsg.): Business Mapping im Marketing, Heidelberg 1997.

Leidecker, J./ Bruno, A.V.: Identifying and Using Critical Success Factors, in: Long Range Planning, Vol. 17, 1984, S. 23-32.

Leistner-Wolf, P./ Schendel, U.: Zielgruppenmarketing auf Basis mikrogeographischer Marktdaten und Systeme, in: Fally, M./ Strobl, J. (Hrsg.): Business Geographics - GIS in der Wirtschaft, Heidelberg 2000, S. 45-58.

Lewison, D.: Retailing, New Jersey 1997.

Lingenfelder, M.: Die Marketingorientierung von Vertriebsleitern als strategischer Erfolgsfaktor – Eine theoretische Analyse und empirische Bestandsaufnahme in der Markenartikelindustrie, Berlin 1990.

Longley, P./ Clarke, G.: Applied geographical information systems: developments and prospects, in: Longley, P./ Clarke, G. (Hrsg.): GIS for business and service planning, Cambridge 1995, S. 3-9.

Lorenzen, P.: Methodisches Denken, in: Lorenzen, P. (Hrsg.): Methodisches Denken, Frankfurt am Main 1968, S. 24-59.

Lother, G.: Konzeptionelle Aspekte eines landesweiten Fachgeoinformationssystems für die Bestandsdokumentation forstlicher Geodaten, München 2003.

Maguire, D. J.: Implementing spatial analysis and GIS applications for business and service planning, in: Longley, P./Clarke, G. (Hrsg.): GIS for business and service planning, Cambridge 1995, S. 171-191.

Maguire, D.J.: An overview and definition of GIS, in: Maguire, D.J./ Goodchild, M.F./ Rhind, D. (Hrsg.): Geographical Information Systems – Principles and Applications, Band 1, New York 1991, S. 9-20.

March, J.G./ Sutton, R.I.: Organizational performance as a dependent variable, in: Organization Science, 6. Jg., 1997, S. 698-706.

Marschner, K.: Wettbewerbsanalyse in der Automobilindustrie, Rostock 2004.

Martin, D./ Longley, P.: Data sources and their geographical integration, in: Longley, P./ Clarke, G. (Hrsg.): GIS for business and service planning, Cambridge 1995, S. 15-47.

Martin, D.: Censuses and the modelling of population in GIS, in: Longley, P./Clarke, G. (Hrsg.): GIS for business and service planning, Cambridge 1995, S. 48-71.

Martin, M.: Mediaplanung auf geodemographischer Grundlage, in: Dallmer, H. (Hrsg.): Innovationen im Direkt Marketing, Gütersloh 1989, S. 64-93.

Martin, M.: Mikrogeographische Marktsegmentierung, Wiesbaden 1992.

Mattmüller, R.: Integrativ-Prozessuales Marketing, 2. Aufl., Wiesbaden 2004.

Mattmüller, R.: Integrativ-Prozessuales Marketing, Wiesbaden 2000.

Mattmüller, R./ Tunder, R.: Strategisches Handelsmarketing, München 2004.

McGoldrick, P.J.: Retail Marketing, London/New York 1990.

Meffert, H.: Marketing, 8. Aufl., Wiesbaden 1992.

Meffert, H.: Marketing, 9. Aufl., Wiesbaden 2000.

Meinig, W.: Automobilwirtschaft: Marketing und Vertrieb; Europa – USA – Japan, Wiesbaden 1993.

Mennecke, B.E.: Understanding the Role of Geographic Information Technologies in Business: Applications and Reserach Directions, in: Journal of Geographic Information and Decision Analysis, Vol. 1, Nr. 1, S. 44-68.

Mercer Management Consulting: Systemprofit – Automobilvertrieb 2015, München 2005.

Merkle, E.: Marketing der öffentlichen Hand, in: Marketing-Enzyklopädie, Bd. 2, München 1974, S. 371-383.

Meunzel, R.: Qualitätsmanagement – der Schlüssel zur Kundenzufriedenheit: das Handbuch, Ottobrunn 1998.

Meuser, M./ Nagel, U.: ExpertInneninterviews – vielfach erprobt, wenig bedacht. Ein Beitrag zur qualitativen Methodendiskussion, in: Garz, D./ Kraimer, K. (Hrsg.): Qualitativ-empirische Sozialforschung, Opladen 1991, S. 441-471.

Meyer, A./ Mattmüller, R.: Marketing, in: Corsten, H./ Reiß, M. (Hrsg.): Betriebswirtschaftslehre, 3. Aufl., München 1999, S. 809-890.

Meyer, A.: Computergestützte Marktsegmentierung – Das Beispiel der mikrogeographischen Marktsegmentierung, in: Hermanns, A./Flegel, V. (Hrsg.): Handbuch Electronic Marketing, Funktionen und Anwendungen der Informations- und Kommunikationstechnik im Marketing, München 1992, S. 339-356.

Meyer, W.: Die Methodologie des Kritischen Rationalismus, in: Raffée, H./ Abel, B. (Hrsg.): Wissenschaftstheoretische Grundfragen der Wirtschaftswissenschaften, München 1979, S. 28-43.

Möller, D./ Rosar, P.: Media-Planung, in: Dallmer, Heinz (Hrsg.): Das Handbuch Direct Marketing & more, 8. Aufl., Wiesbaden 2002, S. 489-508.

Müller, J.: Kunden im Fokus, in: Tagungsunterlagen der SPSS Predictive Analytics Summit, Nürnberg 2005.

Müller-Hagedorn, L.: Der Handel, Wiesbaden 1998.

Müller-Hagedorn, L.: Handelsmarketing, 3. Aufl., Stuttgart et al. 2002.

Munier Lee, P.: The Micro-Marketing Revolution, in: Small Business Reports, Vol. 15, Nr. 2, 1990, S. 71-82.

Murphy, G.B./ Trailer, J.W./ Hill, R.C.: Measuring performance in entrepreneurship research, in: Journal of Business Research, No. 36, 1996, S. 15-23.

Nattenberg, O.: Filiale am richtigen Platz: Vielfältige Möglichkeiten für die Standortplanung und -optimierung, in: GeoBIT, 6. Jg., Nr. 1, 2001, S. 18-21.

Nesbit, M./ Weinstein, A.: How to size up your Customers, in: Richardson, J.E. (Hrsg.): Marketing 1987/88, Guilford 1987, S. 105-107.

Neubauer, F.-F. (1999): Das PIMS-Programm und Portfolio-Management, in: Hahn, D./ Taylor, B.: Strategische Unternehmensplanung, strategische Unternehmensführung: Stand und Entwicklungstendenzen, 8. Aufl., Heidelberg, S. 469-477.

Nicolai, A./ Kieser, A.: Trotz eklatanter Erfolglosigkeit: Die Erfolgsfaktorenforschung weiter auf Erfolgskurs, in: DBW, 62. Jg., 2002, S. 579-596.

Niemeyer, H.-G./ Gretz, C.: Segmentierung des Videokamera-Marktes, in: planung & analyse, 17. Jg., Heft 9, 1990, S. 333-336.

Nieschlag, R./ Dichtl, E./ Hörschgen, H.: Marketing, 17. Aufl., Berlin 1994.

Nieschlag, R./ Dichtl, E./ Hörschgen, H.: Marketing, 18. Aufl., Berlin 1997.

Nitsche, M.: Micro-Marketing. Daten-Methoden-Praxis, Wien 1998.

Nitsche, M.: Mikrogeographische Marktsegmentierung, in: Leiberich, P. (Hrsg.): Business Mapping im Marketing, Heidelberg 1997, S. 357-379.

Oesterle, M. J.: Probleme und Methoden der Joint Venture-Erfolgsbewertung, in: ZfB, 65. Jg., Nr. 9, 1995, S. 987-1004.

Olbrich, G./ Quick, M./ Schweikart, J.: Computerkartographie – Eine Einführung in das Desktop Mapping am PC, Berlin 1996.

Olbrich, G./ Quick, M./ Schweikart, J.: Desktop Mapping: Grundlagen und Praxis in Kartographie und GIS, 3. Aufl., Berlin 2000.

Oltmanns, B.: Außenwerbung – Die Kraft des statischen Bildes, in: shops & stores, Nr. 4, 2003, S. 30-31.

Openshaw, S.: Marketing and spatial analysis: a review of prospects and technologies relevant to marketing, in: Longley, P./ Clarke, G. (Hrsg.): GIS for business and service planning, Cambridge 1995, S. 150-165.

Opp, K.-D.: Methodologie der Sozialwissenschaften, Wiesbaden 1999.

Overtheil, W.: Standardisierung versus Differenzierung in Filialsystemen des Einzelhandels, Frankfurt a.M. 1983.

Patt, P.-J.: Strategische Erfolgsfaktoren im Einzelhandel. Eine empirische Analyse am Beispiel des Bekleidungseinzelhandels, Frankfurt a.M. 1988.

Pearce, M.R.: Retailers: How to Suceed in the Coming Decade, in: Business Quarterly, Vol. 54, No. 1, 1989, S. 23-27.

Pepels, W.: Handelsmarketing, Wiesbaden 1995.

Pepels, W.: Werbung und Absatzförderung: Kommunikationsprozess, Kommunikationsstrategie, Werbeziel, Werbeobjekt, Absatzquelle, Zielpersonengruppe, Positionierung, Kampagnenformat, Marktsegmentierung, Werbeeffizienzmessung, Klassische Werbemedien, Nicht-klassische Werbemedien, Wiesbaden 1994.

Petermann, F./ Noack, H.: Nicht-reaktive Messverfahren, in: Roth, E. (Hrsg.): Sozialwissenschaftliche Methoden, 2. Aufl., München 1987, S. 440-460.

Peters, T.J./ Waterman, R.H.: Auf der Suche nach Spitzenleistungen: Was man von den bestgeführten US-Unternehmen lernen kann, 8. Aufl., Landsberg/Lech 2000.

Peters, T.J./ Waterman, R.H.: In Search of Excellence – Lesson's from America's Best-Run Companies, New York et al. 1982.

Popper, K.: Vermutungen und Widerlegungen, Tübingen 2000.

Poser, H.: Wissenschaftstheorie – Eine philosophische Einführung, Stuttgart 2001.

Prillmann, M.: Management der Variantenvielfalt, Dissertation, Frankfurt a.M. 1996.

Prim, R./ Tilmann, H.: Grundlagen der kritisch-rationalen Sozialwissenschaft, Wiesbaden 1997.

Prüß, K.: Topaktuelle Adressen nach Ihren Wünschen, in: Direkt Marketing, 39. Jg., Nr. 6, 2003, S. 16-19.

Quitter, H.: Einsatzsteuerung von Servicefahrzeugen, in: Leiberich, P. (Hrsg.): Business Mapping im Marketing, Heidelberg 1997, S. 199-217.

Raab, G./ Unger, A./ Unger, F.: Methoden der Marketingforschung. Grundlagen und Praxisbeispiele, Wiesbaden 2004.

Raffée, H./ Abel, B.: Aufgaben und aktuelle Tendenzen der Wissenschaftstheorie in den Wirtschaftswissenschaften, in: Raffée, H./ Abel, B. (Hrsg.): Wissenschaftstheoretische Grundfragen der Wirtschaftswissenschaften, München 1979, S. 1-10.

Raffée, H.: Gegenstand, Methoden und Konzepte der Betriebswirtschaftslehre, in: Bitz, M. et al. (Hrsg.): Vahlens Kompendium der Betriebswirtschaftslehre, 3. Aufl., München 1993, S. 1-46.

Raschendorfer, U.: Mikromarketing – die neue Planungsdimension in der Außenwerbung, in: Direkt Marketing, 39. Jg., Nr. 5, 2003, S. 23.

Rautenberg, K.: Konsumentenstriptease, in: W&V, Heft 9, 1996, S. 130-135.

Rehkugler, H.: Erfolgsfaktoren mittelständischer Unternehmen, in: WISU, 18. Jg., Nr. 11, 1989, S. 626-632.

Reilly, W.J.: The law of retail gravitation, New York 1931.

Riedl, M.: Ein Modell der absatzpolitischen Wirkung von Bankzweigstellen und dessen empirische Überprüfung, München 1987.

Riedl, R.: Application Service Providing – Entwicklung eines Modells zur Qualitätsmessung, Wiesbaden 2005.

Riekeberg, M.: Erfolgsfaktoren bei Sparkassen, Wiesbaden 2003.

Rockart, J.F.: Chief Executives define their own Data Needs, in: Harvard Business Review, 2/1979, S. 81-93.

Rollberg, R.: Lean Management und CIM aus Sicht der strategischen Unternehmensführung, Wiesbaden 1996.

Rosada, M.: Kundendienststrategien im Automobilsektor – Theoretische Fundierung und Umsetzung eines Konzeptes zur differenzierten Vermarktung von Sekundärdienstleistungen, Berlin 1990.

Roth, P.: Die Methoden der Werbeplanung, in: Tietz, B. (Hrsg.): Die Werbung – Handbuch der Kommunikations- und Werbewirtschaft, Rahmenbedingungen, Sachgebiete und Methoden der Kommunikation und Werbung, 1. Bd., Landsberg/Lech 1981, S. 607-638.

Rothman, J. (Hrsg.): Special issue on geodemographics. Applications to marketing research, retailing, readership surveys and direct mail, present practice and future trends, in: Journal of Market Research Society, Vol. 31, Nr. 1, 1989.

Rothman, J.: Editorial, in: Journal of Market Research Society, Vol. 31, No. 1, 1989, S. 1-5.

Royer, S.: Strategische Erfolgsfaktoren horizontaler kooperativer Wettbewerbsbeziehungen – Eine auf Fallstudien basierende erfolgsorientierte Analyse am Beispiel der Automobilindustrie, München/Mering 2000.

Rudolph, H.: Erfolg von Unternehmen. Plädoyer für den kritischen Umgang mit dem Erfolgsbegriff, in: Aus Politik und Zeitgeschichte, Beilage zur Wochenzeitung Das Parlament, Nr. 23, 1996, S. 32-39.

Salvaneschi, L.: Location, location, location: how to select the best site for your business, Grants Pass 1996.

Sandberg, B.: Mikrogeographische Segmentierung in öffentlichen Betrieben und Verwaltungen, Wiesbaden 1995.

Saurer, H./ Behr, F.-J.: Geographische Informationssysteme – Eine Einführung, Darmstadt 1997.

Schäfer, E./ Knoblich, H.: Grundlagen der Marktforschung, 5. Aufl., Stuttgart 1978.

Schauenberg, B.: Gegenstand und Methoden der Betriebswirtschaftslehre, in: Bitz, M./ Dellmann, K./ Domsch, M./ Wagner, F. (Hrsg.): Vahlens Kompendium der Betriebswirtschaftslehre, Bd. 1, 4. Aufl., München 1998, S. 1-56.

Schelten, A.: Grundlagen der Testbeurteilung und Testerstellung, Heidelberg 1980.

Scheuch, E. K.: Das Interview in der Sozialforschung, in: König, R. (Hrsg.): Handbuch der empirischen Sozialforschung, Bd. 1, Stuttgart 1967, S. 132-140.

Scheuch, F.: Marketing, 4. Aufl., München 1993.

Scheuch, F.: Marketing, 5. Aufl., München 1996.

Schmalen, H.: Mediaselektion, in: Berndt, R./ Hermanns, A. (Hrsg.): Handbuch Marketing-Kommunikation – Strategien – Instrumente – Perspektiven, Wiesbaden 1993, S. 465-476.

Schmidt, J.: GIS in der kommunalen Wirtschaftsförderung, elektronisch veröffentlicht unter der URL: http://www.fbw.hs-bremen.de/~jschmidt/kowifoe.htm, abgerufen am 01.05.2006.

Schoemaker, P.J.H./ Amit, R.: Investment in Strategic Assets: Industry and Firm-Level Perspectives, in: Shrivastava, P./ Huff, A./ Dutton, J. (Hrsg.): Advances in Strategic Management, Vol. 10, Part A, Greenwich 1994, S. 3-33.

Schröder, H.: Erfolgsfaktorenforschung im Handel, in: Marketing-ZFP, 16. Jg., Nr. 2, 1994, S. 89-105.

Schumpeter, J. A.: Kapitalismus, Sozialismus und Demokratie, Bern 1946.

Schüring, H.: Database Marketing – Einsatz von Datenbanken für Direktmarketing, Verkauf und Werbung, Landsberg/Lech 1991.

Schurz, G.: Das Problem der Induktion, in: Keuth, H. (Hrsg.): Karl Popper – Logik der Forschung, Berlin 2004, S. 25-40.

Schüssler, F.: Geomarketing – Anwendungen Geographischer Informationssysteme im Einzelhandel, Marburg 2000.

Schweiger, G. Mediaselektion – Daten und Modelle, Betrieb und Markt, 18. Bd., Wiesbaden 1975.

Schweiger, G./ Schrattenecker, G.: Werbung: Eine Einführung, Jena 1995.

Schweiger, G.: Mediaplanung (Streuplanung), in: Diller, H. (Hrsg.): Vahlens Großes Lexikon, 2. Aufl. München 2001, S. 1094-1095.

Schweitzer, M.: Gegenstand und Methoden der Betriebswirtschaftslehre, in: Bea, F. X./ Dichtl, E./ Schweitzer, M. (Hrsg.): Allgemeine Betriebswirtschaftslehre: Bd. 1: Grundfragen, 8. Aufl., Stuttgart 2000, S. 23-79.

Seiffert, H.: Methode, in: Seiffert, H./ Radnitzky, G. (Hrsg.): Handlexikon zur Wissenschaftstheorie, München 1992, S. 215.

Senko, M.: Information Systems – Records, Relations, Sets Entities, and Things, in: Information Systems, Vol. 1, No. 1, 1975, S. 3-13.

Simon, H.: Schwächen bei der Umsetzung strategischer Wettbewerbsvorteile, in: Dichtl, E./ Gerke, W./ Kieser, A. (Hrsg.): Innovation und Wettbewerbsfähigkeit, Wiesbaden 1987, S. 367-376.

Simon, H.A.: The new science of management decision, New York 1960.

Skiera, B.: Wieviel Deckungsbeitrag verschenkt man durch eine gleichartige Einteilung der Verkaufsgebiete?, in: Zeitschrift für Betriebswirtschaft, 49. Jg., 1997, S. 723-746.

Smith, C.: Zur Identifikation von Marktsegmenten in der Automobilindustrie, Bonn 1988.

Smith, W.R.: Product Differentation and Market Segmentation as Alternative Marketing Strategies, in: Journal of Marketing, Vol. 21, 1956, S. 3-8.

Steffenhagen, H.: Marketing, 2. Aufl., Stuttgart/Berlin/Köln 1991.

Steingrube, W.: Geodaten für das Business Mapping: Die Karten, in: Leiberich, P. (Hrsg.): Business Mapping im Marketing, Heidelberg 1997, S. 39-66.

Steinitz, C.: GIS: A personal historical perspective – Part 1, in: GIS EUROPE, No. 5, 1993, S. 19-22.

Steinle, C./ Kirschbaum, J./ Kirschbaum, V.: Erfolgreich überlegen: Erfolgsfaktoren und ihre Gestaltung in der Praxis, Frankfurt a.M. 1996.

Steinle, C.: Erfolgsfaktoren und ihre Gestaltung in der betrieblichen Praxis: Empirische Ergebnisse und Handlungsempfehlungen, in: Aus Politik und Zeitgeschichte, Beilage zur Wochenzeitung Das Parlament, Nr. 23, 1996, S. 14-23.

Tewes, M.: Der Kundenwert im Marketing – Theoretische Hintergründe und Umsetzungsmöglichkeiten einer wert- und marktorientierten Unternehmensführung, Wiesbaden 2003.

Theis, H.-J.: Handels-Marketing: Analyse- und Planungskonzepte für den Einzelhandel, Frankfurt a.M. 1999.

Thommen, J. P./ Achleitner, A.-K.: Allgemeine Betriebswirtschaftslehre, Wiesbaden 1998.

Tietz, B./ Zentes, J.: Die Werbung der Unternehmung, Reinbek 1980.

Tjaden, G.: Erfolgsfaktoren virtueller Unternehmen, Wiesbaden 2003.

Tomczak, T.: Forschungsmethoden in der Marketingwissenschaft: Ein Plädoyer für den qualitativen Forschungsansatz, in: Marketing ZFP, 14. Jg., Heft 2, 1992, S. 77-87.

Töpfer, A./Mehdorn, H.: Total Quality Management, 3. Aufl., Berlin 1994.

Töpfer, A.: Erfolgsfaktoren beim Einsatz von Direktmarketing, in: Töpfer, A. (Hrsg.): Direktmarketing mit neuen Medien, 3. Aufl., Landsberg/Lech 1993, S. 3-34.

Töpfer, A.: Marketing im öffentlichen Sektor, in: Die Verwaltung, Bd. 23, Heft 4, 1990, S. 409-425.

Trommsdorff, V./ Kube, C.: Erfolgsfaktor-Strukturen im Filialsystem erforschen und steuern, in: Trommsdorff, V. (Hrsg.): Handelsforschung 1991, Jahrbuch der Forschungsstelle für den Handel Berlin e.V., Berlin 1991, S. 17-45.

Trommsdorff, V.: Erfolgsfaktorenforschung, Produktinnovation und Schnittstelle Marketing – F&E, Diskussionspapier 143, Wirtschaftswissenschaftliche Dokumentation der TU Berlin 1990, Berlin 1990.

Tügel, H.: Der gläserne Mensch, in: GEO, Heft 6, 1996, S. 16-37.

Tunder, R.: Der Transaktionswert der Hersteller-Handel-Beziehung – Hintergründe, Konzeptualisierung und Implikationen auf Basis der Neuen Institutionenökonomik, Wiesbaden 2000.

Venohr, B.: „Marktgesetze" und strategische Unternehmensführung, Wiesbaden 1988.

Watzlawick, P.: Vorwort, in: Watzlawick, P. (Hrsg.): Die erfundene Wirklichkeit – Wie wissen wir, was wir zu wissen glauben? Beiträge zum Konstruktivismus, München 1991, S. 9-11.

Wessbacher, H.E./ Unger, F.: Mediapraxis – Werbeträger, Mediaforschung und Mediaplanung, Heidelberg 1991.

Wilde, K.D.: Differenziertes Marketing auf der Basis von Regionaltypologien, in: Marketing ZFP, 8. Jg., Heft 3, 1986, S. 153-162.

Wilkinson, G.G./ Fischer, P./ Jackson, M./ Menz, G./ Wickett, M.: Review of Integrated Geo-Information-Systems Techniques, Final Report on ESA Contract No 6084/84/D/JS/(SC), A study on Integrated Geo Information Systems, o.O. 1986.

Winter, K.: Basismedium vor Ort, in: Horizont – Zeitung für Marketing, Kommunikation und Medien, Nr. 80, 1999, S. 80.

Winter, K.: Zielgruppen auf der Spur, in: Horizont – Zeitung für Marketing, Medien und Werbung, Nr. 45, 2004, S. 67.

Wohlgemuth, A. C.: Die klippenreiche Suche nach den Erfolgsfaktoren. Vorschläge zur Meisterung der methodischen Herausforderung, in: Die Unternehmung, 43. Jg., Nr. 2, 1989, S. 89-111.

Wohlgemuth, A.C.: Dem Unternehmenserfolg auf der Spur, DU 1990, Heft 1, S. 43-55.

Womack, J.P. et al.: Die zweite Revolution in der Autoindustrie – Konsequenzen aus der weltweiten Studie aus dem Massachusetts Institute of Technology, 7. Aufl., Frankfurt a.M. 1992.

Wrigley, N.: Retail Restructuring and Retail Analysis, in: Wrigley, N. (Hrsg.): Store Choice, Store Location and Market Analysis, London/New York 1990, S. 3-34.

Zehnder, C.A.: Informationssysteme und Datenbanken, Stuttgart 1985.

Zeitungs-Marketing-Gesellschaft: Verbreitungsatlas 2004/05 – Verbreitungsgebiete und verbreitungsanalytische Daten der Tageszeitungen und Programm-Supplements mit Ortsregister, 2005, S. 7-11.

Ziegler, R.: Geocodierung von Adressen, unveröffentlichte Tagungsunterlagen der GIS-Konferenz, Frankfurt a.M. 1995.

Zwicky, F.: Systematisch Lösungen finden, o.O. 1999.

Strategisches Marketingmanagement

Herausgegeben von Roland Mattmüller

Band 1 Sven Franzen: Die Bedeutung von Spielauffassungen in vertikalen marktstrategischen Kooperationen. Eine verhaltensorientiert spieltheoretische Untersuchung der Kooperationshemmnisse zwischen Hersteller und Handel. 2005.

Band 2 Maximilian Seidel: Political Marketing. Explananda, konstitutive Merkmale und Implikationen für die Gestaltung der Politiker-Wähler-Beziehung. 2005.

Band 3 Tim Bendig: Image-Malus des Handels. Eine empirische Analyse. 2005.

Band 4 Kai-Michael Schaper: Der Integrierte Handel. Eine konzeptionelle Beziehungsgestaltung zwischen Hersteller, Handel und Letztnachfrager. 2006.

Band 5 Marc K. Mikulcik: Absatztreiber bei Filialisierung und Franchising im ordinalen Vergleich. Konzeptionelle Analyse auf Basis der Neuen Institutionen-Ökonomie und empirische Überprüfung am Beispiel des Mobilfunkmarkts. 2007.

Band 6 Thomas P. J. Feinen: Factory Outlet Stores. Status Quo, Perspektiven und Implikationen für die Hersteller-Handel-Beziehung. 2007.

Band 7 Benjamin Trespe: Geomarketing. Eine Analyse der Erfolgspotenziale aus Sicht der deutschen Automobilhersteller. 2007.

Band 8 Tobias Irion: Vertrauen in Transaktionsbeziehungen. Marketingwissenschaftliche Grundlegungen und praktische Ansatzpunkte für ein strategisches Vertrauensmanagement. 2007.

Band 9 Nadja Maisenbacher: Die Verantwortung des Marketing für Bezugsgruppen. Zum Stand der Intergrationsorientierung in Unternehmen. 2007.

www.peterlang.de

Peter Lang · Internationaler Verlag der Wissenschaften

Frank Thiedig

Spezialitäten mit geographischer Herkunftsangabe

Marketing, rechtlicher Rahmen und Fallstudien

Frankfurt am Main, Berlin, Bern, Bruxelles, New York, Oxford, Wien, 2004.
338 S., zahlr. Abb. und Tab.
Europäische Hochschulschriften: Reihe 5, Volks- und Betriebswirtschaft.
Bd. 3059
ISBN 978-3-631-52540-1 · br. € 56.50*

Regionaltypische Spezialitäten verfügen häufig über eine hohe Kundenbindung und nutzen dafür vielfach geographische Angaben (z.B. Bayerisches Bier oder Nürnberger Bratwurst). Geographische Herkunftsangaben dienen Verbrauchern im Warenverkehr als typisierende Kennzeichen. Spezialitäten mit geographischer Herkunftsangabe können – rechtlich abgesichert – einen wichtigen Beitrag zur Wertschöpfung von Produkten der Agrar- und Ernährungswirtschaft leisten. Anhand von elf Fallbeispielen wird diese These überprüft. Den Abschluss bilden Schlussfolgerungen für das Gruppen- und das Gemeinschaftsmarketing sowie die Diskussion um ein konkretes Maßnahmenpaket. Ein Leitfaden zur Anmeldung nach der Europäischen Verordnung (EWG) Nr. 2081/92 befindet sich im Anhang.

Aus dem Inhalt: Begriffsvereinbarung von Spezialität und geographischer Herkunftsangabe · Marketing für Spezialitäten mit geographischer Herkunftsangabe · Rechtliche Rahmenbedingungen für Spezialitäten · Spezialitäten mit geographischer Herkunftsangabe in Bayern · Case study method · Mehrfach-Fallstudien · Maßnahmenpaket · Leitfaden zur Anmeldung nach VO (EWG) Nr. 2081/92